电力拖动自动控制系统

栾　茹　刘世岳　祁新春　等编

化学工业出版社

·北京·

图书在版编目（CIP）数据

电力拖动自动控制系统/栾茹，刘世岳，祁新春等编．—北京：化学工业出版社，2013.1（2022.5 重印）

ISBN 978-7-122-15985-4

Ⅰ.①电…　Ⅱ.①栾…②刘…③祁…　Ⅲ.①电力传动-自动控制系统-教材　Ⅳ.①TM921.5

中国版本图书馆 CIP 数据核字（2012）第 288617 号

责任编辑：高墨荣　　　　装帧设计：刘丽华

责任校对：陈　静

出版发行：化学工业出版社（北京市东城区青年湖南街 13 号　邮政编码 100011）

印　　装：北京七彩京通快印有限公司

787mm×1092mm　1/16　印张 13　字数 299 千字　2022 年 5 月北京第 1 版第 2 次印刷

购书咨询：010-64518888　　　　售后服务：010-64518899

网　　址：http：//www.cip.com.cn

凡购买本书，如有缺损质量问题，本社销售中心负责调换。

定　　价：39.00 元

前言

电力拖动自动控制系统是电气工程与自动化专业、电气工程及其自动化专业和自动化专业的专业主干课，综合利用前面已讲过的电机与拖动基础、电力电子技术、自动控制原理等课程的基础知识，培养学生理论联系实际的能力，掌握电力拖动运动控制系统的工作原理和设计方法。本课程的要点是：应用积累的专业理论知识，解决电力拖动运动控制系统的实际问题，深入进行理论分析，以实验、课程设计等手段验证理论分析结果，提高学生分析问题和解决问题的能力。因此，电力拖动自动控制系统是培养电气工程与自动化专业、电气工程及其自动化专业和自动化专业学生理论联系实际的关键课程。

随着高等教育改革的深入，各高等院校在自动化、电气工程与自动化、电气工程及其自动化等专业中将电力拖动自动控制系统课程的理论学时大幅度缩减，减下的学时用于实践环节。正是为了满足这一教改需求，我们组织编写了本书作为基础教材。

本书的特点如下。

1. 以控制规律为主线，按照从直流到交流、从开环到闭环、从基本控制方法到最先进的控制策略循序渐进的原则编写。

2. 直流控制系统是电力拖动控制系统的基础，本书将以此为入门，利用不大的篇幅建立扎实的控制系统分析与设计的概念和能力后，转入最主要的交流系统的学习。

3. 删去转差功率消耗型异步电动机调速系统等内容，着重论述交流电动机的变频调速。

4. 增加高性能的交流调速系统的内容，如异步电动机的直接转矩控制系统、同步电动机的几种矢量控制系统等，增加高性能的交流调速系统的工程应用情况的介绍与分析等。

5. 增加课程设计环节，当今不少高校开设了与本课程配套的课程设计，本教材此次编写正是为了迎合这一需求，单独增加一整章的篇幅，专门讲述课程设计的要求、目的、原理、步骤、分析等详细过程。

本书的内容主要包括：可控电源-电动机系统的特殊问题及机械特性，开环调速系统的性能指标，交、直流调速系统系统的工作原理、系统结构，静态和动态性能指标及分析方法，反馈控制的基本特点，调节器结构及参数的设计方法，控制系统的实现等。在叙述闭环系统时，注意联系线性控制理论，同时注意结合经典的工程设计概念和方法。为了能够在缩减一半学时的条件下把本课程的知识讲清楚，编者在以下几方面做了有益的尝试。

1. 在浩如烟海的知识体系中精化提炼，对选择出的内容重新设计，由浅入深，力求避免知识块的无序堆积。

2. 对于控制系统部分，力求体现与前期课程的结合、与工程实际的结合，注意由浅入深地揭示物理本质。

3. 结合课程设计，将课堂上没有交代很清楚的知识结构拿到实践环节来讲，以提高教学效果。

本书共 7 章，按 64 学时编写，所包含的课程设计内容放在课后专门开设的时间里完成。

第一大部分直流调速系统，包含第 1 章直流调压调速系统，第 2 章闭环控制的直流调速系统，第 3 章可逆、弱磁控制的直流调速系统。

第二大部分交流调速系统，包含第 4 章基于稳态模型的异步电动机调速系统，第 5 章基于动态模型的异步电动机调速系统，第 6 章同步电动机变压变频调速系统。

第三大部分运用前面的理论知识指导实践，包含第 7 章课程设计。

如果安排在 48 学时内学完本课程，可以考虑各个学校相应专业对课程的要求不同，在实际教学中选用部分内容，可删去带※的选学内容。本书每章附有思考题和习题，其中思考题难度较大，供教学时参考，读者可量力而行。

本课程是一门实践性很强的课程，安排课程设计就是为了强化学生对课堂理论知识的掌握与应用，需要在课程结束后单独开设，在课程设计的过程中培养学生运用理论分析并解决实际问题的能力，以及培养学生掌握实验方法与技能。

本教材适用于高等院校自动化专业以及电气工程与自动化、电气工程及其自动化专业本科“电力拖动自动控制系统”课程，也可供电力电子与电力传动硕士研究生和从事运动控制系统研制的工程技术人员参考。

本书由北京建筑工程学院栾茹、北京理工大学刘世岳及北京建筑工程学院祁新春等编写。第 1、5～7 章由栾茹编写，第 2、4 章由刘世岳编写，第 3 章由祁新春编写。栾茹负责全书的统稿。北京建筑工程学院阴振勇高级工程师提供了第 7 章的素材。北京建筑工程学院蒋志坚教授主审本书的内容。

我们在编写过程中虽然付出了大量的精力，但仍难免有不妥之处，期望广大读者批评指正。

编　者

目　录

第1章 直流调压调速系统

调节直流电动机转速的主要方法是调压调速，该调速系统至少包括两部分：能够调节直流电动机电枢电压的直流电源和需要调节转速的直流电动机。随着电力电子技术的发展，可控直流电源主要有两大类：一类是相控整流器，它利用半控元件将交流电源直接转换成可控的直流电源；另一类是直流脉宽变换器，它先把交流电整流成不可控的直流电，然后利用PWM方式调节输出直流电压。

1.1 相控晶闸管-电动机调速系统

直流电动机具有简单的数学模型，较好的启、制动性能，容易实现宽范围内的连续调速，主要应用于控制精度要求较高的场所。尽管直流电动机因具有电刷，限制其向高电压大容量发展，但是直流电动机的控制理论与方法，是学习交流调速系统的坚实基础，所以学习电力拖动自动控制系统，必须从直流电动机调速开始。

从电机与拖动基础知识得知，直流电动机的稳态转速表达式如下：

$$n=\frac{U-IR}{C'_{e}\Phi} \tag{1-1}$$

式中 n——转速，r/min；

U——电枢电压，V；

I——电枢电流，A；

R——电枢回路总电阻，Ω；

C'_{e}——取决于电动机结构的电动势常数；

Φ——主磁极磁通，Wb。

从式(1-1) 可以推出调节转速的三种方法：调压调速、弱磁调速、串电阻调速。三种方法经过多方面比较，只有调压调速能够满足宽范围内无级平滑调速，所以直流电动机调节转速通常采用调压调速。作为调压调速必需的设备是可调直流电源，在直流调压调速系统的发展历程中，除了直流发电机，目前主要采用晶闸管可控整流器与直流PWM变换器，本节主要讲述前者。

1.1.1 相控晶闸管-电动机调速系统的组成

根据电力电子技术知识，晶闸管是一种单向导通的半控元件，可以构成功率放大倍数大、响应速度快、体积小的可控整流器，而且是一种静止装置，因而得到广泛应用。晶闸管可控整流器，根据其主电路方式的不同可以有单相、三相，零式、桥式，半控和全控之分，相应输出的直流电压表达式也不一样。

相控晶闸管-电动机系统（简称VT-M系统）的组成如图1-1所示。图中VT是由晶闸管构成的单向可控整流器，GT是它的触发装置，调节电压控制信号U_{c}能够改变触发脉冲的相位，进而改变整流器的输出电压U_{d}，该U_{d}即为式(1-1) 中的直流电动机的电枢电压

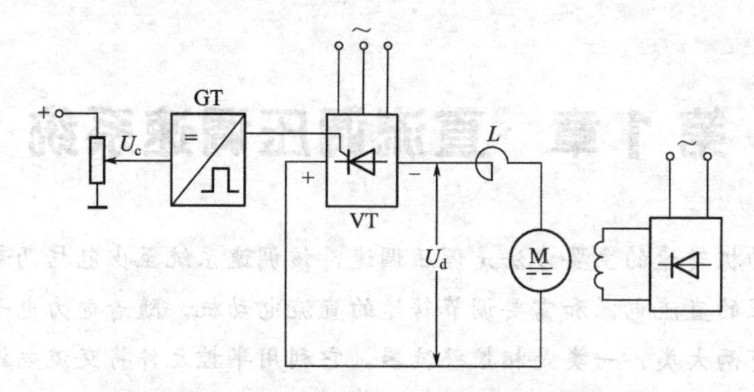

图 1-1 相控晶闸管-电动机调速系统

U，因而可实现平滑连续调速。

可以将图 1-1 中的晶闸管整流器 VT 的内阻、变压器漏抗等移到外部的主电路，作为主电路的总电阻与总电感的一部分，输出的整流电压平均值 U_d 可以用其理想空载电压平均值 U_{d0} 表示。对于不同的整流电路 U_{d0} 与触发脉冲相位 α 间的关系是不同的，对于全控型整流，当电枢电流 I 连续时，U_{d0} 与 α 之间的关系为式(1-2)，则可以用图 1-2 所示的等效电路代替图 1-1 的实际系统图来分析。对图 1-2 可以写出瞬态及稳态的电压平衡关系式(1-3) 与式(1-4)，其中式(1-4) 均用式(1-3) 各量的平均值表示。

$$U_{d0}=\frac{m}{\pi}U_m\sin\frac{\pi}{m}\cos\alpha \tag{1-2}$$

式中 α——以自然换相点为计算起点的触发脉冲控制角；

U_m——$\alpha=0$ 时整流电压波形峰值；

m——晶闸管的交流电源一个周期内的整流电压脉波数。

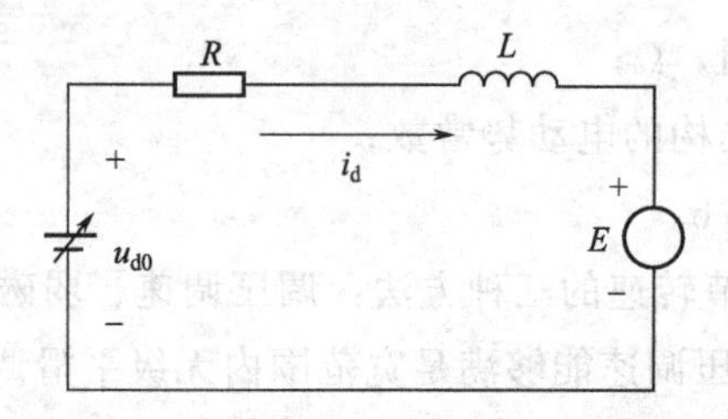

图 1-2 相控晶闸管-电动机调速系统主电路的等效电路图

$$u_{d0}=E+i_dR+L\frac{di_d}{dt} \tag{1-3}$$

$$U_{d0}=E+I_dR \tag{1-4}$$

式中 L——图 1-2 主电路的总电感；

R——图 1-2 主电路的总电阻；

E——直流电动机的反电动势；

i_d——整流电流的瞬时值。

式(1-2) 中的整流电压脉波数 m 越大，整流电压的波形越平稳、越接近于直流，而实际上该数目是有限的，若图 1-2 中的总电感 $L=\infty$，主电路中的整流电流 I_d 才是直流，而实

际上 L 也总是有限的，所以实际的整流电流 I_d 存在很明显的脉动。这种脉动会带来两大问题：

① 脉动电流产生脉动转矩，对拖动负载稳态运行不利；

② 脉动电流中的谐波成分比较突出，会影响到晶闸管的交流电源，即将谐波传给电网电压，同时还会引起直流电动机发热加剧。

对此，根据电力电子技术的相关理论，在图 1-1 的 VT-M 系统中，主要采取以下两个措施抑制整流电流的脉动：

① 增加整流的相数；

② 设置平波电抗器，即图 1-1 中的 L。

平波电抗器的电感量按电动机转速最低、接近空载时保证电流连续这个条件来确定，一般是给定最小电流 I_{dmin}，I_{dmin} 还可按直流电动机额定电流的 5%～10% 来取值，再以此计算出整流电路所需的总电感量，即为平波电抗器的电感量。例如，对于单相桥式全控整流电路

$$L=2.87\frac{U_2}{I_{dmin}} \tag{1-5}$$

对于三相半波整流电路

$$L=1.46\frac{U_2}{I_{dmin}} \tag{1-6}$$

对于三相桥式整流电路

$$L=0.693\frac{U_2}{I_{dmin}} \tag{1-7}$$

1.1.2　相控晶闸管-电动机调速系统的机械特性

机械特性表示的是电动机的力学性能，与运动方程式相联系，是电动机的转速 n 与转矩 T 之间的关系表达式 $n=f(T)$。它决定了电力拖动系统稳态与动态运行的工作情况。图 1-1 中晶闸管可控整流器的输出电压为一脉动电压，电流也是存在明显脉动的波形，尽管在主电路中串接平波电抗器，以抑制脉动幅度，电枢电流仍然可能存在连续和断续两种情况。当主电路串联的电抗器 L 足够大，电动机的负载也足够大时，电枢电流 i_d 的波形可能是连续的，如图 1-3(a) 所示。

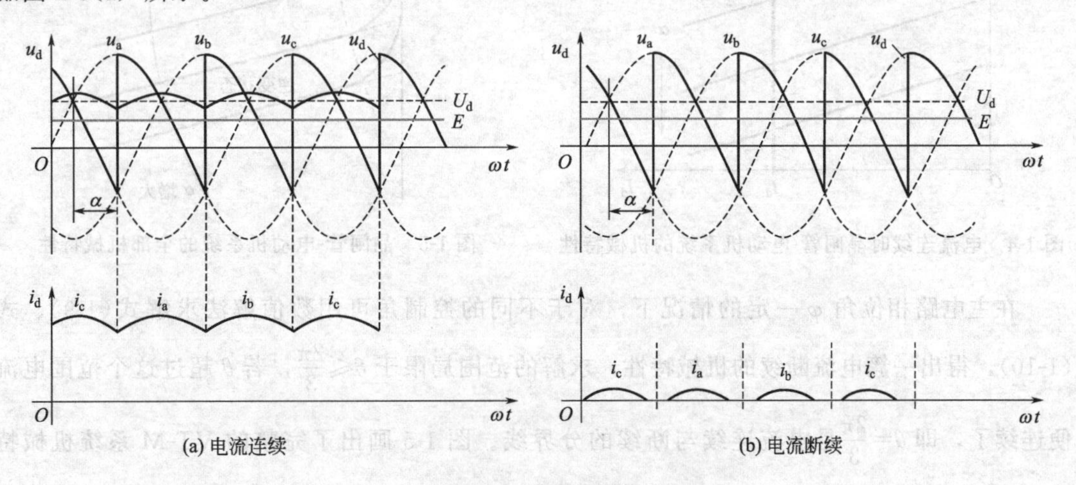

图 1-3　晶闸管-电动机系统电流波形

根据式(1-1)、式(1-2)、式(1-4)，可以直接列出晶闸管-电动机系统的机械特性方程式为：

$$n=\frac{1}{C_{\mathrm{e}}}(U_{\mathrm{d0}}-I_{\mathrm{d}}R)=\frac{1}{C_{\mathrm{e}}}\left(\frac{m}{\pi}U_{\mathrm{m}}\sin\frac{\pi}{m}\cos\alpha-I_{\mathrm{d}}R\right) \tag{1-8}$$

式中　$C_{\mathrm{e}}=C_{\mathrm{e}}'\Phi_{\mathrm{mN}}$——电动机在额定励磁下的电动势转速比；

　　　I_{d}——电枢电流 i_{d}的平均值。

从式(1-8) 可以判断，当整流电路及需要调速的直流电动机的参数确定后，随着晶闸管控制角的改变，机械特性是一簇平行的斜线，如图 1-4 所示，可见当电流连续时，晶闸管可控整流器可以当成一个线性可控电源。机械特性上平均电流 I_{d}较小的部分用虚线表示，是因为这部分电流波形可能断续，也就不适合用式(1-8) 来表示。

当图 1-1 中的主电路电感较小且负载较轻时，会产生电流波形断续的现象，如图 1-3(b) 所示。此时，机械特性方程不是线性，而是由电枢电流导通角 θ、主电路相位角 φ 以及晶闸管控制角 α 等参数决定的超越方程，很复杂，在此不做详细推导[1,2]，仅以三相半波电路为例，直接给出电流断续时用方程组式(1-9)、式(1-10) 表示的机械特性。

$$n=\frac{\sqrt{2}U_2\cos\varphi\left[\sin\left(\frac{\pi}{6}+\alpha+\theta-\varphi\right)-\sin\left(\frac{\pi}{6}+\alpha-\varphi\right)e^{-\theta\cot\varphi}\right]}{C_{\mathrm{e}}(1-e^{-\theta\cot\varphi})} \tag{1-9}$$

$$I_{\mathrm{d}}=\frac{3\sqrt{2}U_2}{2\pi R}\left[\cos\left(\frac{\pi}{6}+\alpha\right)-\cos\left(\frac{\pi}{6}+\alpha+\theta\right)-\frac{C_{\mathrm{e}}}{\sqrt{2}U_2}\theta n\right] \tag{1-10}$$

式中，$\varphi=\arctan\frac{\omega L}{R}$。

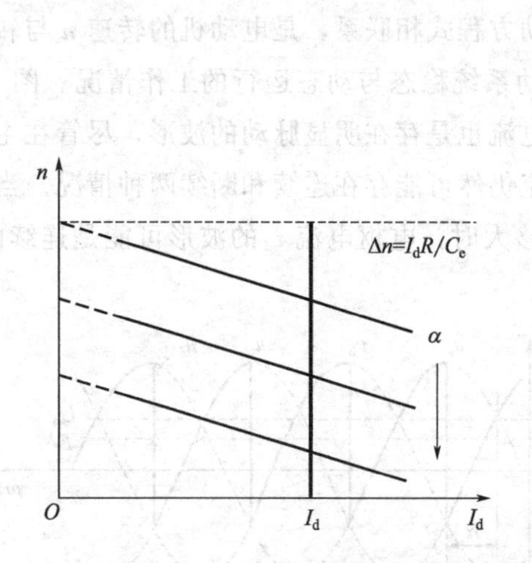

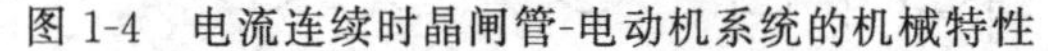

图 1-4　电流连续时晶闸管-电动机系统的机械特性

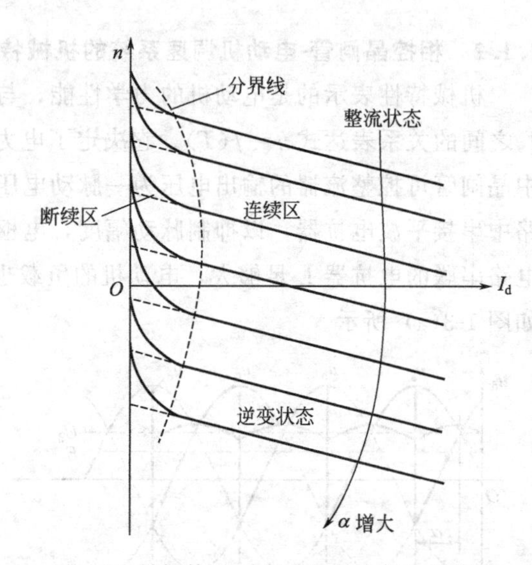

图 1-5　晶闸管-电动机系统的全部机械特性

在主电路相位角 φ 一定的情况下，对于不同的控制角可用数值解法求解式(1-9)、式(1-10)，得出一簇电流断续的机械特性，求解的范围局限于 $\theta\leqslant\frac{2\pi}{3}$，若 θ 超过这个范围电流便连续了，即 $\theta=\frac{2\pi}{3}$是电流连续与断续的分界线。图 1-5 画出了完整的 VT-M 系统机械特性，其中包含了整流状态（$\alpha<90°$）和逆变状态（$\alpha>90°$），电流连续区和电流断续区。当电流连续时，与图 1-4 一样特性比较硬；当电流断续时，机械特性则很软，并呈现显著的非线性，理想空载转速翘得很高，甚至可能出现“飞车”后果。

所以，对于相控晶闸管-电动机系统应尽量避免出现电流断续现象，尽可能保证电动机运行在机械特性的线性段。

1.1.3 相控晶闸管整流装置的放大系数和传递函数

在计算或者设计调速系统时，可以将晶闸管移相触发控制电路与整流电路当作系统中的一个装置（或称环节）来考虑，在按线性系统的控制规律分析时，应该把该环节的放大系数当成常数，但实际的触发电路和整流电路都是非线性的，只能在一定的工作范围内近似成线性环节。常常采用实验方法测出该环节的输入-输出特性：$U_d=f(U_c)$ 曲线，图 1-6 是采用锯齿波触发器移相时的特性。

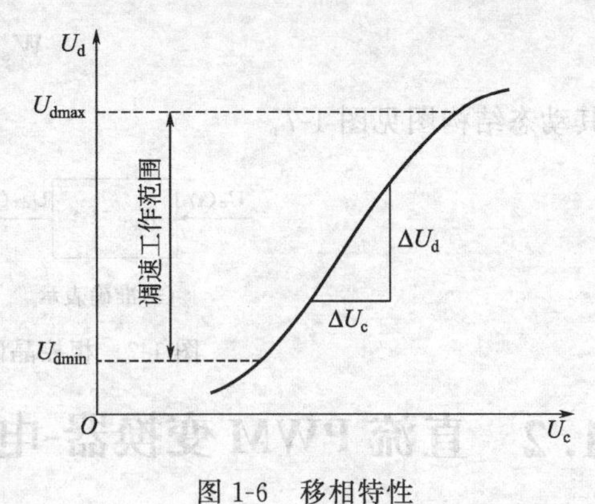

图 1-6 移相特性

晶闸管触发和整流装置的放大系数 K_s 可由图 1-6 上限定的工作范围内的斜线型特性的斜率决定，计算方法是：

$$K_s=\frac{\Delta U_d}{\Delta U_c} \tag{1-11}$$

如果不可能实测特性，只好根据装置的参数估算。

在动态过程中，可把晶闸管触发与整流装置看成是一个纯滞后环节，其滞后效应是由晶闸管的失控时间引起的。晶闸管触发与整流装置的失控时间 T_s 是随机的，详见文献 [3]，最大可能的失控时间就是两个相邻自然换相点之间的时间，与交流电源频率和整流电路形式有关，由下式确定：

$$T_{smax}=\frac{1}{mf} \tag{1-12}$$

式中 f——交流电源频率；

m——一周内整流电压的脉波数。

相对于整个系统的响应时间来说，T_s 是不大的，在一般情况下，可取其统计平均值 $T_s=\frac{1}{2}T_{smax}$，并认为是常数。或者按最严重的情况考虑，取 $T_s=T_{smax}$。表 1-1 列出了不同整流电路的失控时间。

表 1-1 各种整流电路的失控时间（f=50Hz）

整流电路形式	最大失控时间 T_{smax}/ms	平均失控时间 T_s/ms	整流电路形式	最大失控时间 T_{smax}/ms	平均失控时间 T_s/ms
单相半波	20	10	三相半波	6.67	3.33
单相桥式(全波)	10	5	三相桥式、六相半波	3.33	1.67

若以单位阶跃函数表示输入信号，则晶闸管触发与整流装置的输入-输出关系为

$$U_{d0}=K_sU_c\cdot\mathbf{1}(t-T_s)$$

晶闸管装置的传递函数为

$$W_s(s)=\frac{U_{d0}(s)}{U_c(s)}=K_s e^{-T_s s}$$

按台劳级数展开，则

$$W_s(s)=K_s e^{-T_s s}=\frac{K_s}{e^{T_s s}}=\frac{K_s}{1+T_s s+\frac{1}{2!}T_s^2 s^2+\frac{1}{3!}T_s^3 s^3+\cdots}$$

考虑到 T_s很小，可忽略高次项，则传递函数便近似成一阶惯性环节

$$W_s(s)\approx\frac{K_s}{1+T_s s} \tag{1-13}$$

其动态结构图见图 1-7。

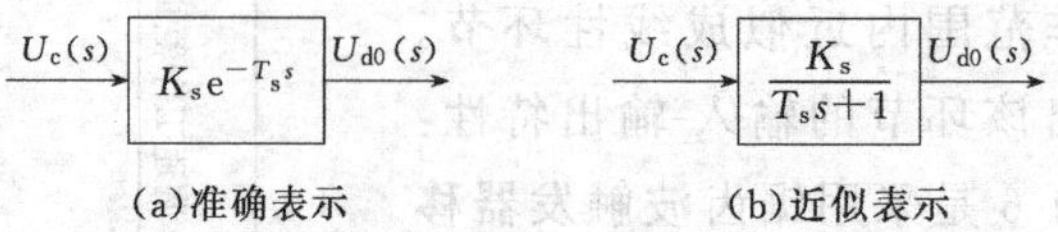

$U_c(s)$ → $K_s e^{-T_s s}$ → $U_{d0}(s)$　　　　$U_c(s)$ → $\frac{K_s}{T_s s+1}$ → $U_{d0}(s)$

(a)准确表示　　　　(b)近似表示

图 1-7　相控晶闸管整流装置的动态结构图

1.2　直流 PWM 变换器-电动机系统

1.2.1　直流斩波器的调压原理

在直流调压调速系统中另一种应用比较广泛的调压装置是直流斩波器。在一些铁路电力机车、矿山电力牵引车、城市电车和地铁用电力牵引机车上，通常使用恒压源供电的直流串励或者复励电动机，最初人们采用串电阻逐级切换的方法来控制这些电动机的启动、制动和调速，结果电能被大量消耗在所串的电阻上，使得这种调速系统效率很低，现在采用包括晶闸管在内的电力电子器件周期性导通与关断来控制，这就构成了直流斩波器，也称为直流脉宽调制(PWM)变换器。

直流斩波器的原理图见图 1-8(a)，其中 VT 是用开关符号表示的电力电子器件，可以采用工作在开关状态的全控型器件或者半控型器件。如晶闸管，若要关断导通后的晶闸管，必须在图 1-8(a)中配置一种附加的强迫关断电路来控制它，详见电力电子技术的相关知识，VD 表示续流二极管。当 VT 导通时，直流电源电压 U_s加到电动机上；当 VT 关断时，直流电源与电动机脱开，电动机电枢经 VD 续流，两端电压接近于零。如此反复，得到的电枢端电压波形 $u=f(t)$，如图 1-8(b)所示，电源电压 U_s在 t_{on}时间内被接上，又在$(T-t_{on})$时间内被断开，故称一整

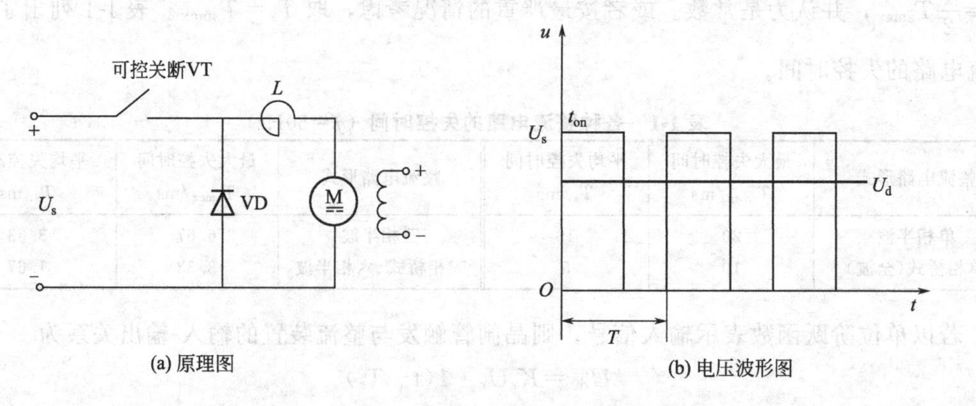

(a) 原理图　　　　(b) 电压波形图

图 1-8　直流斩波器的原理图和电压波形

个周期过程为“斩波”。直流斩波器输出到电动机的平均电压为

$$U_{\rm d}=\frac{t_{\rm on}}{T}U_{\rm s}=\rho U_{\rm s} \tag{1-14}$$

式中 T——功率开关器件的开关周期；

$t_{\rm on}$——开通时间；

$\rho=t_{\rm on}/T=t_{\rm on}f$——占空比；

f——开关频率。

式(1-14) 中的直流平均电压 $U_{\rm d}$ 可以通过改变占空比 ρ 的值来调节，而 ρ 的改变，可以采用下面三种方法：

① 保持功率开关器件的开通时间 $t_{\rm on}$ 不变，使关断时间在 0～∞范围内变化，即改变开关频率 f，称之为定宽调频法。

② 保持功率开关器件的关断时间不变，使开通时间 $t_{\rm on}$ 在 0～∞范围内变化，称之为调宽调频法。

③ 保持功率开关器件的开关频率 f 不变，使开通时间 $t_{\rm on}$ 在 0～∞范围内变化，称之为定频调宽法。

由此构成对应以上三种方法的直流斩波器。

1.2.2 不可逆直流 PWM 变换器-电动机系统

受到晶闸管这种半控型器件关断时间的限制，若用普通晶闸管构成直流斩波器，它的开关频率并不高，仅能达到 100～200Hz，相应的输出电流波形脉动大，而且需要配置的强迫关断电路额外增加了直流斩波器的体积与控制上的复杂性。继晶闸管之后出现了全控型电力电子器件，如门极可关断的晶闸管（GTO）、电力晶体管（GTR）、电力场效应管（P-MOSFET）、绝缘栅双极晶体管（IGBT）等，它们的关断时间较短、开关频率较高，可以达到 20kHz 左右。采用这种全控型功率器件构造直流斩波器时，通常采用定频调宽法来调节电压，这就是通常意义上的脉冲宽度调制变化器，即直流 PWM 变换器。

直流 PWM 变换器与电动机组成的调速系统，与相控晶闸管调压相比，有许多优势，如只需要很小的平波电抗器甚至可以只利用电动机本身的电感量，不需要平波电抗器；电动机的损耗和发热都显著减小、动态响应快、开关频率高、控制线路简单等。

图 1-9(a) 为不可逆 PWM 变换器的控制线路图。由图可知，由一个直流恒压电源 $U_{\rm s}$、两个全控型开关器件 $\rm VT_1$ 和 $\rm VT_2$、两个二极管 $\rm VD_1$ 和 $\rm VD_2$ 组成了该不可逆 PWM 变换器，主控制管是 $\rm VT_1$，起斩波、调制作用，$\rm VT_2$ 是辅助器件，在电动机的制动过程起作用，两者的驱动电压为 $u_{\rm b1}$、$u_{\rm b2}$，大小相等，方向相反；两个二极管的作用是在开关器件 $\rm VT_1$ 和 $\rm VT_2$ 关断时为电枢回路提供释放电动机内电感储能的续流通路。以下分三种情况说明不可逆 PWM 变换器与电动机组成的系统的工作过程。

(1) 电动状态

图 1-9(a) 中用带箭头的虚线表示出了四路电枢电流的流通方向与路径，其中 1 路与 2 路的电流方向是正，电动机处于电动状态。如图 1-9(b) 所示，一个周期 T 内电压变化分两个时间段，当 $0\leqslant t<t_{\rm on}$ 时，驱动电压信号 $u_{\rm b1}$ 为正，促使 $\rm VT_1$ 导通，$u_{\rm b2}$ 为负，则 $\rm VT_2$、$\rm VD_2$ 截止，电源电压 $U_{\rm s}$ 经过 $\rm VT_1$ 加到电动机两端，电枢电流的方向沿图 1-9(a) 中的 1 路

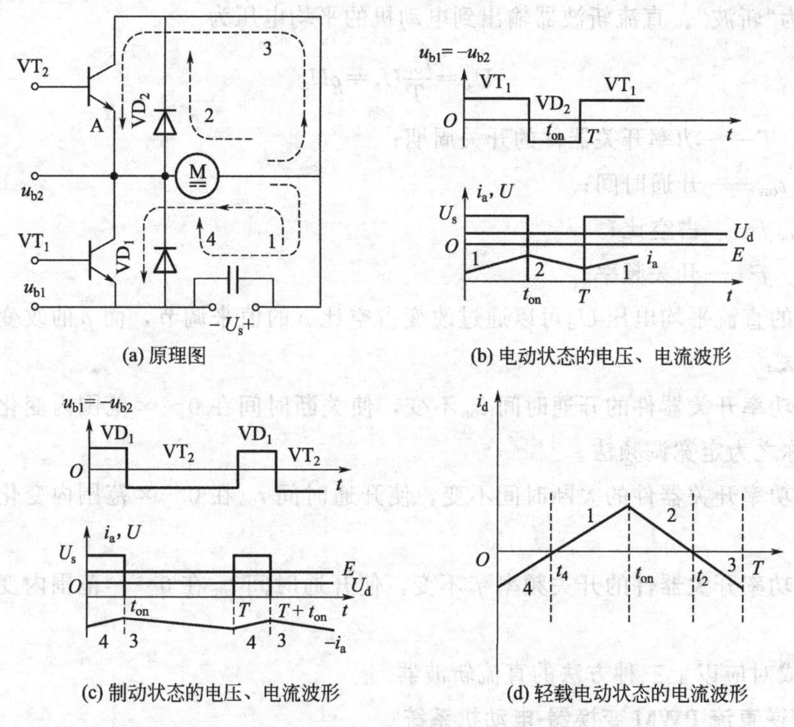

图 1-9　不可逆 PWM 变换器主电路及输出波形

流通；当 $t_{on}\leqslant t<T$ 时，u_{b1} 为负，促使 VT_1 截止，而 u_{b2} 为正，则 VD_2 导通，电源因 VT_1 截止而与电动机断开，电动机的电源电压为 0，此时电动机内的电感在 $0\leqslant t<t_{on}$ 期间积累的电能开始释放出来，维持电枢电流的方向保持不变，则电流经过二极管 VD_2 续流沿图 1-9(a) 中的 2 路流通，虽然 u_{b2} 为正，但二极管 VD_2 的正向导通压降又给 VT_2 施加了反向电压信号，致使其仍然处于截止状态。所以，在电动状态下，图 1-9(a) 中的 VT_2 不起作用。

经过上述周期性变化过程，得到图 1-9(b) 所示的加在电动机上的电压 U 与电枢电流 i_d 的波形，其中电压 U 的平均值 U_d 为式(1-14)，保持 VT_1 的开关周期 T 不变，调节它的开通时间段 t_{on} 来调节占空比 ρ，使其变化范围是 $0\leqslant\rho\leqslant1$，就可以连续而平滑地改变加在电动机上的平均电压 U_d。从图 1-9(b) 可见在电动状态下，加在电动机上的平均电压 U_d 总是大于电动机的感应电动势 E，电枢电流始终为正。

(2) 制动状态

在电动机运行过程当中，如果需要减速或者停车，应减小 VT_1 的开通时间段 t_{on}，即减小占空比 ρ，从而降低加在电动机上的平均电压 U_d，此时由于机械惯性，电动机的转速不会立即减小，仍维持原值，则感应电动势也几乎保持不变，致使 $U_d\leqslant E$，见图 1-9(c)。当 $t_{on}\leqslant t<T$ 时，u_{b2} 为正，促使 VT_2 导通，u_{b1} 为负，使 VT_1 截止，由于 $U_d-E<0$，使得电枢电流改变方向为负，沿图 1-9(a) 中的 3 路流通，该电路相当于将电动机的电源去掉，通过 VT_1 构成闭合回路，所以电动机进入能耗制动状态。当 $0\leqslant t<t_{on}$ 时，u_{b2} 为负，则 VT_2 截止，u_{b1} 为正，则 VD_1 导通，而 VD_1 的正向导通压降给 VT_1 施加了反向电压信号，致使其仍然处于截止状态，在电动机感应电动势作用下，电枢电流沿 1-9(a) 中的 4 路、经 VD_1 续流后流通，该流通路径包含有电源，电流由电源的正极流入，说明此时电动机处于回馈制动

状态。整个制动过程的电压电流波形如图 1-9(c) 所示，此时电动机在负向电流作用下转速开始降低，直至停车。在制动过程中图 1-9(a) 中的 VT_1 不起作用。

(3) 轻载电动状态

若负载较轻，电枢电流很小时，电动机内电感上储存的能量将减小，在电动状态下，当 VT_1 截止，电流经 VD_2 续流很快会衰减到零，见图 1-9(d) 中 $t_{on} \leqslant t < T$ 时间区间，则由于此时 VD_2 两端的电压也减小到零，在正的驱动电压信号 u_{b2} 的作用下，VT_2 得以导通，这样在电动机本身的感应电动势作用下电枢电流从零开始反向增加，沿 3 路流通，致使电动机进入短暂的能耗制动状态，直到 $t=T$，u_{b2} 变为负，VT_2 截止，反向后的电枢电流增加到最大值，然后反向后的电枢电流经二极管 VD_1 沿 4 路流通，逐渐减小，直到 $t=t_4$ 时，该电流衰减到零后，VT_1 才导通，因为此时驱动电压信号 u_{b1} 已经为正了，电枢电流随之再次改变为正方向，沿 1 路流通，整个过程中电枢电流变化的完整波形见图 1-9(d)。因此，当电动机处于轻载电动状态，在一个开关周期 T 内，VT_1、VD_2、VT_2、VD_1 轮流截止、导通。

以上介绍的不可逆 PWM 变换器，具有启动、稳态运行、调速、快速制动等作用，组成的调速系统可以在机械特性的一、二象限运行，特别是在减速和停车时具有较好的动态效果。

1.2.3　可逆直流 PWM 变换器-电动机系统

可逆系统是指能够使电动机正、反转运行的拖动控制系统。按主电路结构的不同，可逆直流 PWM 变换器-电动机系统可以分成 H 型、T 型等，其中 H 型变换器应用比较广泛，因此本节主要介绍 H 型变换器。在控制方式上 H 型变换器有双极式、单极式和受限单极式三种，本节介绍前两种控制方式。

图 1-10 绘出了双极式可逆 PWM 变换器与电动机组成调速系统的基本原理图。与前一节不同，它是由 $VT_1 \sim VT_4$ 4 个全控型开关器件和 $VD_1 \sim VD_4$ 4 个续流二极管构成的桥式(或称 H 型) 电路，4 个开关器件的基极驱动电压信号分成两组，VT_1 和 VT_4 为一组，受驱动信号 $u_{b1}=u_{b4}$ 控制同时导通或者截止关断，VT_2 和 VT_3 为另一组，受驱动信号 $u_{b2}=u_{b3}$ 控制同时导通或者截止关断，它们之间关系的波形图如图 1-11 所示。

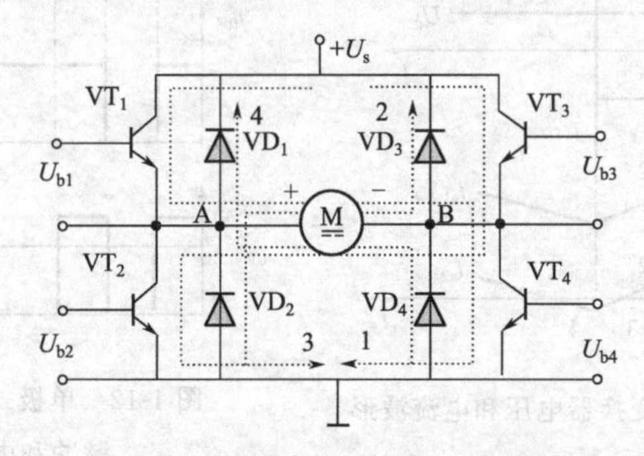

图 1-10　双极式 H 型 PWM 变换器

见图 1-10，在一个开关周期 T 内，当 $0 \leqslant t < t_{on}$，$u_{b1}=u_{b4}$ 为正，控制 VT_1 和 VT_4 同时导通，$u_{b2}=u_{b3}$ 为负，控制 VT_2 和 VT_3 同时截止，使电动机 M 的电枢两端承受电源电压 U_s，电枢电流沿 1 路流通，方向为正，即电动机处于电动状态；当 $t_{on} \leqslant t < T$，$u_{b1}=u_{b4}$ 为负，控制 VT_1 和 VT_4 同时截止，$u_{b2}=u_{b3}$ 为正，但此时却不能控制 VT_2 和 VT_3 立即导通，

而是在电动机内电枢电感释放储能的作用下，电枢电流经二极管 VD_2、VD_3续流沿 2 路流通，方向仍为正，VD_2、VD_3上的正向压降会使得 VT_2、VT_3 仍然承受反压而处于截止状态，这样就导致电动机 M 的电枢两端承受负的电源电压，即$-U_s$。可见，在一个开关周期 T 内，电动机所承受的电源电压是正负交错，详见图 1-11 中的电压波形，这就是双极式 PWM 变换器的控制特点。由于电枢电压呈现这种正负变化，使其电流波形存在两种情况，如图 1-11 中所示的 i_{a1}、i_{a2}，i_{a1}属于电动机带有较重负载、电枢电流也相应较大时的情况，此时二极管续流阶段的电流是正的，促使电动机始终处于电动状态。i_{a2}属于电动机带有较轻负载、电枢电流也相应较小时的情况，在 $t_{on} \leqslant t < T$ 的续流阶段，因电枢电感储能很少，电枢电流很快下降到零，则在正的驱动信号 $u_{b2}=u_{b3}$以及负的电源电压共同作用下，此刻 VT_2 和 VT_3 导通，电枢电流开始反向，沿 3 路流通，促使电动机处于制动状态，持续到$t=T$后，因 $u_{b2}=u_{b3}$变为负，VT_2 和 VT_3 重新截止而关断，同样由于此刻二极管 VD_1、VD_4 导通，使得 VT_1、VT_4 仍然承受反压而处于截止状态，负方向的电枢电流经过 VD_1、VD_4 续流、沿 4 路流通，持续到 $t=t_4$，负方向的电枢电流衰减到零后，VT_1、VT_4 在正向的 $u_{b1}=u_{b4}$ 驱动控制下才开始导通，使得电枢电流又一次改变为正方向，沿 1 路流通，完成了在轻载情况下电枢电流的一个变化周期。

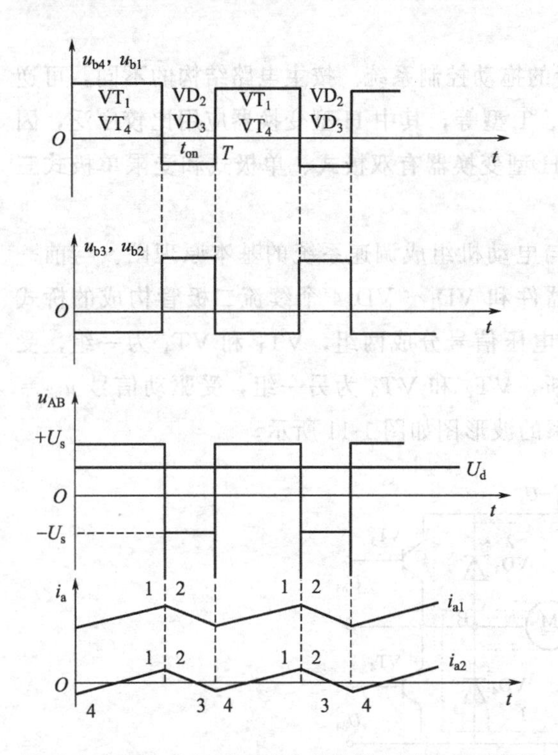

图 1-11　双极式 H 型 PWM 变换器电压和电流波形

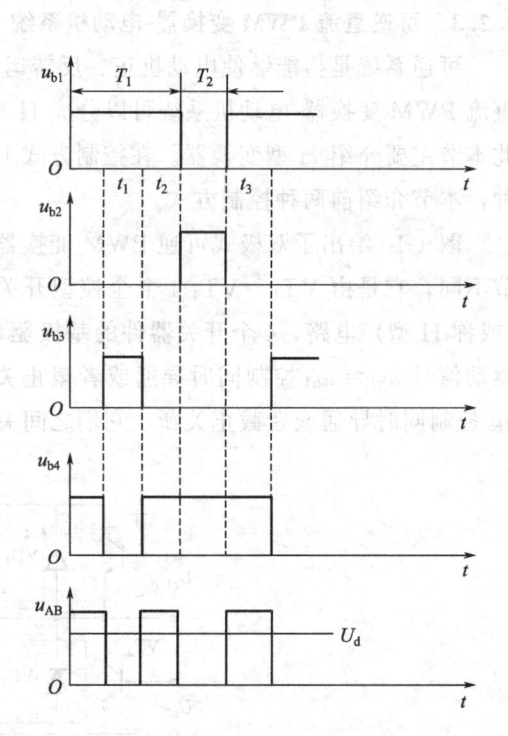

图 1-12　单极式 PWM 变换器的驱动脉冲和电压、电流波形

双极式可逆 PWM 变换器经过上述过程，控制加在电动机上的电源电压，在图 1-11 中用 u_{AB}表示该控制电压，其平均值为

$$U_d=U_{AB}=\frac{t_{on}}{T}U_s-\frac{T-t_{on}}{T}U_s=\left(\frac{2t_{on}}{T}-1\right)U_s=\rho U_s \tag{1-15}$$

式中 $\rho=\frac{2t_{on}}{T}-1$ 仍为占空比，其变化范围是 $-1\leqslant\rho\leqslant1$。根据图 1-10，当 $0<\rho\leqslant1$ 时，电动机正转；当 $-1\leqslant\rho<0$ 时，电动机反转；当 $\rho=0$ 时，电动机停转。

图 1-11 所示的电压、电流的变化波形是针对电动机正转的过程，反转时的情况与此类似，请读者自行分析。

双极式可逆 PWM 变换器具备下述的优势：

① 电流一定连续，保证电动机运行时的机械特性是线性的；

② 由于电流连续，电动机停止时有微振电流，能消除静摩擦死区；

③ 可以使电动机实现四象限运行；

④ 低速平稳性较高，可以实现 1∶2000 左右的调速范围；

⑤ 在调速范围内，驱动脉冲较宽，可以保证每个开关器件可靠工作。

但是，这种可逆 PWM 变换器也存在明显的不足：从所描述的工作过程可知，4 个开关器件都需要工作起来，开关损耗难免会很大，并且容易发生上、下两个开关器件同时导通的短路事故。为了防止出现这种短路事故，需要在一个开关器件截止关断与另一个开关器件导通的驱动脉冲信号之间增设逻辑延时。

单极式 PWM 变换器的电路与双极式的一样，均为图 1-10 结构，主要的不同之处在于，单极式的开关器件与双级式的开关器件使用的驱动控制脉冲不一样，左边两个开关器件 VT_1、VT_2 的驱动脉冲 $u_{b1}=-u_{b2}$，右边两个开关器件 VT_3、VT_4 的驱动脉冲 $u_{b3}=-u_{b4}$。单极式 PWM 变换器的驱动脉冲信号的波形如图 1-12 所示。这样设置后，可以保证在一个开关周期 T 内，VT_1、VT_4 不是时时刻刻都同时导通，在一定程度上克服了双极式可逆 PWM 变换器的缺点，但是其动、静态性能却要比双极式可逆 PWM 变换器差一些。

1.2.4　直流脉宽调速系统的机械特性

根据电机与拖动基础的知识，拖动系统的机械特性是描述稳态情况的。对于采用脉宽调制控制的拖动系统而言，所谓稳态，是指电动机的平均电磁转矩与负载转矩相平衡的状态，而瞬时的转矩和转速却仍是脉动的，机械特性是平均转速与平均转矩（电流）的关系。对于中、小容量的脉宽调速系统而言，若其功率器件的开关频率很高，能够将最大电流脉动量控制在额定电流的 5%以下，则转速的脉动量将不到额定空载转速的万分之一，可以忽略不计。

采用不同形式的 PWM 变换器，系统的机械特性也不一样。对于带制动电流通路的不可逆电路和双极式控制的可逆电路，电流的方向是可逆的，无论是重载还是轻载，电流波形都是连续的，因而机械特性关系式比较简单，下面先分析这种情况。

对于带制动电流通路的不可逆电路，电压平衡方程式分两个阶段

$$U_s=Ri_d+L\frac{di_d}{dt}+E\quad(0\leqslant t<t_{on})\tag{1-16}$$

$$0=Ri_d+L\frac{di_d}{dt}+E\quad(t_{on}\leqslant t<T)\tag{1-17}$$

式中　R，L——电枢电路的电阻和电感。

对于双极式控制的可逆电路（即图 1-10），只在上述的第二个方程式(1-17) 中电源电压由 0 改为 $-U_s$，其他均不变。于是，电压方程为

$$U_s = Ri_d + L\frac{di_d}{dt} + E \quad (0 \leqslant t < t_{on}) \tag{1-16}$$

$$-U_s = Ri_d + L\frac{di_d}{dt} + E \quad (t_{on} \leqslant t < T) \tag{1-18}$$

按电压方程求一个周期内的平均值，即可导出机械特性方程式。无论是上述哪一种情况，电枢两端在一个周期内的平均电压都是 $U_d = \rho U_s$，只是占空比 ρ 求解关系式不同，分别为式(1-14）和式(1-15)。平均电流和转矩分别用 I_d 和 T_e 表示，平均转速 $n = E/C_e$，而电枢电感压降 $L\frac{di_d}{dt}$ 的平均值在稳态时应为零。于是，无论是上述哪一组电压方程，其平均值方程都可写成

$$\rho U_s = RI_d + E = RI_d + C_e n \tag{1-19}$$

则机械特性方程式为

$$n = \frac{\rho U_s}{C_e} - \frac{R}{C_e}I_d = n_0 - \frac{R}{C_e}I_d \tag{1-20}$$

或用转矩表示，

$$n = \frac{\rho U_s}{C_e} - \frac{R}{C_e C_m}T_e = n_0 - \frac{R}{C_e C_m}T_e \tag{1-21}$$

式中　$C_m = K_m \Phi_N$——电机在额定磁通下的转矩系数；

$n_0 = \frac{\rho U_s}{C_e}$——理想空载转速，与占空比 ρ 成正比。

式(1-21）所表达的机械特性可以如图 1-13 所示，因为仅表示出了第一、二象限的机械特性，所以它适用于带制动作用的不可逆电路，双极性控制可逆电路的机械特性与之类似，只是可扩展到第三、四象限。

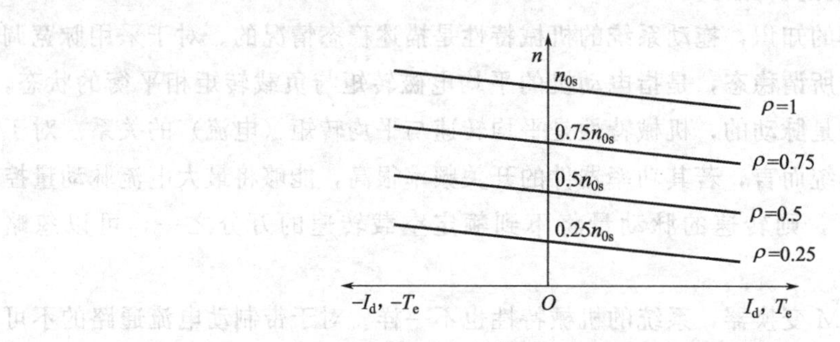

图 1-13　第一、二象限的机械特性

1.2.5　PWM 控制与变换器的数学模型

图 1-14 绘出了 PWM 控制器和变换器的框图，其驱动电压由 PWM 控制器发出。按照上述对 PWM 变换器工作原理和波形的分析，不难看出，当控制电压改变时，PWM 变换器输出平均电压按线性规律变化，但其响应会有延迟，最大的时延是一个开关周期 T，在这一点上 PWM 控制与变换器的动态数学模型和晶闸管触发与整流装置基本一致。因此 PWM 控制与变换器（简称 PWM 装置）也可以看成是一个滞后环节，其传递函数可以写成

$$W_s(s) = \frac{U_d(s)}{U_c(s)} = K_s e^{-T_s s} \tag{1-22}$$

式中　K_s——PWM 装置的放大系数；

T_s——PWM 装置的延迟时间，$T_s \leqslant T$。

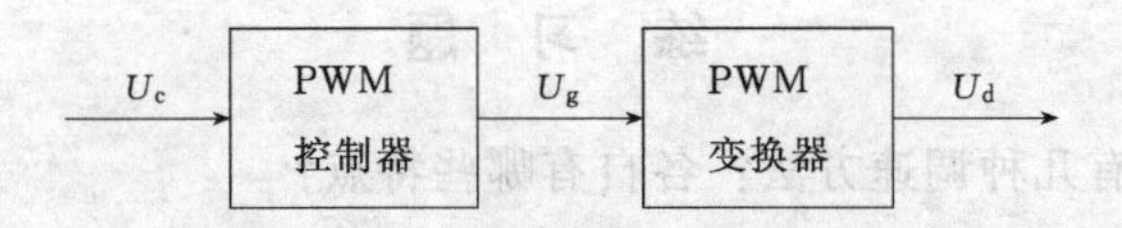

图 1-14　PWM 控制和变换器的框图

U_d—PWM 变换器输出的直流平均电压；U_g—PWM 控制器输出到主电路开关器件的驱动电压；U_c—PWM 控制器的控制电压

当开关频率为 10kHz 时，$T=0.1$ms，在一般的电力拖动自动控制系统中，时间常数这么小的滞后环节可以近似看成是一个一阶惯性环节，因此可以写成下面的式子

$$W_s(s) \approx \frac{K_s}{T_s s+1} \tag{1-23}$$

与晶闸管装置的传递函数完全一致。

※1.2.6　电能回馈与泵升电压的限制

PWM 变换器的直流电源通常由交流电网经不可控的二极管整流器产生，并采用大电容 C 滤波，以获得恒定的直流电压 U_s，电容 C 同时对感性负载的无功功率起储能缓冲作用。由于电容量较大，突加电源时会产生很大的充电电流，容易损坏整流二极管，如图 1-15 所示。为了限制充电电流，在整流器和滤波电容之间串入限流电阻 R_0（或电抗），合上电源以后，延时用开关将 R_0 短路，以免在运行中造成附加损耗。

对于 PWM 变换器中的滤波电容，其作用除滤波外，还有当电动机制动时吸收运行系统动能的作用。由于直流电源靠二极管整流器供电，不可能回馈电能，电动机制动时只好对滤波电容充电，这将使电容两端电压升高，称作“泵升电压”。电力电子器件的有限耐压水平限制着最高泵升电压，因此电容量就不可能很小，一般几千瓦的调速系统所需的电容量达到数千微法。在大容量或负载有较大惯量的系统中，不可能只靠电容器来限制泵升电压，这时，可以采用图 1-15 中的放电电阻 R_b 来消耗掉部分动能。R_b 的分流电路靠开关器件 VT_b 在泵升电压达到允许数值时接通。

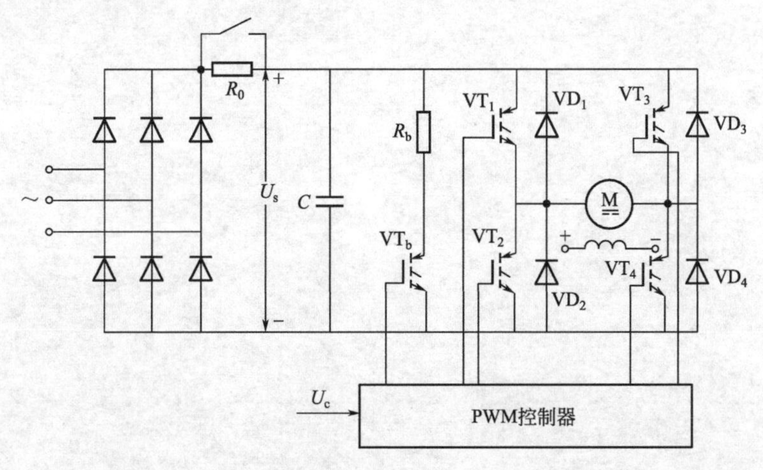

图 1-15　桥式可逆直流脉宽调速系统主电路的原理图

对于更大容量的系统，为了提高效率，可以在二极管整流器输出端并接逆变器，把多余的能量逆变后回馈电网。

练 习 题

1-1 简述直流电动机有几种调速方法？各自有哪些特点？

1-2 VT-M 开环调速系统中为什么转速随负载增加而降低？

1-3 简述直流 PWM 变换器电路的基本结构及驱动电路的特点。

1-4 为什么直流 PWM 变换器-电动机系统比相控整流器-电动机系统能够获得更好的动态特性？

1-5 泵升电压是怎样产生的？对系统有何影响？如何抑制？

1-6 在直流脉宽调速系统中，当电动机停止不动时，电枢两端是否还有电压？电路中是否还有电流？为什么？

1-7 从系统结构、功能、工作原理和特性等方面比较直流 PWM 调速系统与 VT-M 直流调速系统的相同和不同之处。

1-8 直流电动机带动一恒转矩负载，测得始动电压 $U_{d0}=4\text{V}$，当电枢电压 $U_a=50\text{V}$ 时，其转速 $n=1500\text{r/min}$。若要求转速 $n=3000\text{r/min}$，试问要加多大的电枢电压？

1-9 由三相桥式全控整流电路供电的 VT-M 系统，电动机数据如下：$P_N=90\text{kW}$，$U_N=440\text{V}$，$n_N=1800\text{r/min}$，$I_N=220\text{A}$，$R_a=0.0874\Omega$。忽略整流桥内阻和平波电抗器电阻，假设空载电枢电流为额定电流的 10%，而且电流是连续的。(1) 试求控制角 $\alpha=0°$和 $30°$时的空载转速。(2) 若要在额定电流时达到额定转速，求此时的控制角 α、系统功率因数。

1-10 电流断续时 VT-M 系统机械特性的显著特点是什么？对于由三相零式整流电路供电的系统，当 $\alpha=60°$时，电流断续时的理想空载转速 n_0 是电流连续时的理想空载转速 n_0' 的多少倍？

第2章　闭环控制的直流调速系统

2.1节先讨论调速指标及开环系统存在的问题，得出开环调速系统无法满足人们期望的性能指标的结论，然后论述转速单闭环直流调速系统，分析了系统的静差，阐明了PI调节器和P调节器的控制作用。转速单闭环直流调速系统能够提高调速系统的稳态性能，但动态性能仍不理想，转速、电流双闭环直流调速系统是静动态性能良好、应用最广的直流调速系统；2.2节阐述转速、电流双闭环系统的组成及其静特性，转速、电流双闭环系统的数学模型，并对双闭环直流调速系统的动态性能进行了详细地分析；2.3节介绍一般调节器的工程设计方法，和经典控制理论的动态校正方法相比，这种方法简单、方便，容易掌握；2.4节应用工程设计方法解决双闭环调速系统两个调节器的设计问题。

2.1　转速单闭环直流调速系统

通过学习电机与拖动基础课程可知，直流电动机机械特性的规律是，随着电动机负载的增加，电动机的运行速度会降低，如图1-4所示。一般而言额定负载下转速降落可达3%～10%，这对于任何一台需要转速控制的设备而言，无法达到基本的控制要求。例如，由于毛坯表面不平，龙门刨床加工时负载常有波动，但为了保证加工精度和表面粗糙度，刨床的速度却不允许有较大地变化，一般要求额定转速降不超过0.5%。

不同的调速系统对转速的控制要求各式各样，可以总结为以下三个方面。

① 调速：在一定的转速变化范围内，分挡（有级）或者平滑地（无级）调节转速。

② 稳速：在所需转速上能够保持一定的精度稳定运行，在各种可能的干扰下不允许有过大的转速波动。

③ 加、减速：频繁启、制动的设备要求尽量快地加、减速，以提高生产率；不宜经受转速剧烈变化的机械则要求启、制动尽量平稳。

这些控制要求，对于有些调速设备都需要具备，而对于另一些调速设备只满足其中的一、两项即可，如调速和稳速两项，往往这两项在不同应用场合下还可能是相互矛盾的。

2.1.1　调速指标及开环系统存在的问题

直流调速系统主要用于转速或位置的控制，工程上对它的稳定性要求是比较高的。稳定性主要表现在调速和稳速两个方面，为了方便分析，定义两个稳态性能指标，即调速范围与静差率。

(1) 调速范围

生产机械要求电动机提供的最高转速n_{max}和最低转速n_{min}之比，被定义为调速范围，用字母D表示，即

$$D=\frac{n_{max}}{n_{min}} \tag{2-1}$$

最高转速n_{max}和最低转速n_{min}一般都指电动机在额定负载下的转速值，但对于少数很轻

的机械负载，例如精密磨床，也可以用实际负载时的转速变化范围。

（2）静差率

当系统在某一转速下运行时，负载由理想空载增加到额定值所对应的转速降落 Δn_N 与理想空载转速 n_0 之比，被定义为静差率 s。即

$$s=\frac{\Delta n_N}{n_0} \tag{2-2}$$

或用百分数表示

$$s=\frac{\Delta n_N}{n_0}\times 100\% \tag{2-3}$$

可见，静差率反映的是调速系统在负载发生变化时转速的稳定度。机械特性的硬度与静差率很接近，特性越硬，静差率越小，转速的稳定度越高。然而静差率又不完全等同于机械特性的硬度。直流电动机调速系统的机械特性为式(1-1)，改变电枢电压 U，可以得到调速系统在不同电压下的机械特性，如图 2-1 所示的特性 1 和 2，两者的硬度相同，额定转速降 $\Delta n_{N1}=\Delta n_{N2}$，但两者的静差率却不同，因为它们的理想空载转速不一样，根据式(2-2) 的定义，由于 $n_{01}>n_{02}$，所以 $s_1<s_2$。

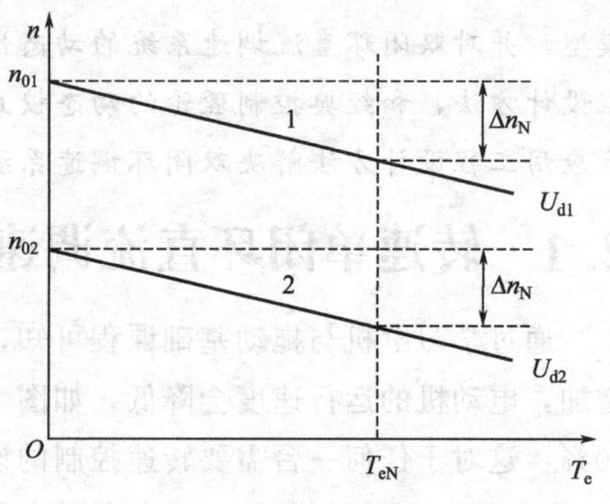

图 2-1　不同转速下的机械特性

对于同样硬度的机械特性，电动机的理想空载转速越低，静差率越大，转速的相对稳定度也越差。设 $U_1=U_N$，$n_{01}=1000\text{r/min}$，$\Delta n_{N1}=10\text{r/min}$，此时转速降只占理想空载转速的 1%，当减小电枢电压为 $U_2=U_N/5$ 后，$n_{02}=100\text{r/min}$，Δn_{N2} 仍保持 $\Delta n_{N2}=\Delta n_{N1}=10\text{r/min}$ 不变，则此时转速降将占理想空载转速的 10%，若再减小电枢电压使得 $n_{03}=10\text{r/min}$，那么经过同样的转速降 $\Delta n_{N3}=10\text{r/min}$ 后，转速为 0，电动机也就停止不动了。由此观之，调速范围和静差率这两项指标是彼此关联的，不能只单独使用其中一个。生产工艺上要求的调速范围是指在该范围内都应满足所规定的静差率要求，特别是在最低转速时也应该满足。脱离了对静差率要求的调速范围是没有意义、无效的，反过来，脱离了调速范围来满足所给定的静差率，也就会变得容易得多。

（3）调速范围和静差率的相互约束关系

根据调速范围与静差率这两个指标之间的关联性，在直流电动机调速系统中，静差率应该是最低速时的静差率，即

$$s=\frac{\Delta n_N}{n_{0\min}}=\frac{\Delta n_N}{n_{\min}+\Delta n_N}$$

于是，最低转速为

$$n_{\min}=\frac{\Delta n_N}{s}-\Delta n_N=\frac{(1-s)\Delta n_N}{s}$$

而调速范围为

$$D=\frac{n_{\max}}{n_{\min}}=\frac{n_N}{n_{\min}}$$

这里需要说明的是，对于采用调压调速的直流电动机而言，最高转速应该是其额定转速。将 n_{min} 代入调速范围 D，得到

$$D=\frac{n_N s}{\Delta n_N (1-s)} \tag{2-4}$$

式(2-4) 表示了调速范围、静差率和额定转速降之间所应满足的关系。对于一台确定的电动机而言，其额定转速 n_N 和转速降 Δn_N 都是常数，按式(2-4) 可知，对于系统的调速精度要求越高，即要求静差率 s 越小，则可达到的调速范围 D 必定越小；反之，当要求的 D 越大时，则其所对应的调速精度必然越低才合理，即 s 越大，所以，式(2-4) 实质上反映了调速范围 D 与静差率 s 间的约束关系，这是一对矛盾的调速指标。

在第 1 章中给出的相控晶闸管-电动机调速系统与直流 PWM 变换器-电动机系统，都是开环调速系统，相控晶闸管和直流 PWM 变换器都是可控的直流电源，它们的输入是交流电源，输出是受控制电压调节的可控直流电压 U_d。

下面分析开环调速系统的稳态调速指标。

【例 2-1】 某直流调速系统电动机额定转速为 $n_N=1000\text{r/min}$，额定速降 $\Delta n_N=105\text{r/min}$，当要求静差率 $s\leqslant30\%$时，其调速范围 D 为多少？如果希望调速范围达到 10，所能满足的静差率是多少？

解：当静差率要求为 $s\leqslant30\%$时，调速范围为

$$D=\frac{n_N s}{\Delta n_N (1-s)}=\frac{1000\times0.3}{105\times(1-0.3)}=4.08$$

若希望调速范围达到 10，则静差率为

$$s=\frac{D\Delta n_N}{n_N+D\Delta n_N}=\frac{10\times105}{1000+10\times105}=0.512=51.2\%$$

【例 2-2】 某直流电动机的额定数据如下：额定功率 $P_N=60\text{kW}$，额定电压 $U_N=220\text{V}$。额定电流 $I_{dN}=305\text{A}$，额定转速 $n_N=1000\text{r/min}$，采用相控晶闸管-电动机调速系统，即 VT-M 系统，主电路总电阻 $R=0.18\Omega$，电动机电动势系数 $C_e=0.2\text{V}\cdot\text{min/r}$。如果要求调速范围 $D=20$，静差率 $s\leqslant5\%$，则采用开环调速系统能否满足？若要满足这个要求，系统的额定转速降 Δn_N 最多允许多少？

解：当电流连续时，VT-M 系统的额定转速降为

$$\Delta n_N=\frac{I_{dN}R}{C_e}=\frac{305\times0.18}{0.2}=275(\text{r/min})$$

开环系统在额定转速时的静差率为

$$s_N=\frac{\Delta n_N}{n_N+\Delta n_N}=\frac{275}{1000+275}=0.216=21.6\%$$

在额定转速时已不能满足 $s\leqslant5\%$的要求，其他转速下更不可能满足。如果满足题中提出的 $D=20$，$s\leqslant5\%$的要求，则必须保证额定转速降为：

$$\Delta n_N=\frac{n_N}{D(1-s)}\leqslant\frac{1000\times0.05}{20\times(1-0.05)}=2.63(\text{r/min})$$

可见，开环调速系统的额定转速降太大，无法满足题中的调速指标 $D=20$，$s\leqslant5\%$，采用反馈控制的闭环调速系统应该是解决此类问题的一种方法。

2.1.2 闭环系统的组成与静特性

在转速开环的直流调速系统中，转速降 $\Delta n_N = RI_N/C_e$ 是由直流电动机的参数决定的，无法改变或调节，这是造成开环系统不能满足指定调速指标的根本原因，必须采用反馈控制技术，构成转速闭环控制系统，才能解决开环系统存在的这些问题。

在第 1 章所述的开环调速系统中，以图 1-1 所示的相控晶闸管-电动机（VT-M）调速系统为例，给定量（即输入量）是转速给定电压 U_c，被调节量（输出量）是直流电动机的转速 n，被调节量受控于给定量，而对给定量无反作用，称之为开环调速系统。现在根据自动控制原理，将被调节量作为反馈量引入系统的输入端，使之与给定量进行比较，用比较后的差值对系统进行控制，能有效地抑制直至消除扰动影响，而维持被调量很少变化或者不变，这就是反馈控制。基于负反馈（输入量与输出量相减）控制组成的系统，对于输出量反馈的传递途径有一个闭合的环路，因而被称作闭环控制系统。

如图 2-2 所示的带转速负反馈的闭环调速系统，在电动机轴上安装测速发电机 TG，得到与被调量转速成正比的反馈电压 U_n，给定量是给定电压 U_n^*，U_n 引回到输入端与 U_n^* 相比较后，得到偏差电压 ΔU_n，经过比例放大器（又可以称为比例调节器）A，产生控制晶闸管移相触发的电压信号 U_{ct}，剩下的系统结构与第 1 章所述的开环系统相同，从而组成了反馈控制的闭环调速系统。闭环系统与开环系统的主要差异就在于转速 n 经过测量元件反馈到输入端参与控制，只要被调量转速出现偏差，闭环系统就会自动产生纠正偏差的作用。

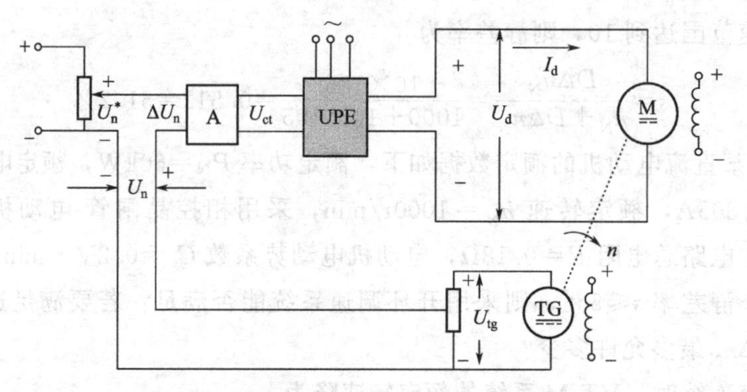

图 2-2 带转速负反馈的闭环直流调速系统

下面分析图 2-2 中闭环调速系统的稳态特性，为了突出主要矛盾，先做如下假定：

① 忽略各种非线性因素，假定各环节的输入输出关系都是线性的；

② 假定只工作在该调速系统开环机械特性的连续段；

③ 忽略直流电源和电位器的内阻

于是，闭环调速系统中各环节的稳态关系如下。

输入电压比较环节： $\Delta U_n = U_n^* - U_n$

比例放大器： $U_{ct} = K_p \Delta U_n$

晶闸管整流器与移相触发环节： $U_{d0} = K_s \Delta U_{ct}$

VT-M 系统开环机械特性： $n = \dfrac{U_{d0} - I_d R}{C_e}$

测速反馈环节：　$U_n = \alpha n$

以上各关系式中新出现的系数的含义分别是：

K_p——比例放大器的电压放大系数；

K_s——晶闸管移相触发整流环节的电压放大系数；

α——测速反馈系数，V·min/r。

对上述五个关系式进行变量替换、整理后，即得转速负反馈闭环直流调速系统的静特性方程式

$$n=\frac{K_pK_sU_n^*-I_dR}{C_e(1+K_pK_s\alpha/C_e)}=\frac{K_pK_sU_n^*}{C_e(1+K)}-\frac{RI_d}{C_e(1+K)} \tag{2-5}$$

式中，$K=K_pK_s\alpha/C_e$为闭环系统的开环放大系数，它相当于将测速反馈回路断开，如图 2-2 所示，从比例放大器输入端开始直到测速发电机输出端为止，各个环节的放大系数的乘积。这里，$1/C_e=n/E$是电动机环节的放大系数。

式(2-4) 列出的闭环直流调速系统的静特性表示了闭环系统电动机转速与负载电流（或转矩）之间的稳态关系，在表面形式上它与开环系统的机械特性一样，但本质上却有很大的区别，所以将其另外定义为静特性，以区别于开环系统的机械特性。

依据各环节的稳态关系能够画出对应闭环系统的稳态结构图，如图 2-3(a) 所示。图中各环节的放大系数用方块及其内的符号表示，并称其为传递系数，输入端有两个量：给定量U_n^*和扰动量$-I_dR$，如果把这两个量作为独立的输入量，还可以分别画出相应的稳态结构图，如图 2-3(b)、(c) 所示。然后，运用结构图运算的方法同样可以推出静特性方程式(2-5)，推导的过程是，对给定量U_n^*和扰动量$-I_dR$分别作用下的系统，即图 2-3(b)、(c)，求出各自的输入输出关系方程式，由于前面已经认定系统是线性的，可以把这两个方程式叠加起来，即得系统的静特性方程式，与式(2-5) 相同。

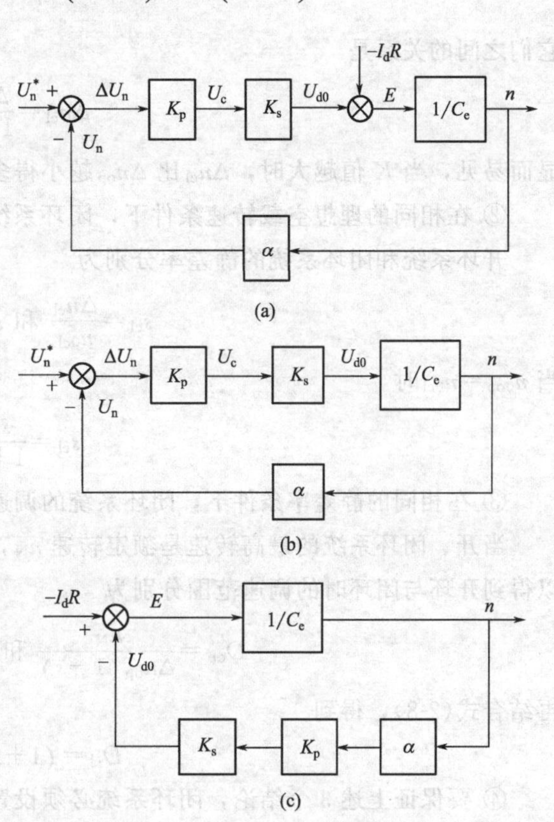

图 2-3　转速负反馈闭环直流调速系统稳态结构图

2.1.3　反馈控制规律和稳态参数计算

闭环调速系统的静特性方程式(2-5) 还可以用以下的形式表示：

$$n=\frac{K_pK_sU_n^*}{C_e(1+K)}-\frac{RI_d}{C_e(1+K)}=n_{0cl}-\Delta n_{cl} \tag{2-6}$$

而如果将反馈回路断开，则上述系统的开环机械特性也采用这种表示形式：

$$n=\frac{U_{d0}-I_dR}{C_e}=\frac{K_pK_sU_n^*}{C_e}-\frac{RI_d}{C_e}=n_{0op}-\Delta n_{op} \tag{2-7}$$

上两式中 n_{0op} 和 n_{0cl} 分别表示开环和闭环系统的理想空载转速；Δn_{op} 和 Δn_{cl} 分别表示开环和闭环系统的稳态转速降。比较式(2-6) 和式(2-7)，可以得出以下结论。

① 在同样的负载扰动作用下，闭环系统静特性比开环系统的机械特性硬得多。

两式的稳态转速降分别为

$$\Delta n_{cl}=\frac{RI_d}{C_e(1+K)}$$

$$\Delta n_{op}=\frac{RI_d}{C_e}$$

它们之间的关系是

$$\Delta n_{cl}=\frac{\Delta n_{op}}{1+K} \tag{2-8}$$

显而易见，当 K 值越大时，Δn_{cl} 比 Δn_{op} 越小得多，即闭环系统的静特性要硬得多。

② 在相同的理想空载转速条件下，闭环系统的静差率比开环系统小得多。

开环系统和闭环系统的静差率分别为

$$s_{cl}=\frac{\Delta n_{cl}}{n_{0cl}} \text{ 和 } s_{op}=\frac{\Delta n_{op}}{n_{0op}}$$

当 $n_{0op}=n_{0cl}$ 时

$$s_{cl}=\frac{s_{op}}{1+K} \tag{2-9}$$

③ 在相同的静差率条件下，闭环系统的调速范围大幅度提高。

当开、闭环系统的最高转速是额定转速 n_N，要求达到的静差率均为 s 时，由式(2-4) 可以得到开环与闭环时的调速范围分别为

$$D_{op}=\frac{n_N}{\Delta n_{op}(1-s)} \text{ 和 } D_{cl}=\frac{n_N}{\Delta n_{cl}(1-s)}$$

再结合式(2-8)，得到

$$D_{cl}=(1+K)D_{op} \tag{2-10}$$

④ 要保证上述 3 个结论，闭环系统必须设置放大器（或称调节器）。

观察式(2-8)～式(2-10) 可见，若要闭环系统的上述三项优点发挥作用，都需要足够大的放大倍数 K。由闭环系统的组成可知，引入了转速反馈电压 U_n 后，若要求转速偏差小，即偏差电压 $\Delta U_n=U_n^*-U_n$ 非常小，则必须设置具备一定放大倍数的放大器，才能获得足够的控制电压 U_{ct}，否则电动机无法运转。而在开环系统中，由于把给定量 U_n^* 直接当作 U_{ct}，就无需放大器了。

把上述四个特点结合起来，可能会产生这样的问题：调速系统的稳态转速降由电枢回路电阻压降及电动势常数决定，即 $\Delta n=\frac{RI_d}{C_e}$，在闭环系统中这些量没有变化，仍保持原有的值，那么闭环系统的稳态转速降大幅度减小的实质是什么？

在开环系统中，当负载电流变化时，电枢压降跟着变，随之转速也得变化。该系统设置了反馈装置闭环后，情况发生了质的变化，设转速稍有降落，直接反映到反馈电压上，通过

比较和放大环节，立即提高相控晶闸管整流环节的输出电压 U_{d0}，使系统的机械特性上移，转到新的机械特性上，因而能够带动转速回升。如图 2-4 所示，设系统起始工作在稳态转速 A 上，负载电流为 I_{d1}，当负载增大到 I_{d2} 时，开环系统的转速必然降到 A' 点对应的数值上，而在闭环系统中，由于反馈调节起作用，电压可增加到 U_{d02}，使转速稳定在与 U_{d02} 对应的机械特性上的 B 点，转速降比开环系统小得多。这样，在闭环系统中，每增加（或减小）一点负载，就相应提高（或降低）一点整流电压，进而就改变一条机械特性，使其上移（或下移）。闭环系统的静特性实质上是在许多开环机械特性上各取其相应的转速稳态工作点，再由这些点连接而成。因而闭环系统能够减少稳态转速降的实质在于它本身的自动调节作用，也就是能随着负载的变化而相应地改变整流电压。

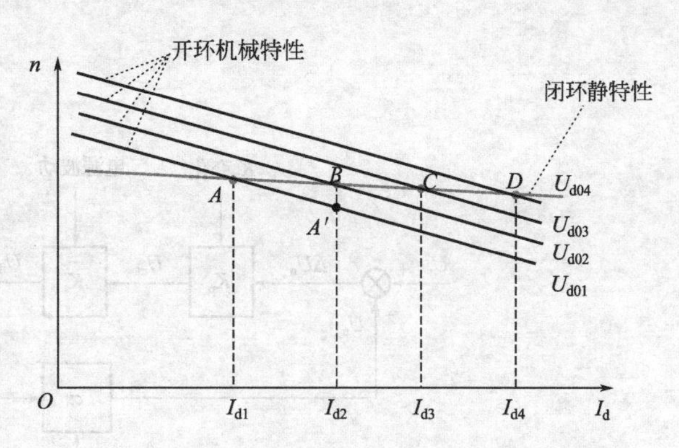

图 2-4　闭环系统静特性和开环机械特性之间的联系

综上所述，带有比例放大器的转速反馈闭环调速系具有以下 3 个基本特征，也就是反馈控制的基本规律。

(1) 被调量有静差

用比例放大器做调节器的闭环系统是有静差的。从静特性的分析中可见，闭环系统的调速性能有了明显地提高，其提高的程度与闭环系统的开环放大系数 K 关系密切。显然 K 越大，静特性越硬，稳态转速降越小，在一定静差率要求下的调速范围越大，若 $K=\infty$，则根据式(2-8) 有 $\Delta n_{cl}=0$，即消除稳态速差，但这是不可能的，因为此时 $\Delta U_n=0$，相应的 $U_{d0}=0$，那么电动机将停止运行。实际上，这种闭环系统正是依靠被调量偏差的变化才能实现控制作用。

(2) 抵抗扰动且服从给定

根据自动控制理论，反馈闭环控制系统具有良好的抗扰性能，它对于被负反馈环包围的前向通道上出现的一切扰动信号都能有效抑制，但对给定信号只能是服从，受其控制。从式(2-6) 来看，影响调速精度的物理量是负载 I_d 的变化，通过闭环系统的控制作用，抑制了它对输出量 n 的扰动，除此之外，在图 2-5 中，交流电源电压的波动使 K_s 变化、电动机励磁的变化造成 C_e 变化、主电路电阻受到温度的影响而变化、放大器输出电压的漂移使 K_p 变化等，所有因素都和负载变化一样，最终都要影响到转速 n。所有作用在系统各环节上的引起输出量变化的因素统称为“扰动作用”。对于一切被负反馈环包围的前向通道上的扰动作用，都会被测速装置检测出来，再通过反馈控制的作用，减小它们对稳态转速的影响。但是，如果反馈通道上的测速环节受到某种影响而使反馈系数 α 发生变化，例如测速发电机励磁的变化，测速发电机电压的换向波纹、转子偏心等原因而造成干扰等，都会引起 α 改变而影响转速，这种影响非但不能得到反馈控制系统的抑制，反而会增大被调量的误差。所以，反馈系统只能抑制被反馈环包围的前向通道上的扰动。

抗扰性能是反馈控制系统最突出的特征之一。利用这一特征，在设计闭环调速系统时，

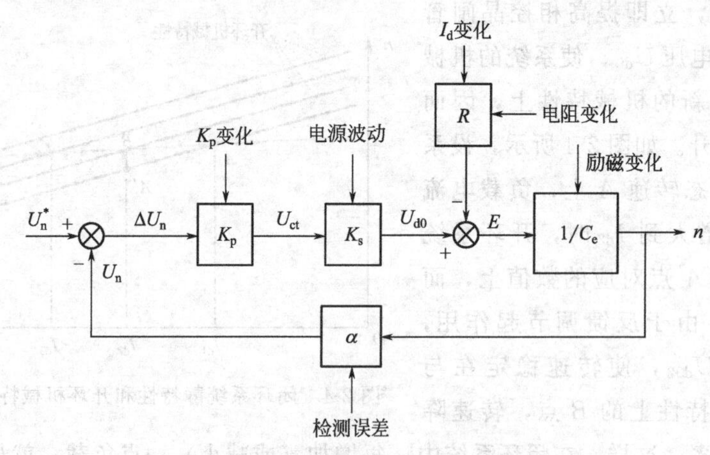

图 2-5 闭环系统的给定作用和扰动作用

可以只考虑一种主要扰动信号的作用，如负载扰动，按照克服负载扰动的要求进行设计，则其他扰动也就自然都受到抑制了。

位于图 2-5 左侧输入端的给定作用，与以上所述的所有扰动作用不同，处于反馈环之外，它的微小变化都会使被调量随之变化，不会受到反馈作用的抑制。因此，反馈控制系统的规律是：一方面能够有效地抑制一切被包在负反馈环内前向通道上的扰动作用；另一方面，则紧紧地跟随着给定作用，对给定量的任何变化都是唯命是从。

(3) 系统的精度依赖于给定和反馈检测的精度。

反馈控制系统绝对服从给定作用的规律决定了给定信号精度的重要性，如果产生给定电压的电源发生波动，反馈控制系统无法鉴别是给定信号的正常调节还是外界的电压波动。前已提及，反馈检测装置的误差同样是反馈控制系统无法抵制的。因此，高精度的调速系统必须有更高精度的给定稳压电源和反馈检测装置。

利用上述反馈控制规律首先进行反馈控制系统的稳态参数计算，它决定了控制系统的基本构成，然后再通过动态参数设计使系统可行、完善。

【例 2-3】 用线性集成电路运算放大器做比例放大器的转速负反馈闭环直流调速系统如图 2-6 所示，主电路由晶闸管可控整流器供电，是相控晶闸管-电动机调速系统。已知数据如下：电动机的额定参数为 10kW、220V、55A、1000r/min，电枢电阻 $R_a=0.5\Omega$；晶闸管触发整流装置：三相桥式可控整流电路，整流变压器 Y/Y 联结，二次线电压 $U_{21}=230V$，电压放大系数 $K_s=44$；VT-M 系统电枢回路总电阻 $R=1.0\Omega$；测速发电机：永磁式的，额定数据为 23.1W、110V、0.21A、1900r/min；直流稳压电源±15V。若生产机械要求调速范围 $D=10$、静差率 $s\leqslant 5\%$，试计算调速系统的稳态参数（暂不考虑电动机的启动）。

解：(1) 为满足调速系统的稳态性能指标，额定负载时稳态转速降应为

$$\Delta n_{cl}=\frac{n_N s}{D(1-s)}\leqslant\frac{1000\times 0.05}{10\times(1-0.05)}=5.26\text{r/min}$$

(2) 闭环系统应有的开环放大系数

先计算电动势系数：

$$C_e=\frac{U_N-I_N R_a}{n_N}=\frac{220-55\times 0.5}{1000}=0.1925\text{V}\cdot\text{min/r}$$

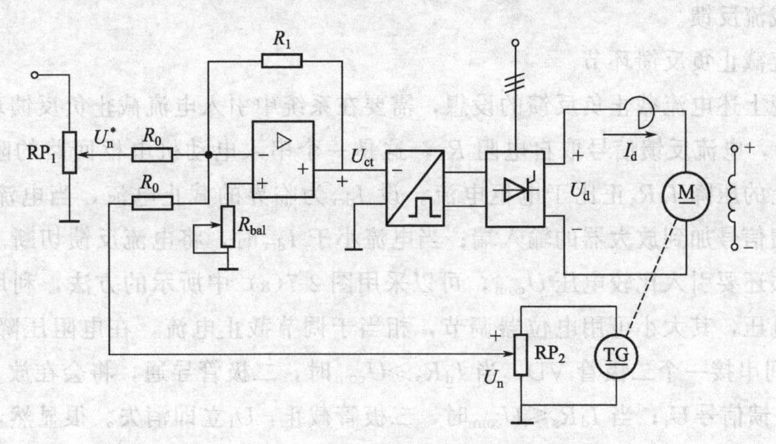

图 2-6　反馈控制有静差直流调速系统原理图

则开环系统的额定转速降为

$$\Delta n_{op}=\frac{I_N R}{C_e}=\frac{55\times 1.0}{0.1925}=285.7\text{r/min}$$

闭环系统的开环放大系数应为

$$K=\frac{\Delta n_{op}}{\Delta n_{cl}}-1\geqslant\frac{285.7}{5.26}-1=53.3$$

(3) 确定反馈环节的反馈系数

这里通过事先估计与验证，对该转速负反馈闭环系统取的反馈系数为

$$\alpha=0.01158\text{V}\cdot\text{min/r}$$

(4) 计算运算放大器的放大系数和参数

根据调速指标的要求，步骤 2 已经求出闭环系统的开环放大系数 $K\geqslant 53.3$，据此可以确定运算放大器的放大系数 K_p应为

$$K_p=\frac{K}{\alpha K_s/C_e}\geqslant\frac{53.3}{0.01158\times 44/0.1925}=20.14$$

实取 $K_p=21$。再根据所用运算放大器的型号，取 $R_0=40\text{k}\Omega$，那么

$$R_1=K_p R_0=21\times 40\text{k}\Omega=840\text{k}\Omega$$

2.1.4　电流截止负反馈

(1) 存在的问题

不采取任何限流措施，直流电动机直接启动、堵转、突加给定信号时，会产生很大的冲击电流，相当于电动机短路，此时不仅不利于电动动机换相，对冲击电流敏感的电力电子器件而言更是极大的破坏。为了解决这个问题，前面阐述的转速负反馈闭环直流调速系统中必须有自动限制电枢电流的环节。

根据反馈控制原理，要维持哪一个物理量基本不变，就应该引入该物理量的负反馈。将这一原理应用到上述的限流问题上，是很好的解决方法。即在系统中引入电流负反馈，保持电流在合理的水平上不变，也就保证了它不超过允许值。还需要注意的是，这种限流负反馈作用，只应在可能出现冲击电流的情况下存在，而在电动机正常运行时又必须取消，让电流自由地随着负载来增减。这种当电流大到一定程度时才出现的电流负反馈，称为电流截止负反馈，简称截流反馈。

(2) 电流截止负反馈环节

为了实现上述电流截止负反馈的设想，需要在系统中引入电流截止负反馈环节，其组成如图 2-7 所示，电流反馈信号取自电阻 R_s，这是一个串入电动机电枢回路的阻值较小的电阻，该电阻上的压降 I_dR_s正比于电枢电流。设 I_{dcr}为临界的截止电流，当电流大于 I_{dcr}时，将电流负反馈信号加到放大器的输入端；当电流小于 I_{dcr}时，将电流反馈切断。为了实现这一过程，必须还要引入比较电压 U_{com}，可以采用图 2-7(a) 中所示的方法，利用独立的直流电源作比较电压，其大小可用电位器调节，相当于调节截止电流，在电阻压降 I_dR_s与比较电压 U_{com}之间串接一个二极管 VD，当 $I_dR_s>U_{com}$时，二极管导通，将会在放大器的出入端出现电流负反馈信号 U_i；当 $I_dR_s\leqslant U_{com}$时，二极管截止，U_i立即消失。很显然，在这一反馈线路中，截止电流 $I_{dcr}=U_{com}/R_s$。还可以采用图 2-7(b) 中的方法，利用稳压管 VS 的击穿电压 U_{br}作为比较电压，只是这种反馈线路不能像前一种方法那样，可以平滑调节截止电流值。

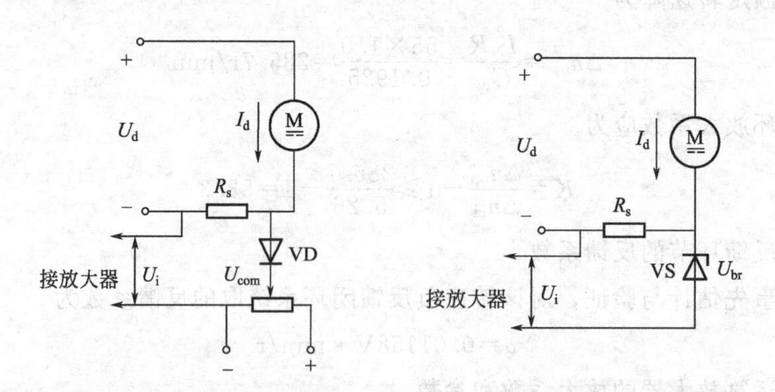

(a) 利用独立直流电源作比较电压　　(b) 利用稳压管产生比较电压

图 2-7　电流截止负反馈环节

(3) 带电流截止负反馈闭环直流调速系统的稳态结构图和静特性

图 2-8 反映了电流截止负反馈环节的输入-输出特性。它的输入信号是 $I_dR_s-U_{com}$，当 $I_dR_s-U_{com}>0$ 时，有输出信号，输出与输入相等；当 $I_dR_s-U_{com}\leqslant 0$ 时，输出为零。这种输入-输出特性代表了系统所希望拥有的一个两段式线性环节，能按照实际电流的大小，引入或取消电流负反馈。

图 2-9 画出了带电流截止负反馈的闭环直流调速系统稳态结构框图，它是在原先的转速负反馈的基础上增加了一个电流负反馈通道，图中 I_dR_s-$U_{com}U_i$表示电流负反馈信号电压，U_n表示转速负反馈信号电压。由该结构框图可以导出具有转速负反馈与电流截止负反馈闭环调速系统的静特性：当 $I_d\leqslant I_{dcr}$时，电流负反馈被截止，静特性只有转速负反馈调速系统的静特性：

$$n=\frac{K_pK_sU_n^*}{C_e(1+K)}-\frac{RI_d}{C_e(1+K)} \tag{2-11}$$

当 $I_d>I_{dcr}$时，引入了电流负反馈，静特性变成

$$n=\frac{K_pK_sU_n^*}{C_e(1+K)}-\frac{K_pK_s}{C_e(1+K)}(R_sI_d-U_{com})-\frac{RI_d}{C_e(1+K)}=\frac{K_pK_s(U_n^*+U_{com})}{C_e(1+K)}-\frac{(R+K_pK_sR_s)I_d}{C_e(1+K)} \tag{2-12}$$

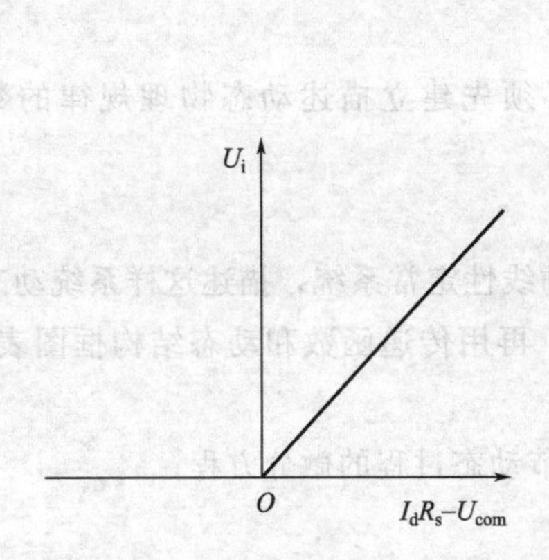

图 2-8　电流截止负反馈环节的输入-输出特性图

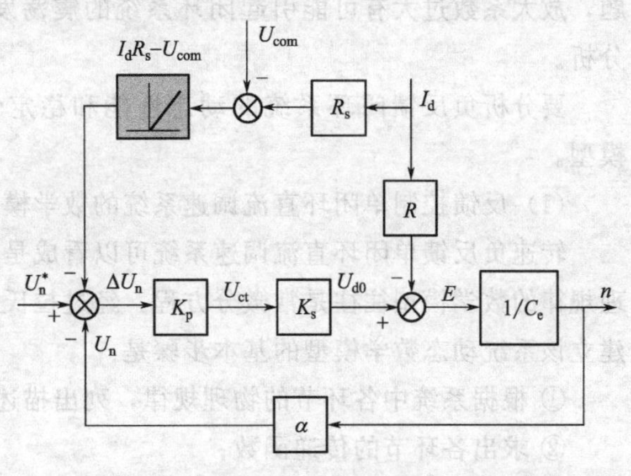

图 2-9　带电流截止负反馈的闭环直流调速稳态结构图

将式(2-11)、式(2-12) 表示的静特性画出，表示于图 2-10 中，电流负反馈被截止的 C—A 段（也就是 n_0—A 段），它就是闭环调速系统本身的静特性，显然是比较硬的。电流负反馈起作用后，相当于图中的 A—B 段，从图中及式(2-12) 可以看出，这一段特性与前面的 C—A 段相比有如下两个特点。

① 电流负反馈的作用相当于在主电路中串入一个大电阻 $K_pK_sR_s$，因而稳态转速降极大，特性急剧下垂。

② 比较电压 U_{com} 与给定电压 U_n^* 的作用一致，好像把理想空载转速提高到图 2-10 中虚线画出的最高转速点 n_0'（实际上 $n_0'-A$ 段是不存在的）：

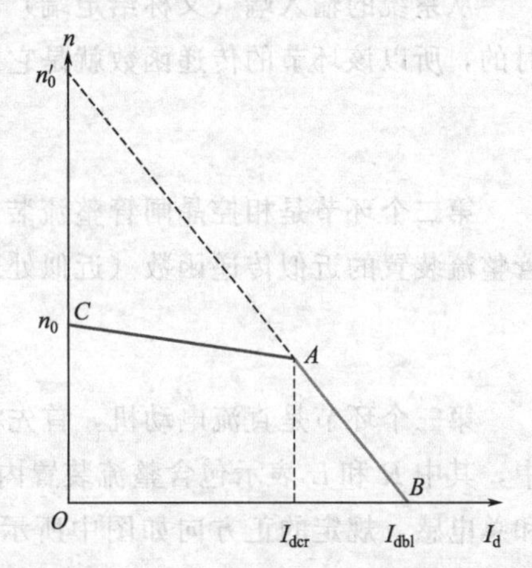

图 2-10　带电流截止负反馈闭环调速系统的静特性

$$n_0'=\frac{K_pK_s(U_n^*+U_{com})}{C_e(1+K)} \tag{2-13}$$

这样的两段式静特性常称作下垂特性或挖土机特性，令 $n=0$，得

$$I_{dbl}=\frac{K_pK_s(U_n^*+U_{com})}{R+K_pK_sR_s} \tag{2-14}$$

一般 $K_pK_sR_s\gg R$，因此

$$I_{dbl}\approx\frac{U_n^*+U_{com}}{R_s} \tag{2-15}$$

I_{dbl} 应小于电动机允许的最大电流，一般为 $(1.5\sim2)I_N$。另一方面，从 C—A 这一正常运行段上看，希望有足够的运行范围，也就要求截止电流应大于电动机的额定电流，一般取 $I_{dcr}\geqslant(1.1\sim1.2)I_N$。这些都是设计电流截止负反馈环节的参数时需要考虑的问题。

2.1.5　反馈控制闭环系统的动态分析与稳定条件

任何一个反馈控制的闭环系统的响应包括两部分：动态响应和稳态值。前面已经讨论了反馈控制闭环调速系统的稳态性能及其分析方法，引入了转速负反馈，同时采用比例放大器，且放大倍数足够大，来满足系统的稳态性能要求。这样处理可能会导致出现另一个问题，放大系数过大有可能引起闭环系统的震荡发散而不稳定，这就涉及系统的动态性能的分析。

要分析负反馈闭环系统的动态性能和稳定性，必须先建立描述动态物理规律的数学模型。

(1) 反馈控制单闭环直流调速系统的数学模型

转速负反馈单闭环直流调速系统可以看成是连续的线性定常系统，描述这样系统动态物理规律的数学模型往往是常微分方程，经过拉氏变换，再用传递函数和动态结构框图表示。建立该系统动态数学模型的基本步骤是：

① 根据系统中各环节的物理规律，列出描述该环节动态过程的微分方程；

② 求出各环节的传递函数；

③ 画出系统的动态结构框图，得到系统总的传递函数。

以下是按照上述步骤展开的详细过程。

从系统的输入端（又称给定端）出发，第一个环节是比例放大器，其响应可以认为是瞬时的，所以该环节的传递函数就是它的放大系数，即

$$\frac{U_{ct}(s)}{\Delta U_n(s)}=K_p \tag{2-16}$$

第二个环节是相控晶闸管整流装置，前一章的 1.1.3 节中，式(1-13) 表示了相控晶闸管整流装置的近似传递函数（近似处理条件见附录 1)，即

$$W_s(s)\approx\frac{K_s}{1+T_s s} \tag{2-17}$$

第三个环节是直流电动机，首先将他励直流电动机在额定励磁下的等效电路绘于图2-11中，其中 R 和 L 表示包含整流装置内阻和平波电抗器电阻和电感在内的电枢回路的总电阻和总电感，规定的正方向如图中所示。假定电枢电流是连续的，则动态过程的电压微分方程为：

$$U_{d0}=RI_d+L\frac{dI_d}{dt}+E \tag{2-18}$$

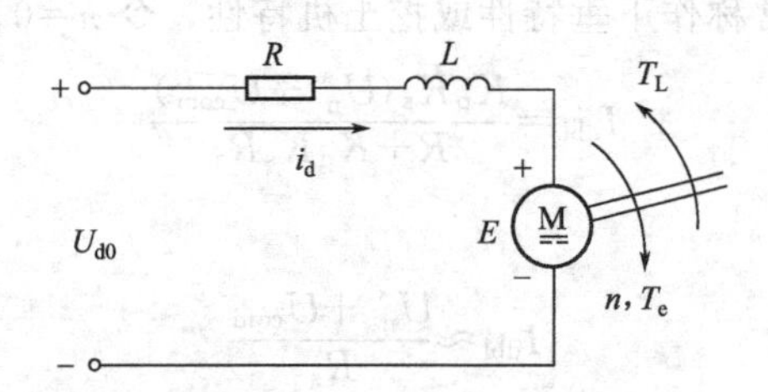

图 2-11 他励直流电动机的等效电路

额定励磁下的感应电动势和电磁转矩分别为：

$$E=C_e n \tag{2-19}$$

$$T_e=C_m I_d \tag{2-20}$$

忽略黏性摩擦及弹性转矩，电动机轴上的动力学方程为：

$$T_e-T_L=\frac{GD^2}{375}\times\frac{dn}{dt} \tag{2-21}$$

式中　T_e——电磁转矩，N·m；

T_L——包括电动机空载转矩在内的负载转矩，N·m；

GD^2——电力拖动系统运动部分折算到电动机轴上的飞轮力矩，N·m²；

$C_m=\frac{30}{\pi}C_e$——电动机额定励磁下的转矩系数，N·m/A。

定义电枢回路电磁时间常数为 $T_l=\frac{L}{R}$(s)，电力拖动系统机电时间常数为 $T_m=\frac{GD^2R}{375C_eC_m}$(s)。这两个时间常数分别代表了电气与机械惯性的影响，代入微分方程式(2-18)，整理后得：

$$U_{d0}-E=R\left(I_d+T_l\frac{dI_d}{dt}\right) \tag{2-22}$$

再根据 E、T_e 的定义式(2-19)与式(2-21)，对式(2-22)重作整理后得到

$$I_d-I_{dL}=\frac{T_m}{R}\times\frac{dE}{dt} \tag{2-23}$$

式中　$I_{dL}=\frac{T_L}{C_m}$——负载电流。

在零初始条件下，对上式两侧取拉氏变换，得到电压与电流间的传递函数为：

$$\frac{I_d(s)}{U_{d0}(s)-E(s)}=\frac{\frac{1}{R}}{T_l s+1} \tag{2-24}$$

感应电动势与电流间的传递函数为：

$$\frac{E(s)}{I_d(s)-I_{dL}(s)}=\frac{R}{T_m s} \tag{2-25}$$

对应式(2-24)与式(2-25)的动态结构图分别画在图 2-12 的 (a) 和 (b) 中，它们各是直流电动机动态结构的一部分，再考虑到 $n=\frac{E}{C_e}$ 后，将它们合在一起就是直流电动机的动态结构图，如图 2-12 的 (c) 所示。

从图 2-12(c) 可见，直流电动机有两个输入量，一个是施加在电枢主回路上的理想空载电压 U_{d0}，另一个是负载电流 I_{dL}，前者是控制输入量，后者是扰动输入量，而电动势 E 是根据直流电动机工作时电压平衡方程式而形成的内部反馈量。如果不需要在结构框图中显示

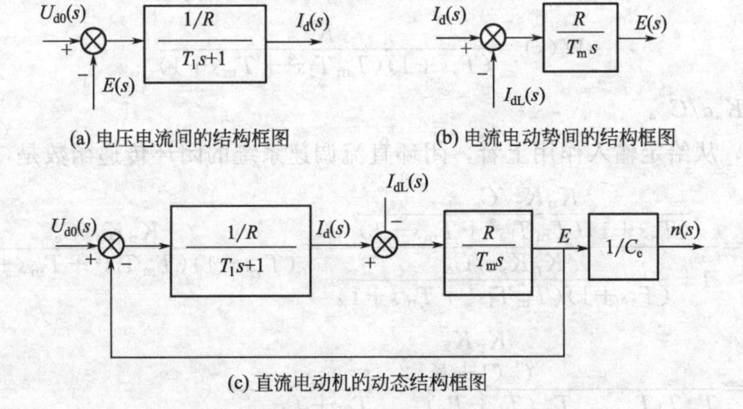

图 2-12　额定励磁下直流电动机动态结构图

出电流 I_d，可将扰动量 I_{dL} 的合成点前移，再进行等效变换，得到图 2-13(a) 所示的结构框图。如果是理想空载，则 $I_{dL}=0$，结构框图即简化成图 2-13(b)。

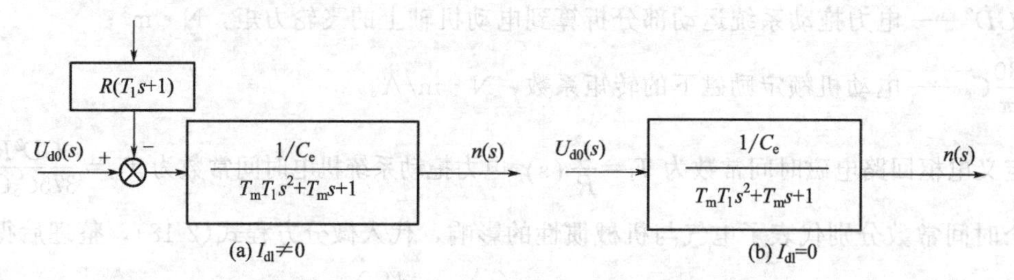

图 2-13　直流电动机动态结构图的变换

从上图可以看出，额定励磁下的直流电动机是一个二阶线性环节，T_m 和 T_l 两个时间常数分别表示机电惯性和电磁惯性。

第四个环节是测速反馈环节，同前面的比例放大器一样，可以将其响应看作是瞬时的，传递函数就是它的放大系数，即

$$\frac{U_n(s)}{n(s)}=\alpha \tag{2-26}$$

得到了上述四个环节的传递函数后，将它们按顺序相连就可以画出采用比例放大器的闭环直流调速系统的动态结构图，如图 2-14 所示。由图可见，带比例放大器的闭环直流调速系统可以近似看作是一个三阶线性系统。

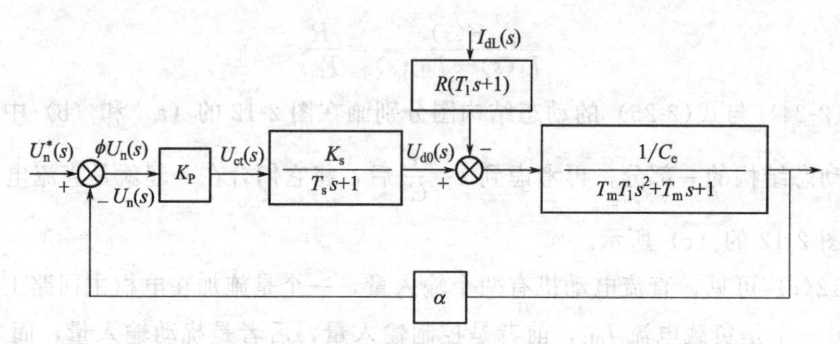

图 2-14　反馈控制闭环直流调速系统的动态结构框图

在此基础上，得到的反馈控制闭环直流调速系统的开环传递函数是

$$W(s)=\frac{K}{(T_s s+1)(T_m T_l s^2+T_m s+1)} \tag{2-27}$$

式中，$K=K_p K_s \alpha/C_e$。

设 $I_{dL}=0$，从给定输入作用上看，闭环直流调速系统的闭环传递函数是

$$W_{cl}(s)=\frac{\dfrac{K_p K_s/C_e}{(T_s s+1)(T_m T_l s^2+T_m s+1)}}{1+\dfrac{K_p K_s \alpha/C_e}{(T_s s+1)(T_m T_l s^2+T_m s+1)}}=\frac{K_p K_s/C_e}{(T_s s+1)(T_m T_l s^2+T_m s+1)+K}$$

$$=\frac{\dfrac{K_p K_s}{C_e(1+K)}}{\dfrac{T_m T_l T_s}{1+K}s^3+\dfrac{T_m(T_l+T_s)}{1+K}s^2+\dfrac{T_m+T_s}{1+K}s+1} \tag{2-28}$$

(2) 反馈控制闭环直流调速系统的稳定条件

分析图 2-14 所示的反馈控制单闭环直流调速系统动态结构框图可知，在扰动量 I_{dL} 作用下系统的被调量 n 要发生变化，其变化范围反映了调速系统静差率的大小，当扰动消失后，若系统的状态能恢复到原来的平衡状态，则该系统是稳定的，反之则是不稳定的。只有在系统稳定的前提条件下，才有减小静差率的可能。

劳斯-古尔维茨判据是用来判别系统稳定性充要条件的一种代数判据，三阶系统的特征方程一般表达式为

$$a_0 s^3 + a_1 s^2 + a_2 s + a_3 = 0$$

该表达式稳定的充要条件是

$$a_0 > 0, a_1 > 0, a_2 > 0, a_3 > 0, a_1 a_2 - a_0 a_3 > 0$$

由式(2-28) 可知，反馈控制单闭环直流调速系统的特征方程为

$$\frac{T_m T_l T_s}{1+K} s^3 + \frac{T_m (T_l + T_s)}{1+K} s^2 + \frac{T_m + T_s}{1+K} s + 1 = 0 \tag{2-29}$$

显然，上式中的各项系数都是大于零的，因此系统稳定的充分必要条件是

$$\frac{T_m (T_l + T_s)}{1+K} \times \frac{T_m + T_s}{1+K} - \frac{T_m T_l T_s}{1+K} > 0$$

或

$$(T_l + T_s)(T_m + T_s) > (1+K) T_l T_s$$

整理后得

$$K < \frac{T_m (T_l + T_s) + T_s^2}{T_l T_s} \tag{2-30}$$

式(2-30) 的右边可以看成是系统的临界放大系数 K_{cr}，$K \geqslant K_{cr}$时，系统将不稳定，以致将无法工作。从 K 的组成来看，T_l、T_s和 T_m都是系统的固有参数，而 K_s、C_e和 α 也是系统的既有参数，唯独 K_p是可以调节的参数。所以，要使得 $K < K_{cr}$，只有减小 K_p以降低 K 的值。根据前面对系统的静特性分析可知，闭环系统的开环放大系数越大，静差率越小，这就是采用比例放大器的转速负反馈调速系统静态性能指标与稳定性之间的主要矛盾。

【例 2-4】 在例题 2-3 中，已知 $R=1.0\Omega$，$K_s=44$，$C_e=0.1925\text{V}\cdot\text{min/r}$，系统运动部分的飞轮力矩 $GD^2=10\text{N}\cdot\text{m}^2$。根据稳态性能指标 $D=10$，$s \leqslant 5\%$，计算系统的开环放大系数应有 $K \geqslant 53.3$，试判别这个系统的稳定性。

解： 利用前面已经推导出的稳定条件进行判别，需要先计算出各个时间常数。对于相控晶闸管-电动机调速系统，为了保证主电路电流连续，应设置平波电抗器，以保证当最小电流 $I_{min}=10\% I_{dN}$时电流仍能连续，应采用代表三相桥式整流电路的式(1-7) 计算电枢回路总电感量，即

$$L = 0.693 \frac{U_2}{I_{dmin}}$$

根据系统的电源情况，上式中

$$U_2 = \frac{U_{21}}{\sqrt{3}} = \frac{230}{\sqrt{3}} = 132.8\text{V}$$

则得到

$$L = 0.693 \times \frac{132.8}{55 \times 10\%} = 16.73\text{mH}$$

取 $L=17\text{mH}=0.017\text{H}$。

计算系统中各个时间常数：

电磁时间常数

$$T_l=\frac{L}{R}=\frac{0.017}{1.0}=0.017\text{s}$$

机电时间常数

$$T_m=\frac{GD^2R}{375C_eC_m}=\frac{10\times1.0}{375\times0.1925\times\frac{30}{\pi}\times0.1925}=0.075\text{s}$$

相控晶闸管整流器采用三相桥式整流电路，晶闸管装置的滞后时间常数为

$$T_s=0.00167\text{s}$$

若系统稳定，其开环放大系数应满足稳定条件式(2-30)：

$$K<\frac{T_m(T_l+T_s)+T_s^2}{T_lT_s}=\frac{0.075\times(0.017+0.00167)+0.00167^2}{0.017\times0.00167}=49.4$$

但是，在例题 2-3 中已经得出的结论是稳态性能指标要求 $K\geqslant53.3$，因此这个系统不稳定。

【例 2-5】 在上一例题的闭环直流调速系统中，若改用由 IGBT 构造的脉宽调速系统，电动机不变，只是电枢回路的一些参数有变化：总电阻 $R=0.6\Omega$，$L=5\text{mH}$，$K_s=44$，$T_s=0.1\text{ms}$（按开关频率为 10kHz 考虑）。再次判断按同样的稳态性能指标 $D=10$，$s\leqslant5\%$，该系统能否稳定？

解：采用由 IGBT 构造的脉宽调速系统时，各个时间常数是

$$T_l=\frac{L}{R}=\frac{0.005}{0.6}=0.00833\text{s}$$

$$T_m=\frac{GD^2R}{375C_eC_m}=\frac{10\times0.6}{375\times0.1925\times\frac{30}{\pi}\times0.1925}=0.045\text{s}$$

$$T_s=0.1\text{ms}$$

重新按照稳定条件式(2-30) 得到

$$K<\frac{T_m(T_l+T_s)+T_s^2}{T_lT_s}=\frac{0.045\times(0.008333+0.0001)+0.0001^2}{0.00833\times0.0001}=455.4$$

再计算采用 IGBT 构造的脉宽调速系统开环额定转速降应为

$$\Delta n_{op}=\frac{I_NR}{C_e}=\frac{55\times0.6}{0.1925}=171.4\text{r/min}$$

而按照同样的稳态性能指标，其闭环系统的稳态转速降不变，仍为

$$\Delta n_{cl}\leqslant5.26\text{r/min}$$

则该闭环系统的开环放大系数应满足

$$K=\frac{\Delta n_{op}}{\Delta n_{cl}}-1\geqslant\frac{171.4}{5.26}-1=31.6$$

所以，系统能够在满足稳态性能指标要求下稳定运行。

【例 2-6】 在上一例题的闭环直流调速系统中，若是该闭环脉宽调速系统工作在临界稳定条件下，最多能达到多大的调速范围？（静差率指标不变）

解：由例 2-5 已经计算出系统稳定的条件是 $K<455.4$，所以临界稳定时 $K=455.4$，那

么闭环系统的稳态转速降可达

$$\Delta n_{\mathrm{cl}}=\frac{\Delta n_{\mathrm{op}}}{1+K}=\frac{171.4}{455.4+1}=0.376\mathrm{r/min}$$

闭环系统的调速范围最多能够达到

$$D_{\mathrm{cl}}=\frac{n_{\mathrm{N}}s}{\Delta n_{\mathrm{cl}}(1-s)}=\frac{1000\times0.05}{0.376\times(1-0.05)}=140$$

可见比原来的指标 $D=10$ 提高了 14 倍。

2.1.6　无静差调速系统的控制规律

一个合理可行的反馈控制系统首先必须是稳定的，而对于一个稳定的系统而言，稳态误差是衡量系统稳态响应的时域指标，它根据系统对信号的控制误差来显示系统控制的准确度和抑制干扰的能力。通过前一小节的三个例子可以看出，如果增大反馈控制闭环调速系统的开环增益 K，以使系统的稳态误差减小，那么会发生阻尼比的减小及超调量的增大，使系统的动态性能变差，导致不稳定。在设计系统时，往往会遇到这种动态稳定性与稳态性能指标发生矛盾的情况，这时，应该试试其他的校正装置，改变系统的结构，使它能同时满足稳定性与稳态误差两方面的要求。

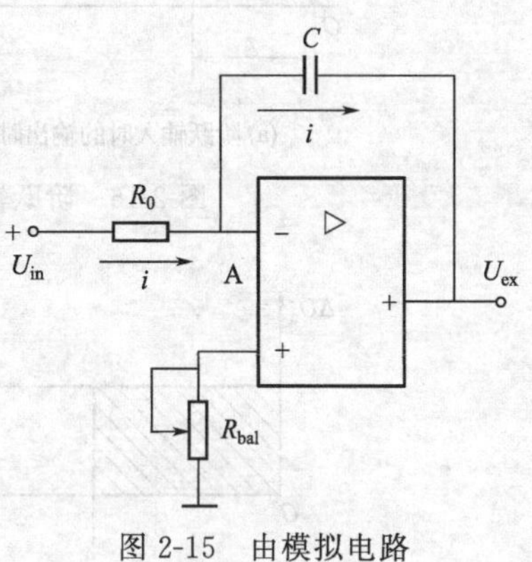

图 2-15　由模拟电路构成的积分调节器

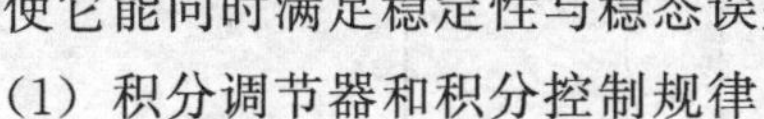

(1) 积分调节器和积分控制规律

首先从基础的模拟电路来认识积分调节器，如图 2-15所示，设其中的运算放大器是理想的。由图可以写出下列等式

$$U_{\mathrm{ex}}=\frac{1}{C}\int i\mathrm{d}t=\frac{1}{R_0C}\int U_{\mathrm{in}}\mathrm{d}t=\frac{1}{\tau}\int U_{\mathrm{in}}\mathrm{d}t \tag{2-31}$$

式中　$\tau=R_0C$——积分时间常数。

当 U_{ex} 的初始值为零时，在阶跃输入信号作用下，对式(2-31) 进行积分运算，得到积分调节器的输出时间特性：

$$U_{\mathrm{ex}}=\frac{U_{\mathrm{in}}}{\tau}t \tag{2-32}$$

其波形如图 2-16(a) 所示。

则积分调节器的传递函数是

$$W_{\mathrm{i}}(s)=\frac{U_{\mathrm{ex}}(s)}{U_{\mathrm{in}}(s)}=\frac{1}{\tau s} \tag{2-33}$$

其伯德图绘于图 2-16(b) 中。

前面介绍的采用比例调节器的调速系统中，调节器的输出是相控晶闸管的控制电压，存在着 $U_{\mathrm{c}}=K_{\mathrm{p}}\Delta U_{\mathrm{n}}$ 的输入输出关系，只要电动机运行，控制电压 U_{c} 就必须有值，也就是要求调节器的输入偏差电压 ΔU_{n} 必须有值，这是此类调速系统有静差的根本原因。为了进一步说明问题，这里设负载 T_{L} 由 T_{L1} 突增到 T_{L2}，有静差调速系统的转速 n、偏差电压和控制电压 U_{c} 都要发生动态变化，其过程示于图 2-18(a) 中。

如果采用积分调节器，则调节器的输出按式(2-31) 对输入偏差电压进行积分。若按前

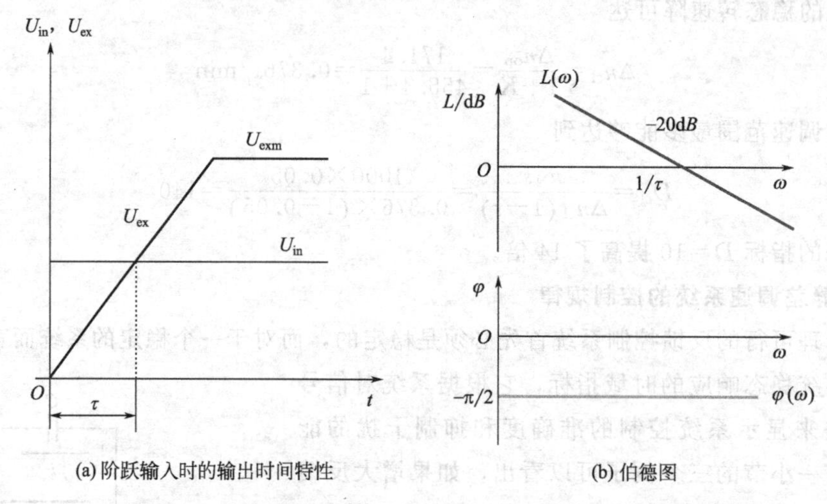

(a) 阶跃输入时的输出时间特性　　(b) 伯德图

图 2-16　阶跃输入时积分调节器的输出时间特性及伯德图

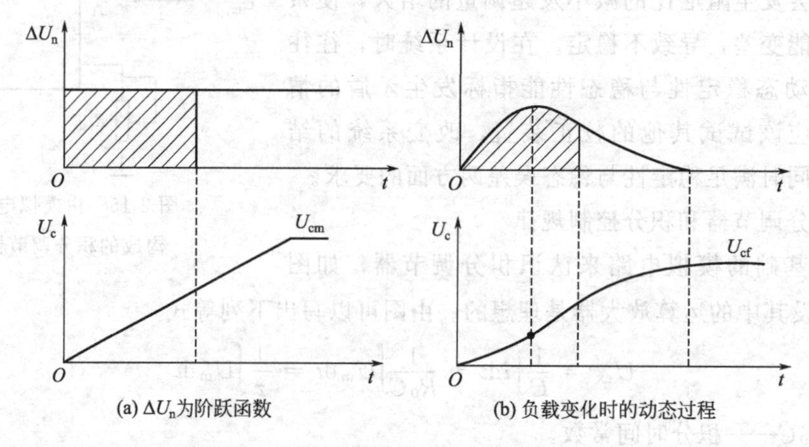

(a) ΔU_n为阶跃函数　　(b) 负载变化时的动态过程

图 2-17　积分调节器的输入与输出动态过程

面提到的输入偏差电压 ΔU_n是阶跃信号，那么输出 U_c按线性增加，每一时刻它的大小就是 ΔU_n与横轴包围的面积再除以积分时间常数 τ，如图 2-17(a) 所示，当积分值达到积分调节器的饱和值（如图中所示的 U_{cm}）时，便维持在这一值不变。再考虑其他情况下的输入信号，设电动机启动后，转速偏差电压 ΔU_n先增加，而后再不断减小，如图 2-17(b) 所示，但控制电压 U_c是 ΔU_n的积分，只要 ΔU_n有值，且是正极性的，U_c仍在继续增加，同样每一时刻 U_c的大小和 ΔU_n与所横轴包围的面积成正比，图 2-17(b) 中 ΔU_n的最大值对应于 U_c变化曲线的拐点。若 U_c初值不是零，还应加上初始电压 U_{c0}，则积分式变成

$$U_c = \frac{1}{\tau}\int_0^t \Delta U_n \mathrm{d}t + U_{c0} \tag{2-34}$$

相应的输入和输出动态过程也会发生变化。

在动态过程中，只有转速变化才会引起 ΔU_n变化。从图 2-17(b) 还可以看出，只要 ΔU_n变化过程中的正（或者负）极性不变，积分调节器的输出电压 U_c便一直增长（或者负向增长），只有当转速稳定在给定电压信号所对应的给定转速时，$U_n^* = U_n$，$\Delta U_n = 0$，U_c才停止积分，并维持在这个积分值上。因此，当转速稳定而使 $\Delta U_n = 0$ 时，积分调节器的输出

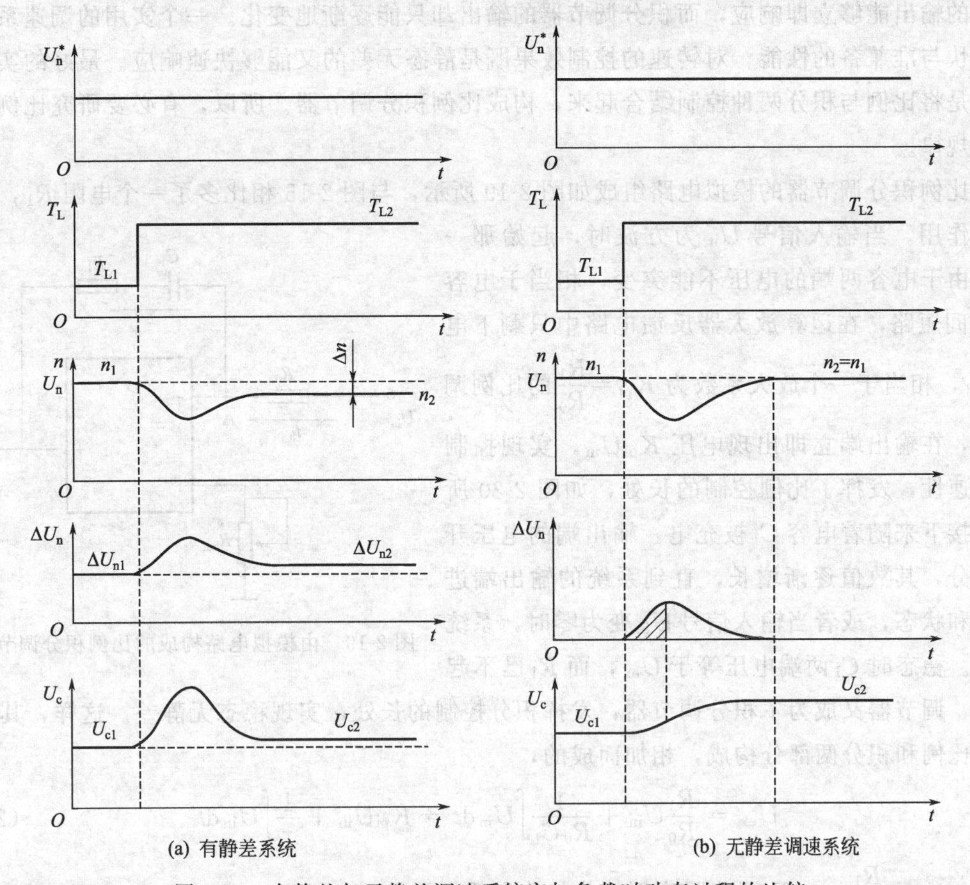

图 2-18　有静差与无静差调速系统突加负载时动态过程的比较

U_c并不是零，而是一个终值 U_{ef}，仍然能够保持系统正常而稳定地运行下去，这一点与比例调节器截然不同。如果 ΔU_n不再变化，这个终值便保持恒定而不再变化，这是积分控制的特点。因此，积分控制可以使系统在无静差的情况下保持恒速运行，实现无静差调速。

如果一个无静调速系统遇到负载 T_L由 T_{L1}突增到 T_{L2}，那么在积分的控制下无静差调速系统的动态过程曲线示于图 2-18(b) 中。

由图 2-18 可见，开始系统在稳态运行，偏差电压 ΔU_n必然为零，由于 T_L的增加，意味着稳态运行的终止，首先转速 n 下降，导致 ΔU_n变正而有值，在积分调节器的作用之下，U_c从 U_{c1}逐渐上升到 U_{c2}，从而促使电枢电压增大以补偿负载增加，转速又开始回升，当重新回到原来的转速值时，ΔU_n又恢复为零，系统最终进入新的稳态，此时系统的负载增到 T_{L2}，积分调节器输出的控制电压 U_c升至 U_{c2}，其他的量又恢复到原来的水平。

归纳上述的分析过程，可得出下述论断：比例调节器的输出只取决于输入偏差量的现状，而积分调节器的输出则包含了输入偏差量的全部历史。虽然当前的 $\Delta U_n=0$，只要历史上有过 ΔU_n，其积分就有一定的数值，积分调节器就能输出足够的控制电压 U_c，来保证系统运行。比例控制规律与积分控制规律的区别正在于此。

(2) 比例积分控制规律

再次观察图 2-17，从控制无静差的角度来看，显示了积分控制优于比例控制的地方，但在控制的快速性上，积分控制却又明显不如比例控制，同样在阶跃输入作用之下，比例调节器的输出能够立即响应，而积分调节器的输出却只能逐渐地变化。一个实用的调速系统应具有快与准兼备的性能，对转速的控制效果既是静态无差的又能够快速响应。最好的实现的方法是将比例与积分两种控制结合起来，构成比例积分调节器。所以，有必要研究比例积分控制规律。

比例积分调节器的模拟电路组成如图 2-19 所示，与图 2-15 相比多了一个电阻 R_1，起比例的作用。当输入信号 U_{in} 为方波时，起始那一刻，由于电容两端的电压不能突变，相当于电容 C_1 瞬间短路，在运算放大器反馈电路中只剩下电阻 R_1，相当于一个放大系数为 $K_{pi}=\frac{R_1}{R_0}$ 的比例调节器，在输出端立即出现电压 $K_{pi}U_{in}$，实现控制的快速性，发挥了比例控制的长处，如图 2-20 所示。接下来随着电容 C_1 被充电，输出端的电压开始积分，其数值逐渐增长，直到系统的输出端进入饱和状态，或者当输入信号 U_{in} 变为零时，系统稳态。稳态时 C_1 两端电压等于 U_{ex}，而 R_1 已不起作用，调节器又成为了积分调节器，发挥积分控制的长处，实现稳态无静差。这样，其输出是由比例和积分两部分构成，相加而成的，

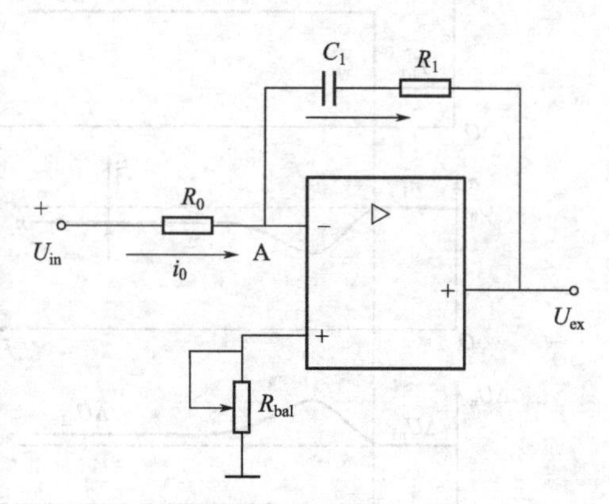

图 2-19　由模拟电路构成的比例积分调节器

$$U_{ex}=\frac{R_1}{R_0}U_{in}+\frac{1}{R_0C_1}\int U_{in}\,dt=K_{pi}U_{in}+\frac{1}{\tau}\int U_{in}\,dt \tag{2-35}$$

式中　$K_{pi}=\frac{R_1}{R_0}$——PI 调节器比例部分的放大系数；

$\tau=R_0C_1$——PI 调节器的积分时间常数。

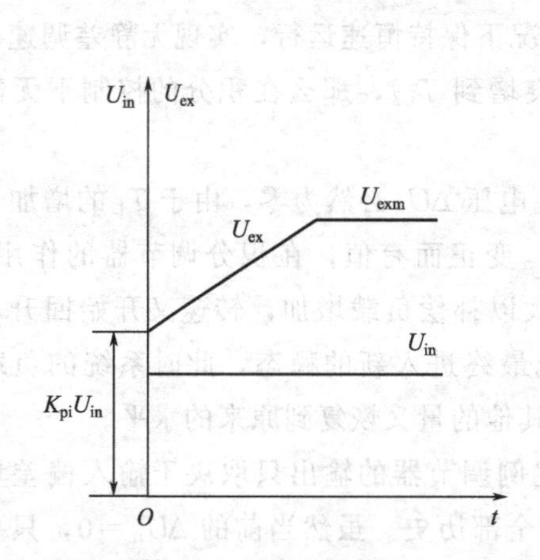

图 2-20　在阶跃输入下 PI 调节器输出电压的时间特性

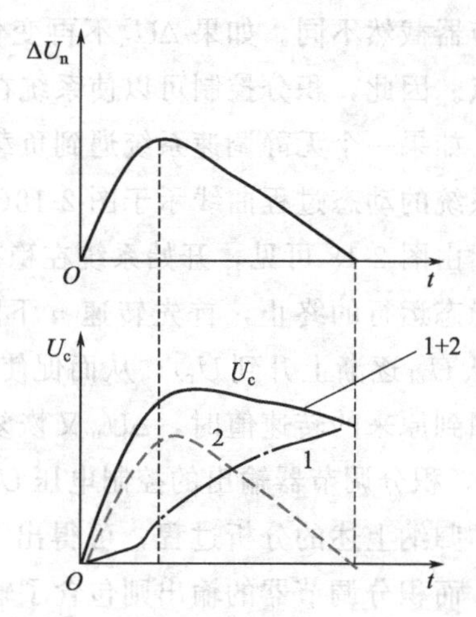

图 2-21　PI 调节器的输入输出动态过程

相应于式(2-35) 的 PI 调节器的传递函数为

$$W_{pi}(s)=\frac{U_{ex}(s)}{U_{in}(s)}=K_{pi}+\frac{1}{\tau s}=\frac{K_{pi}\tau s+1}{\tau s} \tag{2-36}$$

令 $\tau_1=K_{pi}\tau=R_1C_1$，则 PI 调节器的传递函数也可以写成如下的形式

$$W_{pi}(s)=\frac{\tau_1 s+1}{\tau s}=K_{pi}\frac{\tau_1 s+1}{\tau_1 s} \tag{2-37}$$

所以，PI 调节器也可以用一个积分环节和一个比例微分环节来表示，τ_1是微分项中的超前时间常数，它和积分时间常数 τ 的物理意义是不同的。

将比例积分调节器放在调速系统中，ΔU_n是它的输入信号，U_c是它的输出信号，其输入输出的动态过程如图 2-21 所示，设转速经历的变化过程与图中的 ΔU_n波形密切相关，开始减小而后又逐渐回升，直至恢复到原来的值，类似于突增负载时的情况，则输出波形中比例分布 1 和 ΔU_n成正比，积分部分 2 是对 ΔU_n进行积分（与图 2-17 相同），这两部分之和构成了 PI 调节器的输出电压信号 U_c。可见，比例积分调节器控制转速时，比例部分能迅速响应控制作用，积分部分则能最终消除稳态偏差。

(3) 无静差直流调速系统实例及其稳态参数计算

图 2-22 所示的系统是一个无静差直流调速系统的实例，该系统采用比例积分调节器以实现无静差，采用电流截止负反馈来限制动态过程的冲击电流，TA 为检测电流的交流互感器，经整流后得到电流反馈信号 U_i，当电流超过截止电流 I_{dcr}时，会引起 U_i迅速升高，以致高于稳压管 VS 的击穿电压，使晶体三极管 VBT 导通，则 PI 调节器的输出电压 U_c接近于零，使得电力电子变换器 UPE 的输出电压 U_d急剧下降，从而压制住电枢电流 I_d，达到限制电流的目的。

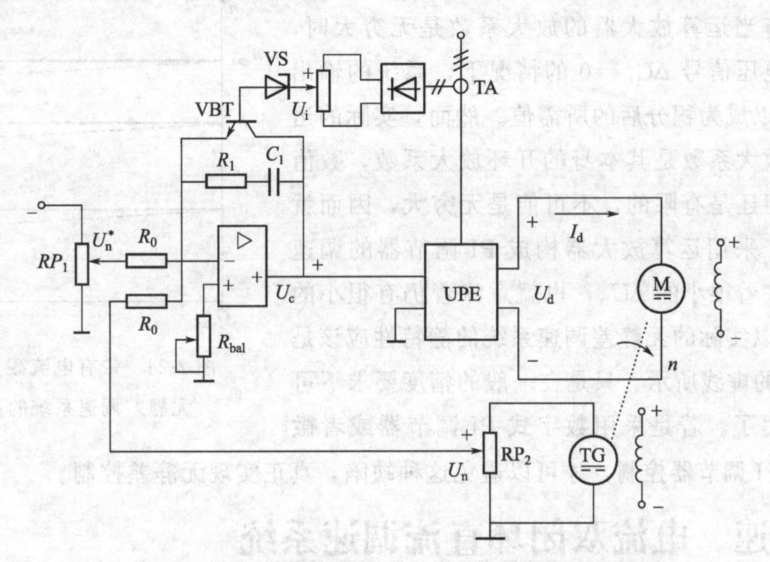

图 2-22　带有 PI 调节器无静差直流调速系统示例

当电动机电流低于其截止值时，上述系统就是典型的无静差直流调速系统，按照前已述及的采用比例调节器的有静差直流调速系统求解稳态结构框图的过程，得到无静差直流调速系统稳态结构图，如图 2-23 所示，其中代表 PI 调节器的方框不能用放大系数表示，一般是用它的输出特性来代替，表明是比例积分的作用。与图 2-23 对应的无静差调速系统的理想静特性如图 2-24 所示。当 $I_d<I_{dcr}$时，系统无静差，静特性是不同转速时的一簇水平线。当 $I_d \geqslant I_{dcr}$时，电流截止负反馈起作用，静特性急剧下垂，基本上是一条垂直线，即图中显示在 I_{dcr}上方的与横坐标轴垂直的竖线，整个静特性近似呈矩形。

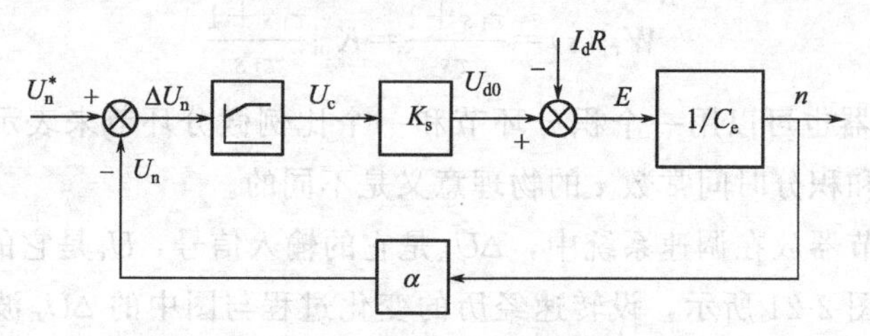

图 2-23 无静差直流调速系统稳态结构图

无静差调速系统的稳态参数计算，一般是计算在理想情况下。稳态时系统的偏差电压信号 $\Delta U_n=0$，因而 $U_n=U_n^*$，那么转速反馈系数可以采用下式计算

$$\alpha=\frac{U_{nmax}^*}{n_{max}} \tag{2-38}$$

式中 n_{max}——电动机调压时的最高转速；

U_{nmax}^*——相应的最高给定电压，对于图 2-23 所示的系统而言，最高给定电压应根据运算放大器和稳压电源的情况来定。所以，最高给定电压的设定与电流截止环节的参数以及截止电流 I_{dcr} 取值密切相关。

实际上图 2-24 所示的调速系统控制达到“无静差”只是理论上的理想状态，因为积分或者比例积分在稳态时电容两端电压不变，相当于开路，此时只有当运算放大器的放大系数是无穷大时，在输入偏差电压信号 $\Delta U_n=0$ 的情况下，系统的输出电压 U_c才可以成为积分后的所需值。然而，实际的运算放大器的放大系数是其本身的开环放大系数，数值可能很大，但还是有限的，不可能是无穷大，因而就导致实际的、采用运算放大器构成 PI 调节器的调速系统仍然存在着很小的 ΔU_n，也就意味着仍有很小的静差 Δn，所以实际的无静差调速系统的静特性应该是如图 2-24 中的虚线所示，只是在一般的精度要求下可以忽略不计罢了。若是采用数字式 PI 调节器或者微机编程实现 PI 调节器控制，才可以避免这种缺陷，真正实现无静差控制。

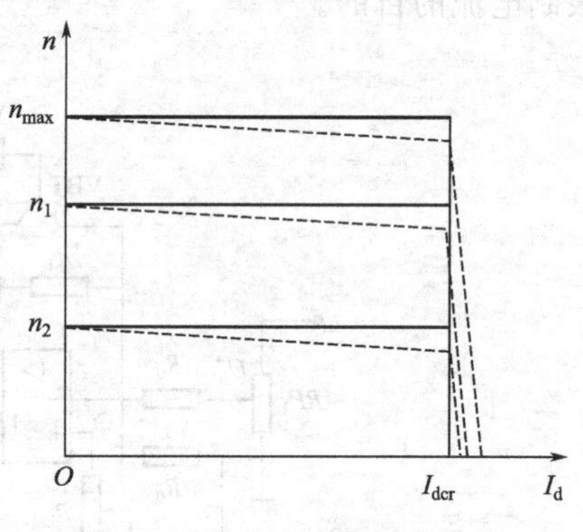

图 2-24 带有电流截止环节的无静差调速系统的静特性

2.2 转速、电流双闭环直流调速系统

2.1 节中表明，转速单闭环直流调速系统应用比例积分调节器后可实现转速无静差控制，应用电流截止负反馈环节能够限制电流的冲击，避免出现过流现象。作为单闭环转速负反馈控制系统，系统的被调量只是转速，所检测的误差是转速，负反馈控制要消除的也是扰动对转速的影响。但是，如果对系统的动态性能要求较高，例如要求快速启制动、突加负载时动态转速降小等，由于转速负反馈不能控制电流的动态过程，这样单闭环系统就难以满足高性能调速的需求。需要研究更高一级的闭环调速系统。

2.2.1 转速、电流双闭环调速系统及其静特性

对于经常正、反转运行的调速系统，应该尽量缩短启、制动过程的时间才能提高生产效

率。为此提出了理想启动过程的波形，如图 2-25 所示，即在电动机最大允许电流和转矩受限制的条件下，充分利用电动机的过载能力，在类似启动这样的过渡过程中始终保持电流（即电磁转矩）为允许的最大值，使直流电动机拖动系统以最大加速度启动，达到稳态转速时，立即让电流降下来，使转矩与负载相平衡，从而转入稳态运行。从图 2-25 可见，启动电流呈方形波，转速按线性增长。这是在电流不超过最大允许值时调速系统能够获得的最快的启动过程。

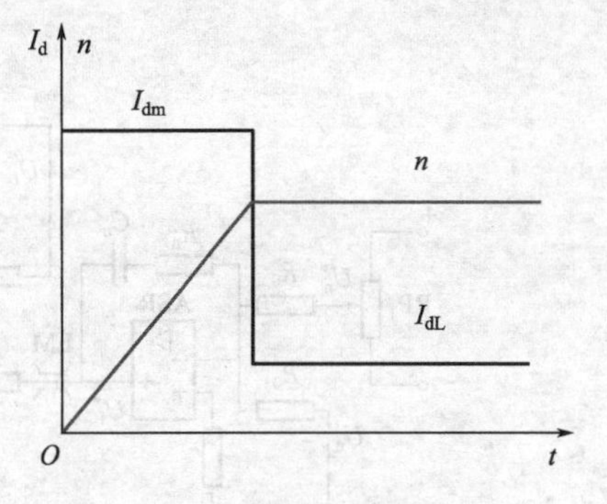

图 2-25　理想快速启动过程波形

实际上，由于调速系统主电路电感的作用，电流不可能从一个值突变到另一个值，图 2-25 所示的理想波形只能得到近似的逼近，其关键是要实现使电流保持为最大值 I_{dm} 的恒流加速过程。电流截止负反馈环节虽然能限制电动机的动态电流不超过某一数值，但是却不能控制电流保持为某一需要值上。根据反馈控制规律，以某一物理量作负反馈控制，就可以保持该物理量不变，不仅如此，还应该在启动过程中只有电流负反馈而实现恒流控制，同时没有转速负反馈，进入稳定运行后，又希望转速、电流负反馈双双起作用。显然，用一个调节器难以兼顾对转速的控制和对电流的控制，必须在系统中另设一个专门控制电流的调节器，来对电流构成闭环。

(1) 转速、电流双闭环直流调速系统的组成

为了实现对转速和电流的分别控制，在调速系统中需要设置两个调节器，两者之间实施串级连接，如图 2-26 所示，把转速调节器的输出当作电流调节器的输入，再用电流调节器的输出去控制晶闸管的整流电路。从闭环结构上看，电流环在里面，称作内环；转速环在外边，称作外环。这就形成了转速、电流双闭环调速系统。为了获得良好的静、动态性能，转速和电流两个调节器一般都采用 PI 调节器，具体的电路组成见图 2-27。在图上标出了两个调节器输入输出电压的实际极性，它们是按照晶闸管的触发控制电压 U_c 为正电压时的情况标出的，同时还考虑到运算放大器的倒相作用。该图中还显示两个调节器的输出都是带限幅作用的，转速调节器 ASR 的输出限幅电压 U_{im}^* 决定了电流给定电压的最大值，电流调节器 ACR 的输出限幅电压 U_{cm} 限制了晶闸管整流器的最大输出电压 U_{dm}。

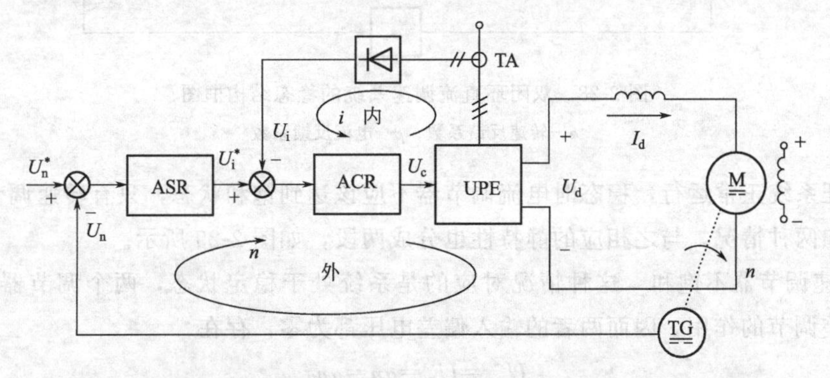

图 2-26　转速、电流双闭环直流调速系统结构

ASR—转速调节器；ACR—电流调节器；TG—测速发电机；

TA—电流互感器；UPE—相控晶闸管整流器

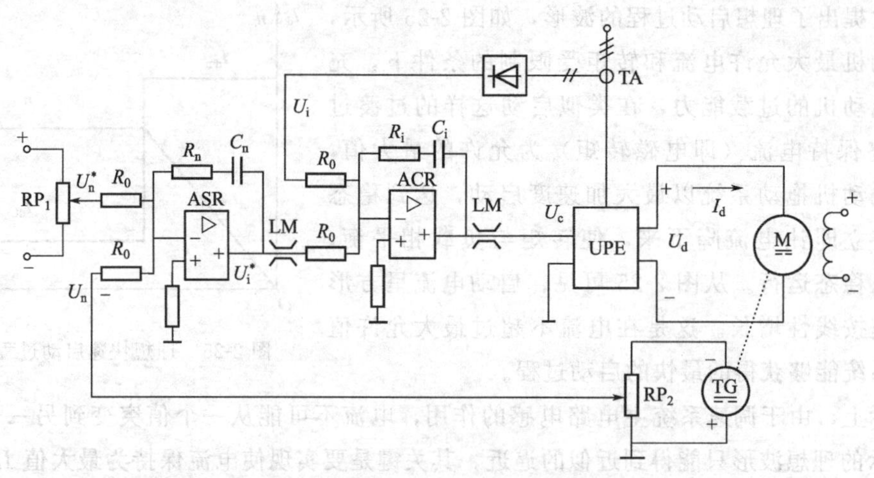

图 2-27 双闭环直流调速系统电路原理图

(2) 转速、电流双闭环直流调速系统的静特性

为了推导出图 2-26 所示的双闭环直流调速系统的静特性，首先应该画出与之相对应的稳态结构框图，这可以根据推导单闭环直流调速系统稳态结构图的过程，并结合图 2-27 中所示的该系统原理图来实现，如图 2-28 所示，值得一提的是，图中是用带限幅的输出特性表示 PI 调节器，这是很有必要的。基于这样的稳态结构图，转速、电流双闭环直流调速系统的静特性与 PI 调节器的稳态特征密切相关，一般存在两种状况：饱和——输出达到限幅值，为恒定值，输入量的变化不再影响到输出，除非有反向的输入信号使调节器退出饱和，所以饱和的调节器不能发挥调节作用，其对应的闭环系统相当于开环；不饱和——输出未达到限幅值，PI 作用使输入偏差电压信号稳态时总是零。

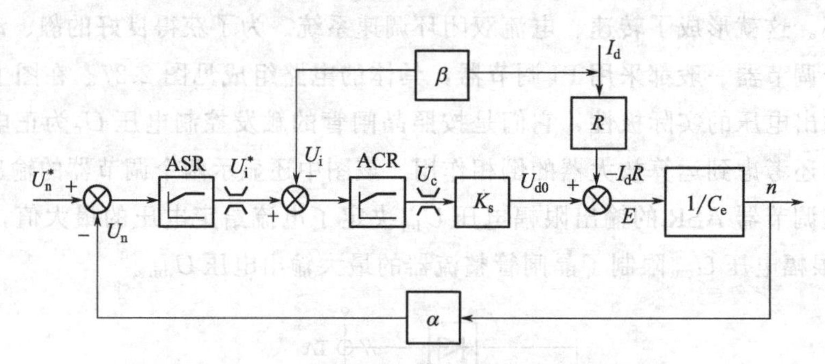

图 2-28 双闭环直流调速系统的稳态结构框图

α—转速反馈系数；β—电流反馈系数

为保证系统正常运行，稳态时电流调节器不应该达到饱和状态，只有转速调节器存在饱和与不饱和两种情况，与之相应的静特性也分成两段，如图 2-29 所示。

① 转速调节器不饱和 这种情况对应的是系统处于稳定状态，两个调节器都不饱和，都起无静差调节的作用，因而两者的输入偏差电压都为零，存在

$$U_n^* = U_n = \alpha n = \alpha n_0$$
$$U_i^* = U_i = \beta I_d$$

所以，存在

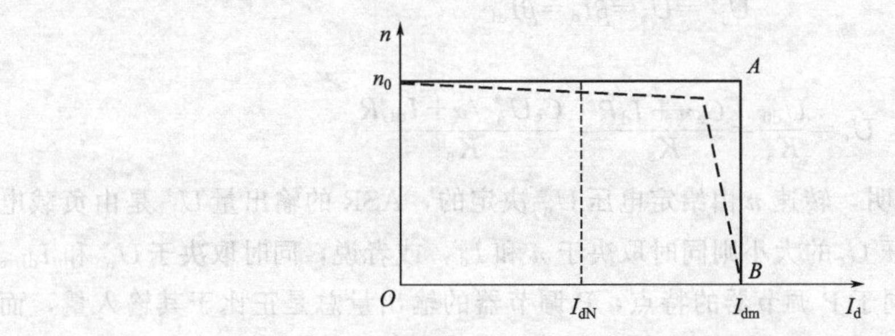

图 2-29　双闭环直流调速系统的静特性

$$n=\frac{U_{\mathrm{n}}^{*}}{\alpha}=n_{0} \tag{2-39}$$

这一关系式对应的是图 2-29 中静特性的 n_0—A 段。

同时，电流调节器的输出值因为不饱和而小于限幅值，即 $U_{\mathrm{i}}^{*}<U_{\mathrm{im}}^{*}$，所以，存在 $I_{\mathrm{d}}<I_{\mathrm{dm}}$，这表明图 2-29 中 n_0—A 段的静特性从理想空载状态的 $I_{\mathrm{d}}=0$ 一直延续到 $I_{\mathrm{d}}=I_{\mathrm{dm}}$，而 I_{dm} 一般均大于额定电流 I_{dN}。

可见，两个调节器都不饱和，代表着该系统静特性的稳定运行段，呈现出水平特性。

② 转速调节器饱和　这种情况对应的是，系统在稳态运行时，对应负载的电枢电流的最大值为 I_{dm}，如图 2-29 中的 B 点，转速调节器 ASR 输出达到限幅值 U_{im}^{*}，说明转速调节器已经饱和，使其输出达到最大的限幅值 I_{dm}，并保持不变，转速外环呈开环状态，但是电流调节器没有饱和，仍起调节作用，此时的双闭环系统变成电流无静差的单电流闭环调节系统。稳态时

$$I_{\mathrm{d}}=\frac{U_{\mathrm{im}}^{*}}{\beta}=I_{\mathrm{dm}} \tag{2-40}$$

这里，转速调节器 ASR 的限幅值 U_{im} 是由设计者选定的，主要根据电动机的过载能力和拖动系统允许的最大加速度，由此限定了最大电流值 I_{dm}。式(2-40) 所表示的静特性对应的是图 2-29 中的 AB 段，呈现出垂直的特性。这样的下垂特性只适合于 $n<n_0$ 的情况，因为如果 $n>n_0$，则转速反馈量 $U_{\mathrm{n}}>U_{\mathrm{n}}^{*}$，外环转速调节器 ASR 将退出饱和状态。

因此，图 2-29 所示的转速、电流双闭环直流调速系统的静特性，在负载电流小于 I_{dm} 时表现为转速无静差，转速负反馈起主要调节作用。当负载电流达到 I_{dm} 时，对应于转速调节器的饱和输出限幅值 U_{im}^{*}，则电流调节器起主要调节作用，系统表现为电流无静差，得到过电流的自动保护。这种静特性显然要远胜于带有电流截止负反馈的单闭环系统的静特性。同样是因为图 2-27 所示的系统采用由运算放大器构成的 PI 调节器，导致实际的双闭环调速系统在稳态运行时，其静特性的两段实际上都略有很小的静差，如图 2-29 中的虚线所示。

(3) 各变量之间的稳态关系和稳态参数计算

根据转速、电流双闭环直流调速系统的静特性及稳态结构图，可以得到该系统中各变量之间的稳态关系，并计算出稳态参数。在稳态工作时，系统中的两个调节器都不饱和，由转速调节器的输入 $\Delta U_{\mathrm{n}}=0$，推得

$$U_{\mathrm{n}}^{*}=U_{\mathrm{n}}=\alpha n=\alpha n_{0}$$

再由电流调节器的输入 $\Delta U_{\mathrm{i}}=0$，推得

$$U_i^* = U_i = \beta I_d = \beta I_{dL}$$

电流调节器的输出

$$U_c = \frac{U_{d0}}{K_s} = \frac{C_e n + I_d R}{K_s} = \frac{C_e U_n^* / \alpha + I_{dL} R}{K_s}$$

以上所描述的稳态关系表明，转速 n 由给定电压 U_n^* 决定的，ASR 的输出量 U_i^* 是由负载电流 I_{dL}决定的，而控制电压 U_c的大小则同时取决于 n 和 I_d，或者说，同时取决于 U_n^* 和 I_{dL}。从而反映出 PI 调节器不同于 P 调节器的特点，P 调节器的输出量总是正比于其输入量，而 PI 调节器却与之截然不同，在 PI 调节器未饱和时，其输出量在动态过程中决定于输入量的积分，最终达到稳态时，使 PI 调节器输入为零，才停止积分，此刻输出的稳态值与输入无关，而是由它后面环节的需要决定的。后面需要 PI 调节器提供多么大的输出值，它就能提供多大，直到饱和为止。

与单闭环无静差调速系统类似，可以根据 PI 调节器的给定值与反馈值计算出相关的反馈系数，还可以采用下面的方法：

转速反馈系数

$$\alpha = \frac{U_{nm}^*}{n_{max}}$$

电流反馈系数

$$\beta = \frac{U_{im}^*}{I_{dm}}$$

两个给定电压值都取的是它们的最大值 U_{nm}^*和 U_{im}^*，反馈值也均是最大值。设计者可以视调速系统所用器件的实际情况，如允许的最大电流、最大加速度，以及所能承受的最大电压等，来合理设定这些极值。

【例 2-7】 在图 2-26 所示双闭环调速系统中，已知电动机参数为：$P_N = 3\text{kW}$，$U_N = 220\text{V}$，$I_N = 17.5\text{A}$，$n_N = 1500\text{r/min}$，电枢绕组电阻 $R_a = 1.25\Omega$，$GD^2 = 3.53\text{N} \cdot \text{m}^2$。采用三相桥式整流电路，整流装置内阻 $R_{rec} = 1.3\Omega$。平波电抗器电阻 $R_L = 0.3\Omega$，整流回路总电感 $L = 200\text{mH}$。设 ASR 与 ACR 均采用比例积分调节器，ASR 的输出限幅值为 $U_{im}^* = -8\text{V}$，ACR 的输出限幅值为 $U_{ctm} = 8\text{V}$，最大给定为 $U_{nm}^* = 10\text{V}$。最大堵转电流为 $I_{dm} = 2.1 I_N$。

(1) 写出系统的静特性方程；

(2) 计算系统的电动势常数与反馈系数等稳态参数。

解：(1) 该系统的静特性方程为：

$$\begin{cases} n = n_N = 1500\text{r/min} (I < I_{dm}) \\ I = I_{dm} = 2.1 \times 17.5 = 36.75\text{A} (0 < n \leqslant n_N) \end{cases}$$

(2) 参数计算

① 电动势常数：

$$C_e = \frac{U_N - R_a I_N}{n_N} = \frac{220 - 1.25 \times 17.5}{1500} = 0.132\text{V} \cdot \text{min/r}$$

② 转速反馈系数：

$$\alpha = \frac{U_{nm}^*}{n_N} = \frac{10}{1500} \approx 0.0067\text{V} \cdot \text{min/r}$$

③ 电流反馈系数：

$$\beta=\frac{U_{\mathrm{im}}^{*}}{I_{\mathrm{dm}}}=\frac{8}{36.75}=0.218\mathrm{V/A}$$

2.2.2　双闭环直流调速系统的动态性能

(1) 双闭环直流调速系统的动态数学模型

前面已经推导过单闭环调速系统的动态数学模型，如图 2-14 所示，在此基础上，结合图 2-28 所示的双闭环直流调速系统稳态控制结构，能够以此绘出双闭环直流调速系统的动态结构图，如图 2-30 所示。因为这个时候双闭环直流调速系统中的两个 PI 调节器的组成尚未确定，所以图中用待定符号 $W_{\mathrm{ASR}}(s)$ 和 $W_{\mathrm{ACR}}(s)$ 分别表示转速调节器和电流调节器的传递函数，为了引出内环电流反馈，在电动机的动态结构图中必须将电枢电流 I_{d} 表示出来。

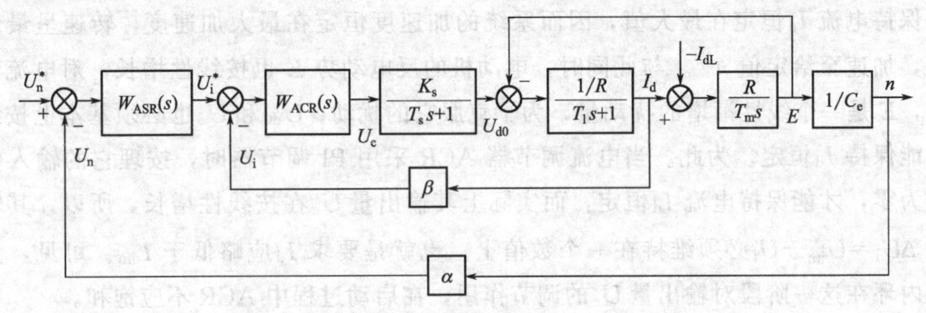

图 2-30　双闭环直流调速系统的动态结构框图

(2) 启动过程分析

获得图 2-26 所示的理想启动过程，特别是要实现恒流加速的效果，成为设置双环控制的主要目标，所以需要首先利用图 2-30 分析该系统的启动过程。设双闭环直流调速系统突加给定电压 U_{n}^{*}，由静止状态启动，其转速和电流的动态过程示于图 2-31。从中可以看出，电流从零快速增加到最大值，然后在一段时间内维持该值不变，随后又降下来再经调节后到达稳态值。转速则是先稍有上升，然后以恒加速度逐渐快速增大，最后经调节后达到给定值。从整个电流和转速变化过程所反映出的特点，可以把启动过程分成电流上升、恒流加速和转速调节三个阶段，与此相对应的是转速调节器 ASR 在这一启动过程中经历了不饱和、饱和、退饱和三个阶段，即图中所示的Ⅰ、Ⅱ、Ⅲ三个时间段。

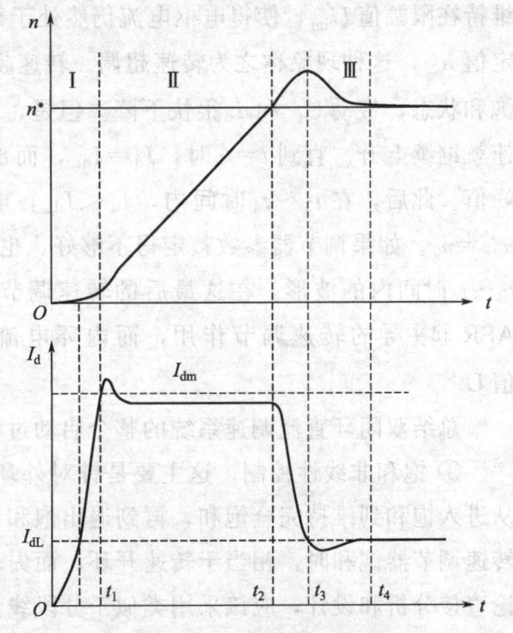

图 2-31　双闭环直流调速系统启动时的转速和电流波形

第Ⅰ阶段（$0\sim t_1$）是电流上升阶段。在起始时刻，对调速系统突加给定电压 U_{n}^{*} 后，在转速调节器 ASR、电流调节器 ACR 的作用之下，U_c、U_{d0}、I_d都在上升，在 I_d没有达到负载电流 I_{dL}以前，电动机还不能转动，转速为零，故 ASR 的输入偏差电压 $\Delta U_n = U_n^*$，是比较大的一个值。当 $I_d \geqslant I_{dL}$后，电动机开始启动，由于机电惯性的作用，此时的转速不会很快增长，因而转速调节器 ASR 的输入偏差电压 $\Delta U_n = U_n^* - U_n$的数值仍较大，致使转速调节器 ASR 很快进入饱和，并保持在开环状态，其输出电压维持在限幅值 U_{im}^*不变，强迫电流 I_d迅速上升。直到 $I_d \approx I_{dm}$，电流调节器很快就压制了 I_d的增长，标志着这一时间阶段的结束。这一阶段的主要特征是，外环转速调节器 ASR 很快进入并保持饱和状态，内环电流调节器 ACR 一般是不饱和，它的输入值是 ASR 的输出限幅值。

第Ⅱ阶段（$t_1 \sim t_2$）是恒流升速阶段。从电流上升至 I_{dm}那一刻起，进入到了这一阶段，一直延续到电动机的转速增加到了给定值 n^*，是启动过程中的主要阶段。外环调节器 ASR 始终处于饱和，转速环相当于开环，系统基本上成为在恒值电流给定信号 U_{im}^*下的电流调节系统，保持电流 I_d恒定在最大值，因而系统的加速度恒定在最大加速度，转速呈最快的线性增长，加速至给定值 n^*。与此同时，电动机的反电动势 E 也按线性增长，对电流调节系统来说，E 是一个线性渐增的扰动量，为了克服它的扰动，U_{d0}和 U_c也必须基本上按线性增长，才能保持 I_d恒定。为此。当电流调节器 ACR 采用 PI 调节器时，按理它的输入偏差电压应该为零，才能保持电流 I_d恒定，而实际上其输出量 U_c在按线性增长，所以，其输入偏差电压 $\Delta U_i = U_{im}^* - U_i$必须维持在一个数值上，也就是要求 I_d应略低于 I_{dm}。可见，为了保证电流内环在这一阶段对输出量 U_c的调节作用，在启动过程中 ACR 不应饱和。

第Ⅲ阶段（t_2以后）是转速调节阶段。从转速增加至给定值 n^* 那一刻起，启动过程进入到最后阶段，直到结束启动，系统进入稳态运行。当转速上升到给定值 $n^* = n_0$时，转速调节器 ASR 的输入偏差信号 ΔU_n减小到零，但是，转速调节器仍然是开环状态，其输出仍维持在限幅值 U_{im}^*，使得电枢电流仍然处于很大的值，电动机仍在加速，使转速迅速超过给定值 n^*，这种现象称之为转速超调。转速超调后，ASR 输入偏差电压 ΔU_n变负，开始退出饱和状态，带动 U_i^* 和 I_d很快下降。但是，只要代表电磁转矩的 I_d仍大于负载电流 I_{dL}，转速就继续上升。直到 $t = t_3$时，$I_d = I_{dL}$，而出现转矩 $T_e = T_L$，则 $\mathrm{d}n/\mathrm{d}t = 0$，转速 n 才到达峰值。此后，在 $t_3 \sim t_4$时间内，$I_d < I_{dL}$，电动机开始在负载的阻力下减速，直到稳定在 $n^* = n_0$。如果调节器参数整定得不够好，也会有一段振荡过程，如图 2-31 中所示的电流在 $t_3 \sim t_4$时间内的波形。在这最后的转速调节阶段内，ASR 和 ACR 都不饱和，外环调节器 ASR 起主导的转速调节作用，而内环电流调节器 ACR 则力图使 I_d尽快地跟随其给定值 U_i^*。

总结双闭环直流调速系统的整个启动过程，有以下三个特点。

① 饱和非线性控制。这主要是针对外环转速的控制过程，在启动过程中，转速调节器从进入饱和到维持完全饱和，再到退出饱和，而电流环一般是不饱和的，始终保持 PI 调节。转速调节器饱和时，相当于转速开环，而失去对转速的 PI 调节，不能简单地用线性控制理论直接分析和设计，应该采用类似于分段线性化的方法来解决。同时还要兼顾过渡过程中各个量的初始值，把握好各个阶段的初始状态。

② 转速超调。这是采用两个 PI 调节器构成双环控制系统的必然结果，因为外环转速是

饱和非线性控制，只有使转速超调，大于给定值后，转速调节器 ASR 的输入偏差电压 ΔU_n 反号，变为负值，才能使其退出饱和回到 PI 调节状态。否则转速将不会稳定，启动过程也将无法结束，从而不能实现理想启动。所以，对于采用 PI 调节器的双闭环调速系统而言，必然要经历转速超调。如果生产工艺上不允许转速有超调，只能采用另外的控制策略，来代替 PI 调节器，详见参考文献［3］。

③ 准时间最优控制。这是将实际的转速、电流双闭环直流调速系统与图 2-25 所示的理想启动过程进行比较后得出的结论。由于电动机主回路存在着一定的电感，电流是不可能突变的，所以在第Ⅰ、Ⅲ阶段电流表现出一定的增加或者减小的过程，而不是图 2-25 所示的跃升或者跃减的现象，只是这两个阶段占全部启动过程的比例很小，可以加以忽略，因为第Ⅱ阶段恒流升速才是主要阶段，占据了启动过程的大部分，这时电流基本上实现了图 2-25 中所示的最大恒流值，系统表现为以实际最快的速度启动。所以，双闭环直流调速系统可以被看成是准时间最优控制。

上述三个特点也是很有实用价值的控制策略，在其他的多环控制系统中得到普遍的应用。

(3) 动态抗扰性能分析

因为与前一节的单闭环调速系统比较，这一节的双环调速系统多了一个电流环，一般来说，应该具有比较满意的动态性能。对于调速系统而言，最重要的动态性能是抵抗扰动的性能，扰动主要是来自负载对转速的扰动和电网电压对转速的扰动。

① 抗负载扰动　重新观察双闭环调速系统的动态结构框图 2-32，可以发现负载扰动信号 I_{dL} 的作用点处在电流环之外，电流调节器对它是无能为力的，只能靠转速调节器 ASR 发挥 PI 调节作用，来抵抗负载扰动对转速的影响，使其保持不变。这一点与单闭环调速系统基本一致，也意味着设计转速调节器时，应保证具有较好的抗负载扰动的能力。

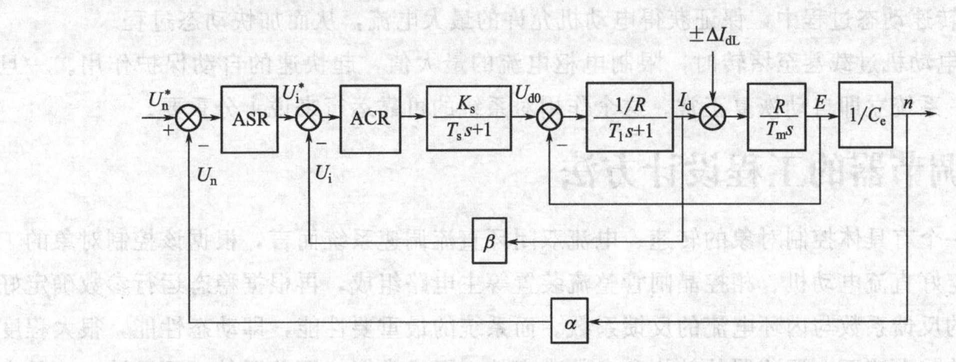

图 2-32　分析抗扰性能的动态结构框图

② 抗电网电压扰动　电网电压是相控晶闸管整流器的交流侧电源电压，显然这个电压发生变化会引起电动机主回路的整流电压 U_{d0} 的波动，对调速系统造成扰动。从图 2-33 可知，双闭环系统中，由于增设了电流内环，电流调节器 ACR 可以对 U_{d0} 的波动反映到 I_d 上的变化加以抑制，这样，电压波动可以通过电流反馈得到比较及时的调节，而不必等到影响到转速上，也就是说电网电压的扰动根本不会影响到转速这一环上。这与单闭环截然不同，因为图 2-5 所示的单环抗扰动态图中，电网电压的作用点与转速相隔得比较远，其扰动的作

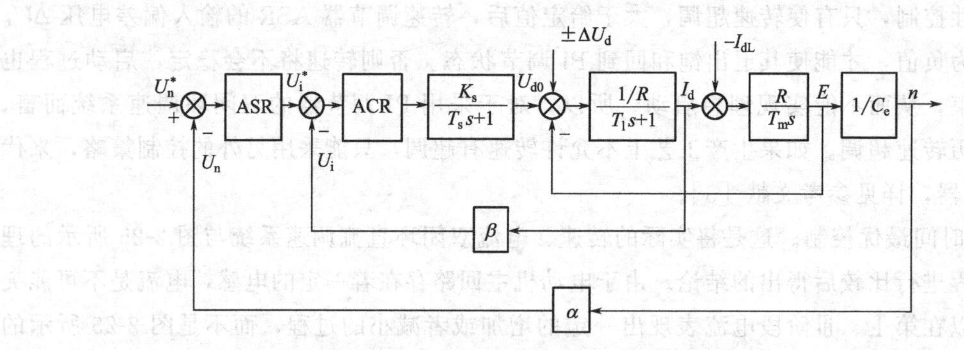

图 2-33 分析抗扰性能的动态结构框图

用要经过两个时间常数的延迟才能被转速调节器检测到，再进行调节，所以双环系统比单环系统抗电网电压扰动的能力要好得多。

经过对启动过程的分析以及对抗干扰能力的分析，可以就此归纳出双闭环直流调速系统中两个 PI 调节器所起的主要作用。

转速调节器的作用

① 转速调节器是调速系统的主导调节器，它使转速 n 很快地跟随给定电压 U_n^* 变化，稳态时可减小转速误差，如果采用 PI 调节器，则可实现无静差。

② 对负载变化起抗扰作用。

③ 转速调节器的输出限幅值决定电动机允许的最大电流。

电流调节器的作用

① 作为内环的调节器，在转速外环的调节过程中，它的作用是使电流紧紧跟随其给定电压 U_i^*（即外环调节器的输出量）变化。

② 对电网电压的波动起及时抗扰的作用。

③ 在转速动态过程中，保证获得电动机允许的最大电流，从而加快动态过程。

④ 当电动机过载甚至堵转时，限制电枢电流的最大值，起快速的自动保护作用。一旦故障消失，系统立即自动恢复正常。这个作用对系统的可靠运行来说十分重要。

2.3 调节器的工程设计方法

对于一个有具体控制对象的转速、电流双闭环直流调速系统而言，根据该控制对象的工艺要求确定好直流电动机、相控晶闸管整流装置等主电路组成，再根据稳态运行参数确定好外环转速的反馈系数与内环电流的反馈系数。而系统的最重要性能，即动态性能，很大程度上是由转速与电流两个调节器的结构和参数决定的。可见掌握好调节器的工程设计方法是十分必要的。

设计调节器时首先应该明确在调速系统中设置调节器的目的，是为了同时满足系统对转速控制的稳、准、快，并能抵抗干扰等静、动态性能要求，还要清楚这些要求往往是相互矛盾的，必须要协调解决。具体实施设计时，电力拖动自动控制系统可以用低阶的典型系统近似，所以事先研究低阶典型系统的特性，然后将实际的双闭环调速系统校正成这样的典型系统，设计过程就简便多了。总结起来，调节器工程设计方法所遵循的原则是：

① 概念清楚、易懂；

② 计算公式简明、好记；

③ 不仅给出参数计算的公式，而且指明参数调整的方向；

④ 能考虑饱和非线性控制的情况，同样给出简单的计算公式；

⑤ 适用于各种可以简化成典型系统的反馈控制系统。

调节器的设计过程可以分作两步：第一步，先选择调节器的结构，以确保系统稳定，同时满足所需的稳态精度；第二步，再选择调节器的参数，以满足动态性能指标的要求。

2.3.1　控制系统的动态性能指标

反馈控制系统的动态性能指标包括对给定输入信号的跟随性能指标和对扰动输入信号的抗扰性能指标。一般来说，调速系统的动态指标以抗扰性能为主，而随动系统的动态指标则以跟随性能为主。

(1) 跟随性能指标

通常以输出量为零的初始条件下，反馈控制系统在给定信号（或称参考输入信号）作用下，输出量的变化过程与特点，即为跟随性能指标。不同的给定信号，其对应的输出响应变化过程存在很大的不同，为了更好地说明问题，对于像双闭环调速系统这样的控制系统常采用阶跃输入下的输出响应，来评价它的跟随性能。阶跃输入下的调速系统跟随性能指标主要有上升时间、超调量和调节时间，这些量均显示在图 2-34 中。

① 上升时间 t_r　如图 2-34 所示，在阶跃输入作用下，输出量从零起第一次上升到稳态值 C_∞ 所经过的时间称为上升时间，用 t_r 表示，主要表示系统动态响应的快速性。

② 超调量 σ　如图 2-34 所示，在阶跃输入作用下，输出量峰值 C_{max} 超过稳态值 C_∞ 的最大偏移量与稳态值 C_∞ 之比，称为超调量 σ。通常用百分数表示：

$$\sigma=\frac{C_{max}-C_\infty}{C_\infty}\times 100\% \tag{2-41}$$

还通常将输出量第一次达到峰值 C_{max} 的时间 t_p 称为峰值时间。超调量 σ 衡量了系统的相对稳定性，该值越小，相对稳定性越好，则系统的动态过程越平稳。

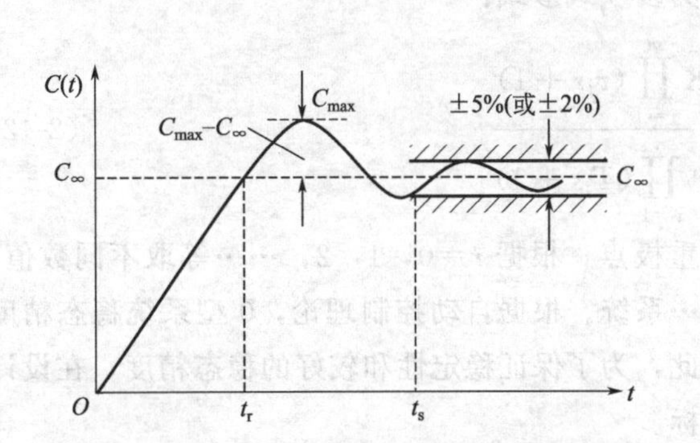

图 2-34　阶跃输入下的动态输出响应及跟随性能指标

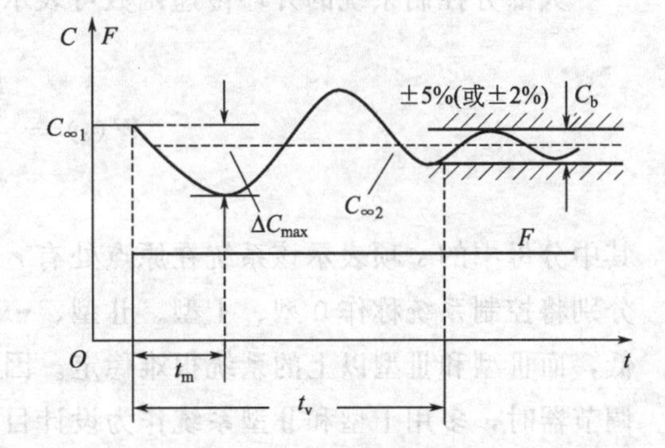

图 2-35　典型的抗扰过程

③ 调节时间 t_s　这个指标反映了控制系统在整个响应过程中调节的快慢。理论上定义为输出量达到并永远保持稳态值 C_∞ 所需要的时间，实际上由于系统存在非线性等因素，并不是这样来计算的，而是指输出量进入并保持与稳态值 C_∞ 之差在允许的误差范围内所需要的时间，如图 2-34 所示。一般取的允许误差带有±5%和±2%。这个指标不仅体现了系统

的快速性，还反映了它的稳定性。

(2) 抗扰性能指标

控制系统稳定运行时，若受到某扰动信号作用，经过动态调整过程后，总能达到新的稳定运行状态，这就是系统的抗扰性能。从受到扰动到进入新的稳态，除了要关注系统的稳态误差，还需要知道在整个动态过程中输出量最大的变化有多少？以及需要多长时间才能重新回到稳态？这就与控制系统抵抗扰动的能力密切相关了。通常以突加一个使输出量降低的阶跃扰动量 F 以后，输出量由降低到恢复稳定的过渡过程来表示该系统典型的抗扰过程，如图 2-35 所示。常用的抗扰性能指标为动态降落和恢复时间。

① 动态降落 $\Delta C_{\infty}\%$　设系统在稳态运行，突加一个约定的标准负载扰动量，引起输出量出现最大降落值 ΔC_{max}，称为动态降落，一般用 ΔC_{max} 占原输出量稳态值 $C_{\infty 1}$ 的百分数 $\frac{\Delta C_{max}}{C_{\infty 1}}\times 100\%$来表示。输出量在动态降落后，重新达到新的稳态值 $C_{\infty 2}$，则 $C_{\infty 1}-C_{\infty 2}$ 是系统在该扰动作用下的稳态降落，一般情况下正如图 2-35 中所示，动态降落大于稳态降落。对于调速系统而言，突加额定负载扰动时，输出量转速的动态降落称为动态速降 $\Delta n_{max}\%$。

② 恢复时间 t_v　如图 2-35 所示，从约定的标准负载扰动量——阶跃扰动作用开始，到输出量重新恢复到稳态，即与新稳态值 $C_{\infty 2}$ 之差进入某基准值 C_b 的 $\pm 5\%$（或 $\pm 2\%$）范围之内所需要的时间，定义为恢复时间 t_v，其中 C_b 称为扰动输出量的基准值，根据具体情况来选择该值。之所以不用新的稳态值 $C_{\infty 2}$ 作为基准值，是因为扰动后的动态降落值都很小，如果动态降落值小于 5%，那就将出现恢复时间为零的情况，这显然没有任何意义。

实际的控制系统对于上述各种动态性能指标的要求各不相同。一般而言，调速系统的动态性能指标以抗扰性能为主，而伺服系统多以跟随性能为主。还有某些系统，如连续可逆轧钢机，对于转速的跟随性能及抗扰性能两个指标都提出较高的要求。所以，设计调节器时需要仔细分析系统的各个参数（包括调节器的结构参数）和性能指标间的关系。

2.3.2 典型系统参数与性能指标的关系

大部分控制系统的开环传递函数可表示为多项式形式：

$$W(s)=\frac{K\prod_{j=1}^{m}(\tau_j s+1)}{s^r\prod_{i=1}^{n}(T_i s+1)} \tag{2-42}$$

其中分母中的 s^r 项表示该系统在原点处有 r 重极点，根据 $r=0$，1，2，……等取不同数值，分别将控制系统称作 0 型、Ⅰ型、Ⅱ型、……系统。根据自动控制理论，0 型系统稳态精度低，而Ⅲ型和Ⅲ型以上的系统很难稳定。因此，为了保证稳定性和较好的稳态精度，在设计调节器时，多用Ⅰ型和Ⅱ型系统作为设计目标。

(1) 典型Ⅰ型系统

典型Ⅰ型系统开环传递函数为

$$W(s)=\frac{K}{s(Ts+1)} \tag{2-43}$$

式中 T——系统的惯性时间常数；

K——系统的开环增益。

典型Ⅰ型系统的结构图示于图 2-36(a) 中，与之相对应的是图 2-36(b) 中所表示的开环对数频率特性。

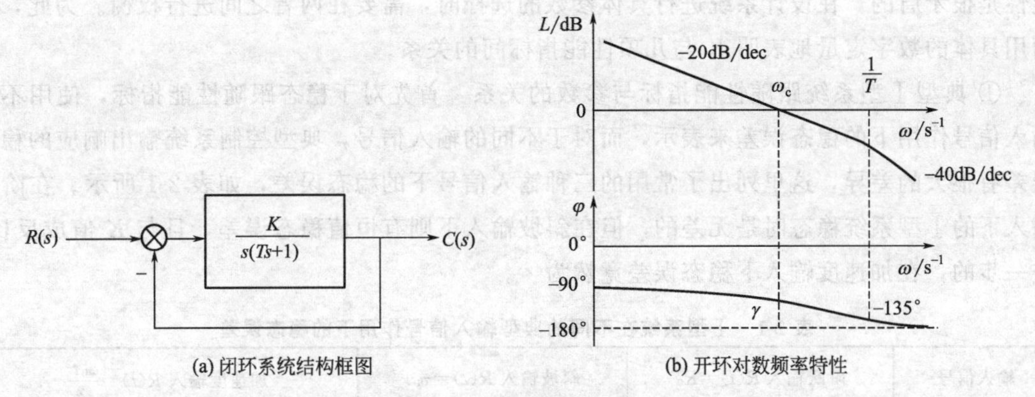

图 2-36　典型Ⅰ型系统

从图 2-36(a) 可见，一个积分环节和一个一阶惯性环节串联成单位负反馈，就可以构成典型Ⅰ型系统，结构比较简单。而从图 2-36(b) 来看，典型Ⅰ型系统对数幅频特性的中频段以 $-20\mathrm{dB/dec}$ 的斜率穿越零分贝线，只要各个参数选择适当，能保证足够的中频带宽度，系统一定是稳定的，并且有足够的稳定裕度。即当 $\omega_c<\frac{1}{T}$ 或 $\omega_c T<1$ 时，相角

$$\arctan\omega_c T<45°$$

则相角稳定裕度

$$\gamma=180°-90°-\arctan\omega_c T=90°-\arctan\omega_c T>45°。$$

典型Ⅰ型系统的表达式(2-43) 只包含了开环增益 K 和时间常数 T 两个参数，其中，时间常数 T 在实际系统中往往是控制对象本身所固有，能够通过设计调节器来改变的只有开环增益 K，也就是说，K 是唯一的待定参数。

图 2-37 给出了在不同 K 值时典型Ⅰ型系统的开环对数频率特性。前已提及，当 $\omega_c<\frac{1}{T}$ 时，特性以 $-20\mathrm{dB/dec}$ 斜率穿越零分贝线，系统有较好的稳定性。而由图 2-37 中的特性可知，在 $\omega=1$ 处，典型Ⅰ型系统

$$20\lg K=20(\lg\omega_c-\lg 1)=20\lg\omega_c$$

所以
$$K=\omega_c(当\ \omega_c<\frac{1}{T}时) \tag{2-44}$$

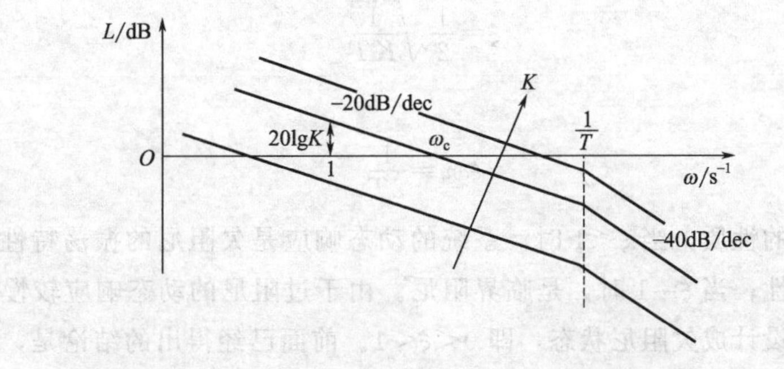

图 2-37　不同 K 值时典型Ⅰ型系统的开环对数频率特性

从式(2-44) 可以看出，K 越大，截止频率 ω_c 也越大，系统响应越快，但相角稳定裕度 $\gamma=90°-\arctan\omega_c T$ 却越小，导致系统稳定性变得越来越差。这说明典型Ⅰ型系统的快速性与稳定性是很矛盾的，在设计系统进行具体参数的选择时，需要在两者之间进行权衡。为此，下面用具体的数字定量地表明 K 与几项性能指标间的关系。

① 典型Ⅰ型系统跟随性能指标与参数的关系　首先对于稳态跟随性能指标，使用不同输入信号作用下的稳态误差来表示，而对于不同的输入信号，典型控制系统输出响应的稳态误差有很大的差异，这里列出了常用的三种输入信号下的稳态误差，如表 2-1 所示。在阶跃输入下的Ⅰ型系统稳态时是无差的，但在斜坡输入下则有恒值稳态误差，且与 K 值成反比，进一步的，在加速度输入下稳态误差竟然为∞。

表 2-1　Ⅰ型系统在不同的典型输入信号作用下的稳态误差

输入信号	阶跃输入 $R(t)=R_0$	斜坡输入 $R(t)=v_0 t$	加速度输入 $R(t)=\frac{a_0 t^2}{2}$
稳态误差	0	v_0/K	∞

其次对于动态跟随性能指标，应按照自动控制理论进行相应的计算与统计，再说明系统的参数与动态跟随性能指标之间的关系。根据自动控制理论典型Ⅰ型系统是一种二阶系统，闭环传递函数的一般形式为：

$$W_{cl}(s)=\frac{C(s)}{R(s)}=\frac{\omega_n^2}{s^2+2\xi\omega_n s+\omega_n^2} \tag{2-45}$$

式中　ω_n——无阻尼时的自然振荡角频率，或称固有角频率；

　　ξ——阻尼比，或称衰减系数。

由典型Ⅰ型系统开环传递函数式(2-43)，可以推导出其参数 K、T 与标准形式(2-45)中的参数 ω_n、ξ 之间的换算关系如下：

典型Ⅰ型系统的闭环传递函数为

$$W_{cl}(s)=\frac{W(s)}{1+W(s)}=\frac{\frac{K}{s(Ts+1)}}{1+\frac{K}{s(Ts+1)}}=\frac{\frac{K}{T}}{s^2+\frac{1}{T}s+\frac{K}{T}} \tag{2-46}$$

将式(2-45) 与式(2-46) 做比较，得到的参数换算式为

$$\omega_n=\sqrt{\frac{K}{T}} \tag{2-47}$$

$$\xi=\frac{1}{2}\sqrt{\frac{1}{KT}} \tag{2-48}$$

及

$$\xi\omega_n=\frac{1}{2T} \tag{2-49}$$

根据二阶系统的性质，当 $\xi<1$ 时，系统的动态响应是欠阻尼的振荡特性，当 $\xi>1$ 时，为过阻尼的单调特性；当 $\xi=1$ 时，是临界阻尼。由于过阻尼的动态响应较慢，通常把类似于调速这样的系统设计成欠阻尼状态，即 $0<\xi<1$。前面已经得出的结论是，典型Ⅰ型系统中，$KT<1$，这样 $\xi>0.5$，因此在典型Ⅰ型系统中，应做到 $0.5<\xi<1$。

利用在自动控制原理课程中推出的相关结论，欠阻尼二阶系统在零初始条件下的阶跃响应动态指标如下。

超调量：

$$\sigma\% = e^{-(\xi\pi/\sqrt{1-\xi^2})} \times 100\% \tag{2-50}$$

上升时间：

$$t_r = \frac{2\xi T}{\sqrt{1-\xi^2}}(\pi - \arccos\xi) \tag{2-51}$$

峰值时间：

$$t_p = \frac{\pi}{\omega_n\sqrt{1-\xi^2}} \tag{2-52}$$

调节时间的计算与阻尼比 ξ 有关，当 $\xi<0.9$，误差带设为 $\pm5\%$ 时，可以用下式计算：

$$t_s \approx \frac{3}{\xi\omega_n} = 6T \tag{2-53}$$

截止频率：

$$\omega_c = \omega_n\left(\sqrt{4\xi^4+1} - 2\xi^2\right)^{\frac{1}{2}} \tag{2-54}$$

相角稳定裕度：

$$\gamma = \arctan\frac{2\xi}{\left(\sqrt{4\xi^4+1} - 2\xi^2\right)^{\frac{1}{2}}} \tag{2-55}$$

根据以上计算公式可以求出典型Ⅰ型系统的参数 KT 与动态跟随性能各项指标间的关系，对于 $0.5<\xi<1$ 区间的计算结果列在表 2-2 中。

表 2-2　典型Ⅰ型系统动态跟随性能指标和频域指标与参数的关系

参数关系 KT	0.25	0.39	0.50	0.69	1.0
阻尼比 ξ	1.0	0.8	0.707	0.6	0.5
超调量 $\sigma\%$	0%	1.5%	4.3%	9.5%	16.3%
上升时间 t_r	∞	$6.6T$	$4.7T$	$3.3T$	$2.4T$
峰值时间 t_p	∞	$8.3T$	$6.2T$	$4.7T$	$3.6T$
相角稳定裕度 γ	76.3°	69.9°	65.5°	59.2°	51.8°
截止频率 ω_c	$0.243/T$	$0.367/T$	$0.455/T$	$0.596/T$	$0.786/T$

参考表 2-2 选择系统参数时，若系统以动态响应的快速性为主，可取较大的 KT 值，相应的 $\xi=0.5\sim0.6$；若系统以稳定性为主而要求超调量小时，KT 值应较小，可取 $\xi=0.8\sim1.0$；若要求无超调，则取 $KT=0.25$，$\xi=1.0$。当 $KT=0.5$，$\xi=0.707$ 时，从表中可见，超调量为 4.3%，稳定性和快速性都兼顾到了。当根据表 2-2 中列出的参数选择不能满足系统所需的全部性能指标时，说明典型Ⅰ型系统不适用，须考虑采用其他的控制方法。

② 典型Ⅰ型系统抗扰性能指标与参数的关系　选择典型Ⅰ型系统的参数 K 时，还需要考虑抗扰性能指标的影响。图 2-38(a) 是在扰动量 $F(s)$ 作用下的典型Ⅰ型系统，其中，$W_1(s)$ 是扰动作用点前面部分的传递函数，后面部分是 $W_2(s)$，于是

$$W_1(s)W_2(s) = W(s) = \frac{K}{s(Ts+1)} \tag{2-56}$$

只讨论抗扰性能时，可令输入量 $R(s)=0$，这时输出量可用 $\Delta C(s)$ 来表示。为了分析方便，把扰动作用 $F(s)$ 前移到输入作用点上，即得图 2-38(b) 所示的等效结构图，这样虚线框中的部分是典型Ⅰ型系统。

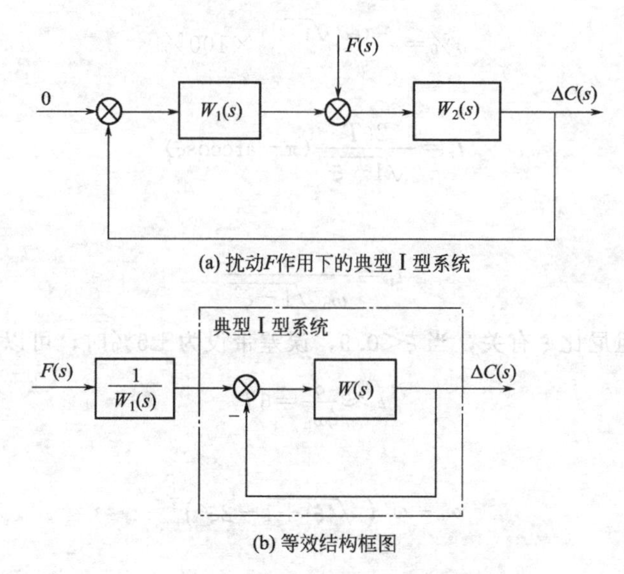

图 2-38 扰动信号对典型Ⅰ型系统的作用

利用图 2-38(b)，在扰动作用下输出量 ΔC 的象函数为

$$\Delta C(s)=\frac{F(s)}{W_1(s)}\times\frac{W(s)}{1+W(s)} \tag{2-57}$$

从式(2-57) 可见，系统的抗扰性能不仅与其结构有关，还和扰动作用点以前的传递函数 $W_1(s)$ 有关，只靠典型系统总的传递函数不能唯一确定抗扰性能指标，扰动作用点也是一个重要的因素，某一定量的扰动性能指标只适用于一种特定的扰动作用点，不具有普遍性。

对于一般的调速系统而言，可以按照图 2-39 所示的一种扰动作用情况来分析，其他扰

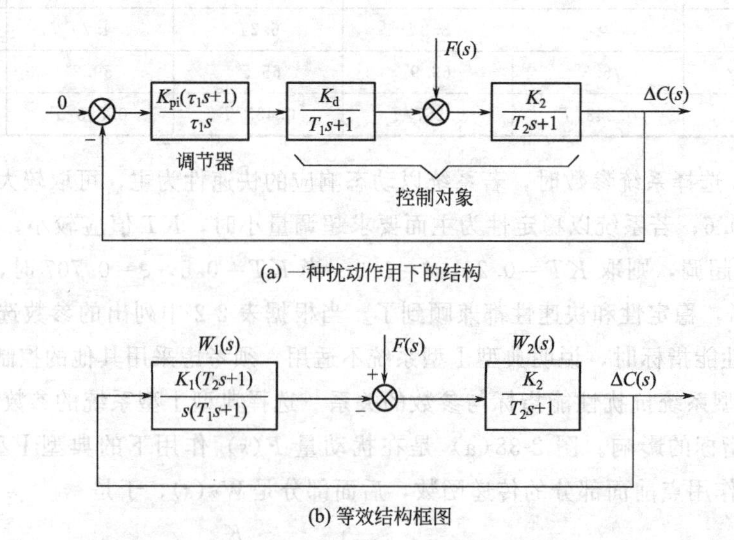

图 2-39 典型Ⅰ型系统在一种扰动作用下的动态结构图

动情况可以仿此来处理。其中为扰动作用点前、后两部分传递函数 $W_1(s)$ 和 $W_2(s)$ 分别选定了以下两种形式

$$W_1(s)=\frac{K_1(T_2s+1)}{s(T_1s+1)} \tag{2-58}$$

$$W_2(s)=\frac{K_2}{T_2s+1} \tag{2-59}$$

两部分的增益分别为 K_1、K_2，使得 $K_1K_2=K$，两部分的固有时间常数分别为 T_1、T_2，使得 $T_2>T_1$，$T_1=T$。显然 $W_1(s)W_2(s)=W(s)$，仍属于典型Ⅰ型系统。

在阶跃扰动 $F(s)=\frac{F}{s}$ 的作用下，将式(2-58)、式(2-59) 代入式(2-57) 中，得到

$$\Delta C(s)=\frac{F}{s}\times\frac{W_2(s)}{1+W_1(s)W_2(s)}=\frac{\frac{FK_2}{T_2s+1}}{s+\frac{K_1K_2}{Ts+1}}=\frac{FK_2(Ts+1)}{(T_2s+1)(Ts^2+s+K)}$$

当调节器的参数按照跟随性能选定 $KT=0.5$，则

$$\Delta C(s)=\frac{2FK_2T(Ts+1)}{(T_2s+1)(2T^2s^2+2Ts+1)} \tag{2-60}$$

用部分分式法分解上式，再求拉氏反变换，可得在阶跃扰动信号的作用下输出变化量的动态过程函数

$$\Delta C(t)=\frac{2FK_2m}{2m^2-2m+1}\left[(1-m)e^{-t/T_2}-(1-m)e^{-t/2T}\cos\frac{t}{2T}+me^{-t/2T}\sin\frac{t}{2T}\right]$$

式中，$m=\frac{T_1}{T_2}<1$ 为控制对象中小时间常数与大时间常数的比值。对此 m 取不同的值，可计算出相应的输出量 $\Delta C(s)$ 的表达式。

在计算抗扰性能指标时，通常将输出量的最大动态降落 ΔC_{max} 用基准值 C_b 的百分数表示，所对应的时间 t_m 用时间常数 T 的倍数表示，允许误差带为 $\pm5\%C_b$ 时的恢复时间 t_v 也用 T 的倍数表示。为了使 $\Delta C_{max}/C_b$ 和 t_v/T 的数值都落在合理范围内，通常将基准值 C_b 取为

$$C_b=\frac{1}{2}FK_2 \tag{2-61}$$

按照这样的设定，将抗扰性能指标计算结果列在表 2-3 中。由该表中的数据及其分布特点可以看出，当控制对象的两个时间常数相距较大时，动态降落减小，但恢复时间却拖得较长。

表 2-3　典型Ⅰ型系统动态抗扰性能指标与参数的关系

$m=\frac{T_1}{T_2}=\frac{T}{T_2}$	$\frac{1}{5}$	$\frac{1}{10}$	$\frac{1}{20}$	$\frac{1}{30}$
$\frac{\Delta C_{max}}{C_b}\times100\%$	55.5%	33.2%	18.5%	12.9%
t_m/T	2.8	3.4	3.8	4.0
t_v/T	14.7	21.7	28.7	30.4

(2) 典型Ⅱ型系统

一种最简单而稳定的典型Ⅱ型系统，开环传递函数为

$$W(s)=\frac{K(\tau s+1)}{s^2(Ts+1)} \tag{2-62}$$

与之对应的闭环系统结构图和开环对数频率特性示于图 2-40，图中所示的中频段也是以−20dB/dec 的斜率穿越零分贝线。由于式(2-62) 的分母中有 s^2 项，其对应的相频特性是−180°，紧随其后应有一个惯性环节，为了把相频特性抬到−180°线以上，还应在分子上有比例微分环节 $\tau s+1$。为了保证得到图 2-40(b) 所示的开环频率特性，应该存在以下关系式

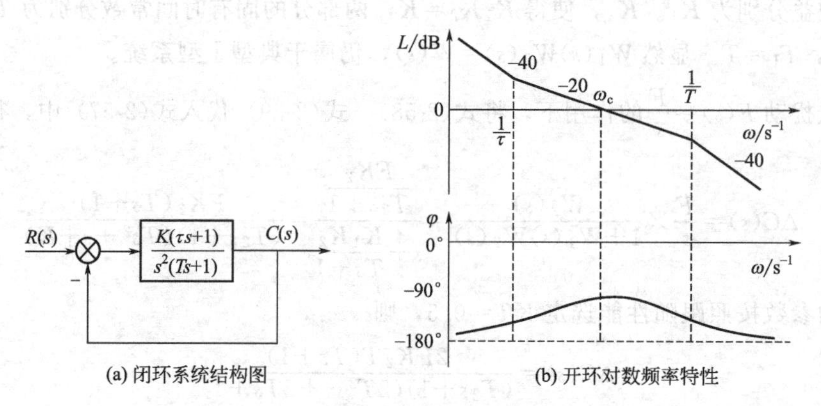

图 2-40　典型Ⅱ型系统

$$\frac{1}{\tau}<\omega_c<\frac{1}{T}$$

或

$$\tau>T$$

对于相角稳定裕度，应该有

$$\gamma=180°-180°+\arctan\omega_c\tau-\arctan\omega_c T=\arctan\omega_c\tau-\arctan\omega_c T$$

τ 比 T 大得越多，则系统的稳定裕度越大。

典型Ⅱ型系统与典型Ⅰ型系统类似，其开环传递函数中的时间常数 T 是由控制对象本身固有，则式(2-62) 表明，典型Ⅱ型系统需要确定两个参数 K 和 τ，进而使参数选择工作有了难度。自动控制原理利用伯德图分析闭环系统的性能时，曾强调指出“中频段要以−20dB/dec的斜率穿越零分贝线，并且有足够的宽度；低频段的斜率要陡”，这些都与参数 τ 关系很大。为了方便分析，定义变量 h 为“中频宽”，使

$$h=\frac{\tau}{T}=\frac{\omega_2}{\omega_1} \tag{2-63}$$

由于中频段的状况对系统的动态过程起决定性作用，因此 h 是一个与控制系统性能指标紧密相关的参数。

在图 2-41 中 $\omega=1$ 点处于−40dB/dec 的特性段上，由此可以得出以下关系：

$$20\lg K=40(\lg\omega_1-\lg 1)+20(\lg\omega_c-\lg\omega_1)=20\lg\omega_1\omega_c$$

进而有

$$K=\omega_1\omega_c \tag{2-64}$$

从图 2-41 的频率特性上还能够看出，在 T 一定的前提下，τ 决定了中频宽 h，而在 τ 也确定后，改变 K 相当于使开环对数幅频特性上下平移，来改变截止频率 ω_c。因此，对于典型Ⅱ

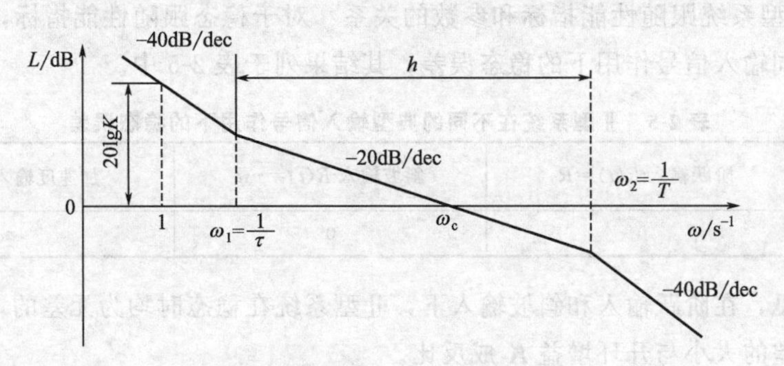

图 2-41 典型Ⅱ型系统的开环对数幅频特性和中频宽

型系统而言，选择参数 h 和 ω_c，相当于选择参数 τ 和 K。

如果对典型Ⅱ型系统中的两个参数 h 和 ω_c 都任意选择，需要大量的图表和数据，很不方便。若能够在这两个参数之间利用某种配合关系，先选择其中一个参数再以此计算出另一个参数，则双参数的设计问题又可以回到单参数设计上，简化典型Ⅱ型系统的工程设计过程。

为此，采用“振荡指标法”中的闭环幅频特性峰值 M_r 最小准则，可以找到 h 和 ω_c 两个参数之间的一种最佳配合，详细的推导过程见附录 2，推导出 ω_c 和 ω_1、ω_2 之间的关系是

$$\frac{\omega_2}{\omega_c}=\frac{2h}{h+1} \tag{2-65}$$

$$\frac{\omega_c}{\omega_1}=\frac{h+1}{2} \tag{2-66}$$

因此

$$\omega_c=\frac{1}{2}(\omega_1+\omega_2)=\frac{1}{2}\left(\frac{1}{\tau}+\frac{1}{T}\right) \tag{2-67}$$

对应的最小闭环幅频特性峰值是

$$M_{rmin}=\frac{h+1}{h-1} \tag{2-68}$$

表 2-4 列出了不同中频宽 h 时由以上各式计算出的 M_{rmin} 和对应的频率比。

表 2-4 不同 h 值时的 M_{rmin} 和对应的频率比

h	3	4	5	6	7	8	9	10
M_{rmin}	2	1.67	1.5	1.4	1.33	1.29	1.25	1.22
ω_2/ω_c	1.5	1.6	1.67	1.71	1.75	1.78	1.8	1.82
ω_c/ω_1	2.0	2.5	3.0	3.5	4.0	4.5	5.0	5.5

经验表明，M_{rmin} 在 1.2～1.5 之间时，系统的动态性能较好，有时也允许达到 1.8～2.0 之间，所以 h 值可以在 3～10 之间选择，再大时，对降低 M_{rmin} 的效果不显著。

确定了 h 和 ω_c 之后，则按下式计算 τ 和 K

$$\tau=hT \tag{2-69}$$

$$K=\omega_1\omega_c=\omega_1^2\frac{h+1}{2}=\left(\frac{1}{hT}\right)^2\frac{h+1}{2}=\frac{h+1}{2h^2T^2} \tag{2-70}$$

来确定典型Ⅱ型系统调节器的参数。

① 典型Ⅱ型系统跟随性能指标和参数的关系　对于稳态跟随性能指标，可以考察典型Ⅱ型系统在不同输入信号作用下的稳态误差，其结果列于表 2-5 中。

表 2-5　Ⅱ型系统在不同的典型输入信号作用下的稳态误差

输入信号	阶跃输入 $R(t)=R_0$	斜坡输入 $R(t)=v_0t$	加速度输入 $R(t)=\frac{a_0t^2}{2}$
稳态误差	0	0	a_0/K

由上表可见，在阶跃输入和斜坡输入下，Ⅱ型系统在稳态时均为无差的，而在加速度输入下，稳态误差的大小与开环增益 K 成反比。

对于动态跟随性能指标，按 M_{rmin} 最小准则确定了典型Ⅱ型系统调节器参数后，可以求得其在阶跃输入下的跟随性能指标。先由式(2-69)、式(2-70) 求出用 h 表示的典型Ⅱ型系统的开环传递函数，为

$$W(s)=\frac{K(\tau s+1)}{s^2(Ts+1)}=\left(\frac{h+1}{2h^2T^2}\right)\frac{hTs+1}{s^2(Ts+1)}$$

然后求出与之对应的闭环传递函数，为

$$W_{cl}(s)=\frac{W(s)}{1+W(s)}=\frac{\frac{h+1}{2h^2T^2}(hTs+1)}{s^2(Ts+1)+\frac{h+1}{2h^2T^2}(hTs+1)}=\frac{hTs+1}{\frac{2h^2T^2}{h+1}s^2(Ts+1)+(hTs+1)}$$

$$=\frac{hTs+1}{\frac{2h^2}{h+1}T^3s^3+\frac{2h^2}{h+1}T^2s^2+hTs+1}$$

因为 $W_{cl}(s)=\frac{C(s)}{R(s)}$，对于单位阶跃输入信号，$R(s)=\frac{1}{s}$，则

$$C(s)=\frac{hTs+1}{s\left(\frac{2h^2}{h+1}R^3s^3+\frac{2h^2}{h+1}T^2s^2+hTs+1\right)} \tag{2-71}$$

以 T 为基准时间，当 h 取不同值时，由式(2-71) 可以求出对应的单位阶跃响应函数 $C(t/T)$，从而计算出超调量 $\sigma\%$、上升时间 t_r/T、调节时间 t_s/T 和振荡次数 k。采用数字仿真计算的结果列于表 2-6 中。

表 2-6　典型Ⅱ型系统阶跃输入跟随性能指标（按 M_{rmin} 准则确定参数关系）

h	3	4	5	6	7	8	9	10
$\sigma\%$	52.6%	43.6%	37.6%	33.2%	29.8%	27.2%	25.0%	23.3%
t_r/T	2.40	2.65	2.85	3.0	3.1	3.2	3.3	3.35
t_s/T	12.15	11.65	9.55	10.45	11.30	12.25	13.25	14.20
k	3	2	2	1	1	1	1	1

将表 2-6 与表 2-2 做比较，明显看出典型Ⅱ型系统的超调量大于典型Ⅰ型系统，这是两种典型系统在该性能指标上存在的差异。由于过渡过程呈现衰减振荡性质，调节时间随中频带宽 h 的变化不是单调的，从表 2-6 中可见 $h=5$ 时的调节时间最短。另外，h 增加后，超调量减小，但 h 过大会使扰动作用下的恢复时间拖长。把表 2-6 中各项指标综合起来看，以 $h=5$ 的动态跟随性能比较合适。

② 典型Ⅱ型系统抗扰性能指标和参数的关系　在选择典型Ⅱ型系统的参数时，同样也需要考虑抗扰性能指标的影响。前已述及，控制系统的动态抗扰性能指标随着系统结构和扰动作用点的变化而有很大的不同，分析典型Ⅱ型系统的抗扰性能时，针对调速系统常遇到的一种扰动作用，选择图 2-42(a) 作为典型Ⅱ型系统的抗扰结构，来分析其抗扰性能指标与参数之间的关系。图中扰动作用点前后的控制对象传递函数分别选定为：$K_d/(Ts+1)$和K_2/s，调节器仍采用无静差的 PI 型。取$K_1=K_{pi}K_d/\tau_1$，$K_1K_2=K$，$\tau_1=hT$，则图 2-42(b) 与图 2-42(a) 等价，于是得到

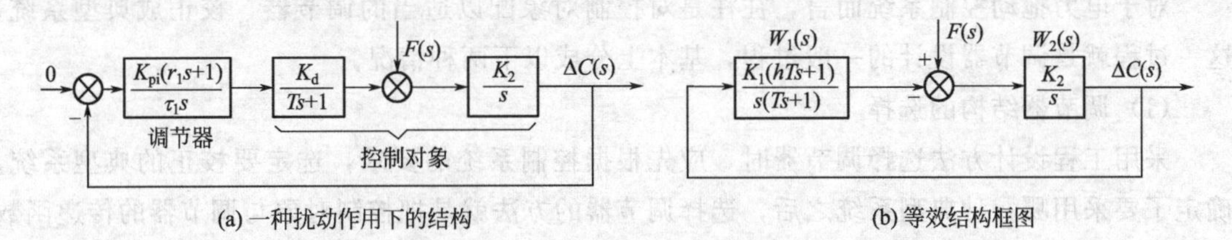

图 2-42　典型Ⅱ型系统在一种扰动作用下的动态结构图

$$W_1(s)=\frac{K_1(hTs+1)}{s(Ts+1)} \tag{2-72}$$

$$W_2(s)=\frac{K_2}{s} \tag{2-73}$$

而$W_1(s)W_2(s)=\dfrac{K(hTs+1)}{s^2(Ts+1)}=W(s)$，属于典型Ⅱ型系统。

在阶跃信号扰动下，$F(s)=F/s$，由图 2-42(b) 可以求出

$$\Delta C(s)=\frac{F}{s}\times\frac{W_2(s)}{1+W_1(s)W_2(s)}=\frac{\dfrac{FK_2}{s}}{s+\dfrac{K(hTs+1)}{s(Ts+1)}}=\frac{FK_2(Ts+1)}{s^2(Ts+1)+K(hTs+1)}$$

如果按前已提及的M_{rmin}准则确定参数关系，即$K=\dfrac{h+1}{2h^2T^2}$，则

$$\Delta C(s)=\frac{\dfrac{2h^2}{h+1}FK_2T^2(Ts+1)}{\dfrac{2h^2}{h+1}T^3s^3+\dfrac{2h^2}{h+1}T^2s^2+hTs+1} \tag{2-74}$$

按式(2-74) 计算出的是在不同中频带宽 h 下，动态抗扰过程曲线 $\Delta C(t)$，进而求出各项动态性能指标，为了使各项指标都落在合理的范围内，在计算时，取输出量基准值为

$$C_b=2FK_2T \tag{2-75}$$

显然该式与典型 I 型系统的基准值表达式(2-61) 不一样，特别是系数，差别最大，这完全是为了使各项指标都具有合理的数值。详细的计算结果列在表 2-7 中。

表 2-7　典型Ⅱ型系统动态抗扰性能指标与参数的关系

h	3	4	5	6	7	8	9	10
$\Delta C_{max}/C_b$	72.2%	77.5%	81.2%	84.0%	86.3%	88.1%	89.6%	90.8%
t_m/T	2.45	2.70	2.85	3.00	3.15	3.25	3.30	3.40
t_v/T	13.60	10.45	8.80	12.95	16.85	19.80	22.80	25.85

表 2-7 中的数据反映出，h 值越小，$\Delta C_{max}/C_b$ 也越小，t_m 和 t_v 都短，因而抗扰性能越好，但是，当 $h<5$ 时，由于振荡次数的增加，h 再小，恢复时间 t_v 反而拖长了，所以，$h=5$ 应该是较好的选择。这与分析跟随性能指标时得出的结论是一致的。

典型Ⅰ型系统和典型Ⅱ型系统除了在稳态误差上的区别以外，在动态性能中，一般而言，典型Ⅰ型系统在跟随性能上可以做到超调小，但抗扰性能稍差，而典型Ⅱ型系统的超调量相对较大，抗扰性能却比较好。这是设计时选择典型系统的重要依据。

2.3.3 调节器设计的一般过程

对于电力拖动控制系统而言，往往是对控制对象配以适当的调节器，校正成典型系统，这一过程就是调节器设计的一般过程，基本上分成以下两种情况。

(1) 调节器结构的选择

采用工程设计方法选择调节器时，应先根据控制系统的要求，选定要校正的典型系统。确定了要采用哪一种典型系统之后，选择调节器的方法就是把控制对象与调节器的传递函数相乘，匹配成典型系统。用以下的例子来说明调节器设计的一般过程。

【例 2-8】 双惯性型的控制对象，其传递函数为

$$W_{obj}(s)=\frac{K_2}{(T_1s+1)(T_2s+1)}$$

且 $T_1>T_2$，K_2 是控制对象的放大系数，要求将控制对象校正成典型Ⅰ型系统。

如果要把这样的控制对象校正成典型Ⅰ型系统，调节器中必须具有一个积分环节，还应该包含一个比例微分环节，与控制对象中的大惯性环节对消掉，使得校正后的系统动态响应快，因此应该选择 PI 调节器，才符合上述要求。如图 2-43 所示，所选定的 PI 调节器的传递函数为

$$W_{pi}(s)=\frac{K_{pi}(\tau_1s+1)}{\tau_1s}$$

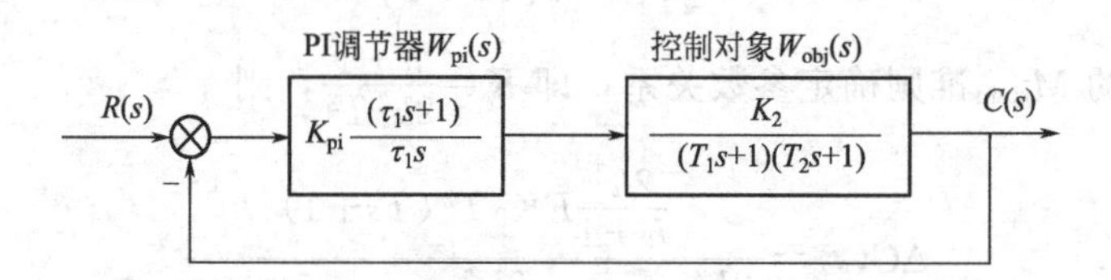

图 2-43 用 PI 调节器把双惯性型控制对象校正成典型Ⅰ型系统

校正后系统的开环传递函数应为

$$W(s)=W_{pi}(s)W_{obj}(s)=\frac{K_{pi}K_2(\tau_1s+1)}{\tau_1s(T_1s+1)(T_2s+1)}$$

取 $\tau_1=T_1$，并且有 $K_{pi}K_2/\tau_1=K$，则有

$$W(s)=\frac{K}{s(T_2s+1)}$$

这即为典型Ⅰ型系统的表达式。

【例 2-9】 设有一个积分-双惯性型的控制对象，传递函数为

$$W_{obj}(s)=\frac{K_2}{s(T_1s+1)(T_2s+1)}$$

且 T_1 和 T_2 大小相仿，要求将该控制对象校正成典型Ⅱ型系统。

显然，如果仍采用上一例子中的方法，即选择 PI 调节器，是不可行的，而应改用 PID 调节器。如图 2-44 所示，选定的 PID 调节器的传递函数为

$$W_{\mathrm{pid}}(s)=\frac{(\tau_1 s+1)(\tau_2 s+1)}{\tau s}$$

取 $\tau_1=T_1$，让 $(\tau_1 s+1)$ 与控制对象中的大惯性环节 $1/(T_1 s+1)$ 对消。则校正后的系统开环传递函数为

$$W(s)=W_{\mathrm{pid}}(s)W_{\mathrm{obj}}(s)=\frac{\frac{K_2}{\tau}(\tau_2 s+1)}{s^2(T_2 s+1)}$$

这即为典型Ⅱ型系统的形式。

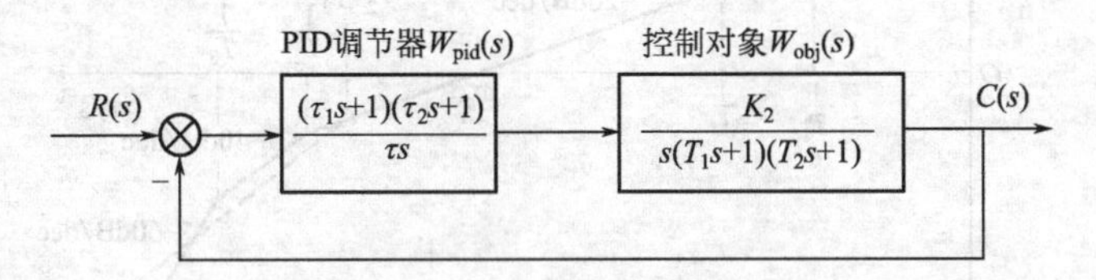

图 2-44　用 PID 调节器把积分-双惯性型控制对象校正成典型Ⅱ型系统

为了设计时使用方便，将几种校正成典型Ⅰ型系统和典型Ⅱ型系统的控制对象和相应的调节器传递函数列于表 2-8 和表 2-9 中，表中还列出了参数配合关系。

表 2-8　校正成典型Ⅰ型系统的调节器选择和参数配合

控制对象	$\frac{K_2}{(T_1 s+1)(T_2 s+1)}$ $T_1>T_2$	$\frac{K_2}{Ts+1}$	$\frac{K_2}{s(Ts+1)}$	$\frac{K_2}{(T_1 s+1)(T_2 s+1)(T_3 s+1)}$ $T_1、T_2>T_3$	$\frac{K_2}{(T_1 s+1)(T_2 s+1)(T_3 s+1)}$ $T_1\gg T_2、T_3$
调节器	$\frac{K_{\mathrm{pi}}(\tau_1 s+1)}{\tau_1 s}$	$\frac{K_i}{s}$	K_{p}	$\frac{(\tau_1 s+1)(\tau_2 s+1)}{\tau s}$	$\frac{K_{\mathrm{pi}}(\tau_1 s+1)}{\tau_1 s}$
参数配合	$\tau_1=T_1$			$\tau_1=T_1,\tau_2=T_2$	$\tau_1=T_1, T_\Sigma=T_2+T_3$

表 2-9　校正成典型Ⅱ型系统的调节器选择和参数配合

控制对象	$\frac{K_2}{s(Ts+1)}$	$\frac{K_2}{(T_1 s+1)(T_2 s+1)}$ $T_1\gg T_2$	$\frac{K_2}{s(T_1 s+1)(T_2 s+1)}$ T_1,T_2相近	$\frac{K_2}{s(T_1 s+1)(T_2 s+1)}$ T_1,T_2都很小	$\frac{K_2}{(T_1 s+1)(T_2 s+1)(T_3 s+1)}$ $T_1\gg T_2、T_3$
调节器	$\frac{K_{\mathrm{pi}}(\tau_1 s+1)}{\tau_1 s}$	$\frac{K_{\mathrm{pi}}(\tau_1 s+1)}{\tau_1 s}$	$\frac{(\tau_1 s+1)(\tau_2+1)}{\tau s}$	$\frac{K_{\mathrm{pi}}(\tau_1 s+1)}{\tau_1 s}$	$\frac{K_{\mathrm{pi}}(\tau_1 s+1)}{\tau_1 s}$
参数配合	$\tau_1=hT$	$\tau_1=hT_2$ 认为：$\frac{1}{T_1 s+1}\approx\frac{1}{T_1 s}$	$\tau_1=hT_1$(或 hT_2) $\tau_2=T_2$(或 T_1)	$\tau_1=h(T_1+T_2)$	$\tau_1=h(T_2+T_3)$ 认为：$\frac{1}{T_1 s+1}\approx\frac{1}{T_1 s}$

(2) 传递函数的近似处理

在将控制对象校正成典型系统的过程中，通常采用 P、I、PI、PID 以及 PD 几种调节器难以满足要求，需要先对控制对象的传递函数做近似处理，然后校正成典型Ⅰ型系统或典型Ⅱ型系统，或者采用更复杂的控制规律。下面讨论几种实际控制对象的工程近似处理方法。

① 高频段小惯性环节的近似处理　有一些系统因为存在一些 T_1、T_2、T_3 这样时间常数

较小的小惯性环节，而使得它们对应的频率都处于对数频率特性的高频段，这时可以等效地用一个小时间常数 T 的惯性环节来替换，即

$$T=T_1+T_2+T_3+\cdots$$

例如，若某一系统的开环传递函数为

$$W(s)=\frac{K(\tau s+1)}{s(T_1s+1)(T_2s+1)(T_3s+1)}$$

其中 T_2、T_3都是小时间常数，$T_1 \gg T_2$、T_3，并且 $T_1>\tau$，系统的开环对数幅频特性如图2-45中的实线所示。

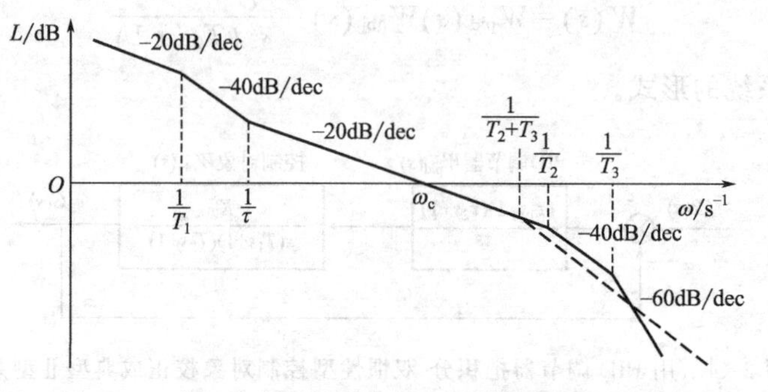

图 2-45　高频段小惯性群近似处理对频率特性的影响

对该系统中的小惯性环节采用合并近似处理后，则它的频率特性应为

$$\frac{1}{(j\omega T_2+1)(j\omega T_3+1)}=\frac{1}{(1-T_2T_3\omega^2)+j\omega(T_2+T_3)}\approx\frac{1}{1+j\omega(T_2+T_3)}$$

所采取的近似条件是 $T_2T_3\omega^2 \ll 1$，工程上一般允许 10%以内的计算误差，因此近似条件还可以写成

$$T_2T_3\omega^2\leqslant\frac{1}{10}$$

或允许频带为

$$\omega\leqslant\sqrt{\frac{1}{10T_2T_3}}$$

考虑到开环频率特性的截止频率 ω_c与闭环频率特性的通频带 ω_b一般比较接近，可以用 ω_c作为闭环系统通频带的标志，而上式的分母中的 $\sqrt{10}=3.16\approx3$，这样可以将小惯性环节的近似处理条件写成

$$\omega_c\leqslant\frac{1}{3}\sqrt{\frac{1}{T_2T_3}} \tag{2-76}$$

在此条件下，原系统的开环传递函数可以近似为

$$W(s)=\frac{K(\tau s+1)}{s(T_1s+1)(T_2s+1)(T_3+1)}=\frac{K(\tau s+1)}{s(T_1s+1)[(T_2+T_3)s+1]}$$

简化后的对数幅频特性如图 2-45 中的虚线所示。

同理，如果有三个小惯性环节，其近似处理的计算式为

$$\frac{1}{(T_2s+1)(T_3s+1)(T_4s+1)}\approx\frac{1}{(T_2+T_3+T_4)s+1}$$

经过证明（见附录 1）得到的近似条件是

$$\omega_c \leqslant \frac{1}{3}\sqrt{\frac{1}{T_2T_3+T_3T_4+T_4T_2}} \tag{2-77}$$

综合以上所述，可得出下述结论：当系统有多个小惯性环节时，在一定条件下可以将它们近似地看成是一个小惯性环节，其时间常数等于原系统小惯性群中各时间常数之和。

② 高阶系统的降阶近似处理　上述对小惯性环节的近似处理，是把含有这些小惯性环节的多项式展开以后，忽略了其中的高次项，实际上是对高阶系统进行降阶处理的一种特例。如果在此基础上进一步的讨论更一般的情况，就归结为如何能忽略特征方程的高次项。以三阶系统来说明，设

$$W(s)=\frac{K}{as^3+bs^2+cs+1} \tag{2-78}$$

其中 a，b，c 都是正系数，且 $bc>a$，即系统是稳定的。如果能忽略高次项，可得近似的一阶系统的传递函数为

$$W(s)\approx\frac{K}{cs+1} \tag{2-79}$$

近似条件可以从以下的频率特性导出

$$W(\mathrm{j}\omega)=\frac{K}{a(\mathrm{j}\omega)^3+b(\mathrm{j}\omega)^2+c(\mathrm{j}\omega)+1}=\frac{K}{(1-b\omega^2)+j\omega(c-a\omega^2)}\approx\frac{K}{1+\mathrm{j}\omega c}$$

近似条件是

$$\begin{cases} b\omega^2\leqslant\dfrac{1}{10} \\ a\omega^2\leqslant\dfrac{c}{10} \end{cases}$$

仿照前面的处理方式，近似条件还可以写成

$$\omega_c\leqslant\frac{1}{3}\min\left(\sqrt{\frac{1}{b}},\sqrt{\frac{c}{a}}\right) \tag{2-80}$$

③ 低频段大惯性环节的近似处理　当系统中存在一个时间常数特别大的惯性环节 $1/(Ts+1)$时，正如表 2-9 中已经指出的方法，可以近似地将它看成是积分环节 $1/Ts$。下面来分析一下这种近似处理的存在条件。

这个大惯性环节的频率特性为

$$\frac{1}{\mathrm{j}\omega T+1}=\frac{1}{\sqrt{\omega^2T^2+1}}\angle-\arctan\omega T$$

将上式近似成积分环节后，其幅值应近似为

$$\frac{1}{\sqrt{\omega^2T^2+1}}\approx\frac{1}{\omega T}$$

显然，近似条件是 $\omega^2T^2\gg1$，或按照工程惯例，$\omega T\geqslant\sqrt{10}$。与上面的过程相同，将 ω 换成 ω_c，并取整数，得

$$\omega_c\geqslant\frac{3}{T} \tag{2-81}$$

按照这个近似条件可以得出相角的近似条件是 $\arctan\omega T\approx90°$，当 $\omega T=\sqrt{10}$时，$\arctan\omega T=$

arctan $\sqrt{10}$=72.45°，看起来似乎误差较大。但考虑到误差的结果是把相角滞后从72.45°近似为90°，这就说明，实际系统的稳定裕度要大于近似系统，按近似系统设计好调节器后，实际系统的稳定性应该更强，因此这种近似是合理的。

再来研究系统的开环幅频特性，以图2-46中某一具体的开环幅频特性为例，若特性a的开环传递函数为

$$W_a(s)=\frac{K(\tau s+1)}{s(T_1s+1)(T_2s+1)}$$

其中，$T_1>\tau>T_2$，而且$\frac{1}{T_1}$远低于截止频率ω_c，处于低频段。当把大惯性环节$\frac{1}{T_1s+1}$近似成积分环节$\frac{1}{T_1s}$时，开环传递函数由a变为b，即

$$W_b(s)=\frac{K(\tau s+1)}{T_1s^2(T_2s+1)}$$

从图2-45所示的近似前后两条特性的分布来看，它们之间的差别只在低频段，这样处理对系统的动态性能影响不大。

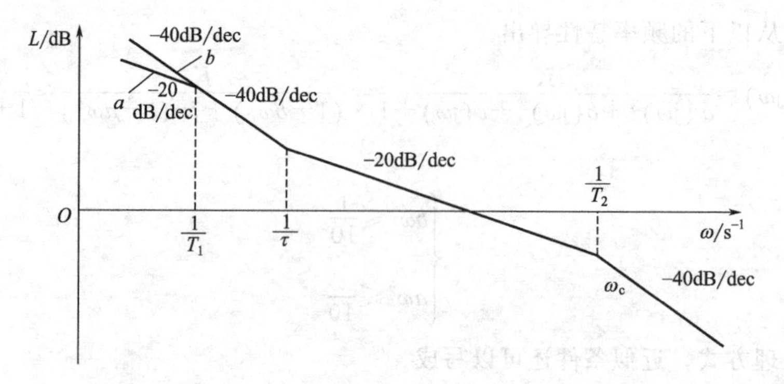

图2-46 低频段大惯性环节近似处理对频率特性的影响

但是，对于稳态性能分析，若还采用这种近似处理，却相当于把系统的类型人为地提高了一阶，如果原来实际的系统是Ⅰ型系统，近似后却变成了Ⅱ型系统，这显然是不合适的。所以，这种近似处理只适用于动态性能的分析，当考虑稳态精度时，应该采用原来实际的传递函数。

【例2-10】 设控制对象的传递函数为$W_{obj}(s)=\frac{2}{0.5s+1}$，要求阶跃输入时系统超调量$\sigma\%<5\%$。将其校正成典型Ⅰ型系统，试设计调节器参数并计算调节时间。

解： 查表2-8可知，应选择的调节器传递函数为

$$W_1(s)=\frac{K_i}{s}$$

即Ⅰ调节器，按典型Ⅰ型系统校正，校正后开环传递函数为

$$W(s)=\frac{K_i}{s}\times\frac{2}{0.5s+1}=\frac{2K_i}{s(0.5s+1)}$$

按$\sigma\%<5\%$，可取$K=2K_i=\frac{1}{2T}$，所以

$$K_i=\frac{1}{2\times2\times0.5}=0.5$$

调节时间：$t_s\approx6T=6\times0.5=3s$

2.4　电流调节器与转速调节器的设计

用前一节中所介绍的工程设计方法来设计转速、电流双闭环调速系统的两个调节器时，一般采取的原则是：先内环后外环，即首先设计电流调节器，然后把整个电流环看作是转速调节系统中的一个环节，再设计转速调节器。

图 2-47 为双闭环调速系统的动态结构框图，它与图 2-30 所示的动态结构框图的不同之处在于，图 2-47 增加了滤波环节，包括电流反馈滤波、转速反馈滤波和两个给定信号的滤波。电流环是图中用虚线框出的部分，它的反馈信号是主回路电流的检测信号，由于这个电流检测信号不是理想的直流波，常含有交流分量与检测干扰信号，为了避免这些成分对系统性能的影响，需要加设低通滤波器，这样的滤波环节传递函数可用一阶惯性环节来表示，按需要选定其中的滤波时间常数 T_{oi}。滤波器也给反馈信号带来了延迟，即滤波延迟 T_{oi}，为了平衡这个延迟作用，还需要在给定信号通道上加入一个时间常数相同的惯性环节，称为给定滤波环节。同理对于转速环而言，也需要一个滤波环节，来抑制转速检测干扰信号，其滤波时间常数用 T_{on} 表示，出于同电流环一样的考虑，在转速给定通道上也加入时间常数为 T_{on} 的给定滤波环节。

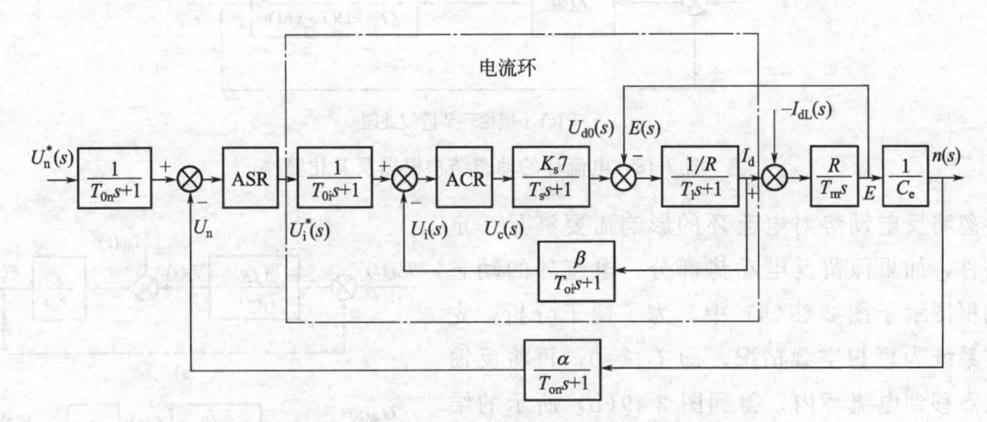

图 2-47　双闭环调速系统的动态结构框图

2.4.1　电流调节器的设计

设计电流调节器时，因为其特定的位置，需要以下的处理过程。

(1) 电流环结构图的化简

图 2-47 所示的动态结构框图显示，虚线框所画定的部分为电流调节器，它与外环之间有一条由反电动势产生的交叉反馈作用线，代表着外环输出对电流环的影响，而外环即转速环还没有设计好，无法确定其输出的影响。考虑到实际系统中转速的变化往往比电流变化慢得多，即系统中的电磁时间常数 T_l 都远小于机电时间常数 T_m，而反电动势正比于转速，因而对电流环来说，反电动势是一个变化较慢的扰动，在电流的瞬变过程中，可以认为反电动势基本不变，即 $\Delta E\approx0$。于是，在设计电流环时，可以暂不考虑反电动势变化的动态作用，而将电动势的反馈作用线断开，就可以得到忽略反电动势影响的电流环近似结构框图，如图

2-48(a) 所示。再考虑把给定滤波和反馈滤波两个环节都等效地移到环内，同时把给定信号改成$\frac{u_i^*(s)}{\beta}$，则电流环便等效成单位负反馈系统，见图 2-48(b)。因为，T_s和T_{oi}一般都比T_l小得多，可以当作小惯性群而近似地看作是一个惯性环节，其时间常数为

$$T_{\Sigma i}=T_s+T_{oi} \tag{2-82}$$

从而将电流环结构图最终简化成图 2-48(c)。

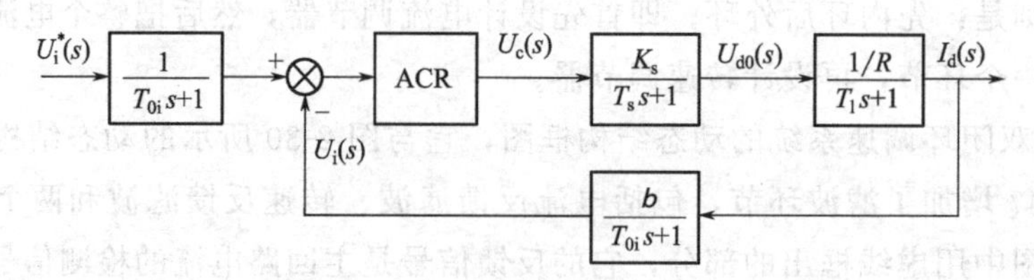

(a) 忽略反电动势的动态影响

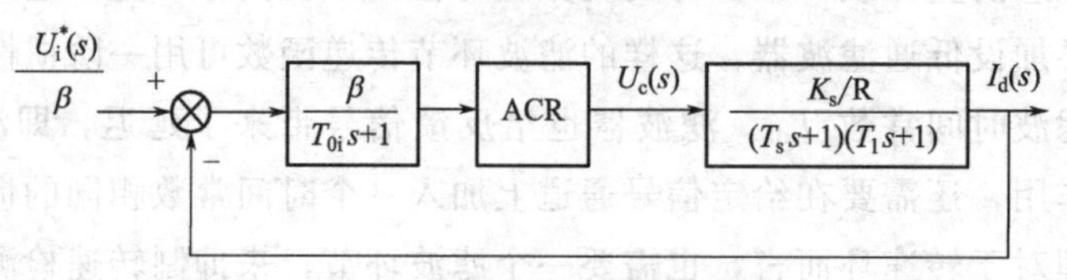

(b) 等效成单位负反馈系统

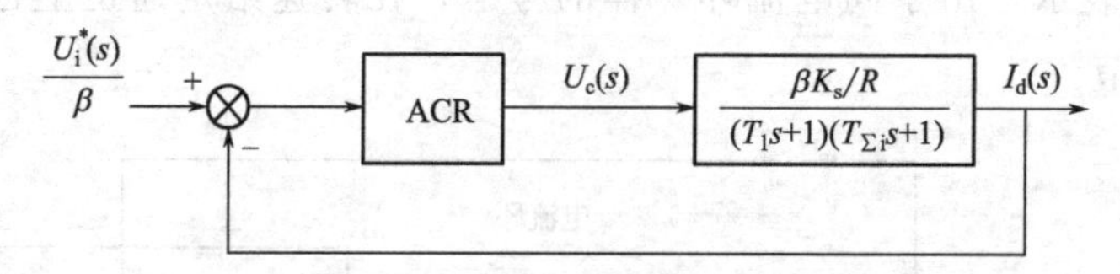

(c) 小惯性环节近似处理

图 2-48　电流环的动态结构框图及其化简

忽略反电动势对电流环的影响需要满足一定的条件，如果保留反电动势部分，电流环的动态结构框图示于图 2-49(a) 中，为了便于分析，先假定系统为理想空载情况，即 $I_{dL}=0$，再将反馈引出点移到电流环内，得到图 2-49(b) 所示的结构图。利用反馈连接等效变换，最后得到图 2-49(c)，当 $T_m T_l\omega^2\gg1$ 时，图 2-49(c) 中第一个方框内的传递函数可近似为

$$\frac{T_m s/R}{T_m T_l s^2+T_m s+1}\approx\frac{T_m s/R}{T_m T_l s^2+T_m s}=\frac{1/R}{T_l s+1}$$

该近似条件可以转化为

$$\omega_{ci}\geqslant3\sqrt{\frac{1}{T_m T_l}} \tag{2-83}$$

式中，ω_{ci}为电流环开环频率特性的截止频率。

(2) 电流调节器结构的选择

前面在分析电流环的动态性能时，曾希望它

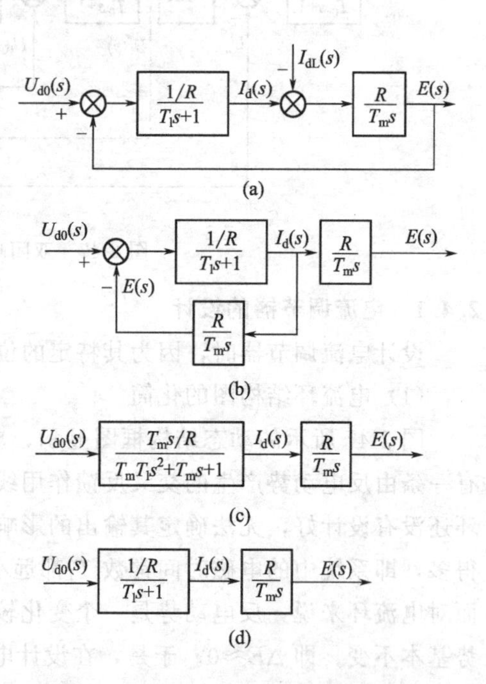

图 2-49　反电动势作用结构图的等效变换

有很好的跟随性能，超调量要小，保证电枢电流不超过允许值；而电流环的抗扰作用主要是体现在对电网电压扰动的抑制上。作为内环的电流环，一般而言应以跟随性能为主，应选用典型Ⅰ型系统，当控制对象的两个时间常数之比 $T_l/T_{\Sigma i}\leqslant 10$ 时，查表 2-3 的数据可以看出，典型Ⅰ型系统的抗扰恢复时间还是可以接受的。

由图 2-48(b) 可知，电流环的控制对象是双惯性型的，根据表 2-8 所列的内容，要校正成典型Ⅰ型系统，应采用 PⅠ型的电流调节器，其传递函数可以写成

$$W_{ACR}(s)=\frac{K_i(\tau_i s+1)}{\tau_i s} \tag{2-84}$$

式中　K_i——电流调节器的比例系数；

τ_i——电流调节器的超前时间常数。

为了消掉电流环控制对象中的大时间常数极点，调节器在参数配合上应选择

$$\tau_i=T_l \tag{2-85}$$

(3) 电流调节器的参数计算

经过与调节器配合校正后，电流环的动态结构图便成为图 2-50(a) 所示的典型Ⅰ型系统形式，其中

$$K_I=\frac{K_i K_s \beta}{\tau_i R} \tag{2-86}$$

图 2-50(b) 绘制出了校正后电流环的开环对数幅频特性。

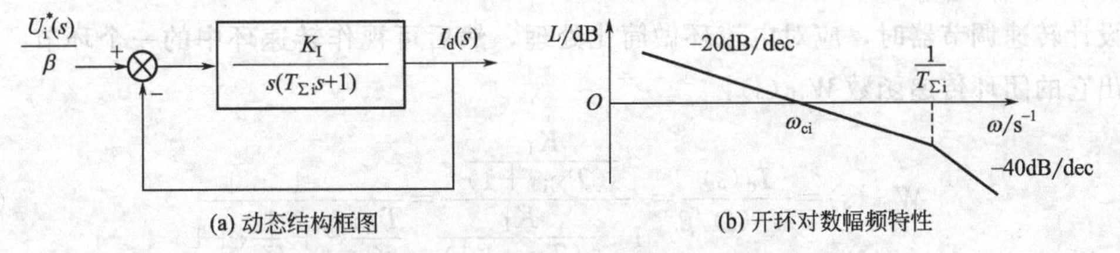

图 2-50　校正成典型Ⅰ型系统的电流环

需要计算的电流调节器的参数包括 K_i 与 τ_i。时间常数 τ_i 已由式(2-85) 选定，比例系数 K_i 则取决于图 2-50(b) 中所示的截止频率 ω_{ci} 和动态性能指标。在一般情况下，希望电流超调量 $\sigma_i\%\leqslant 5\%$，根据表 2-3，阻尼比可以选定为 $\xi=0.707$，$K_I T_{\Sigma i}=0.5$，则

$$K_I=\omega_{ci}=\frac{1}{2T_{\Sigma i}} \tag{2-87}$$

再结合式(2-86) 得到

$$K_i=\frac{T_l R}{2K_s\beta T_{\Sigma i}}=\frac{R}{2K_s\beta}\left(\frac{T_l}{T_{\Sigma i}}\right) \tag{2-88}$$

如果实际系统的动态性能指标与上述不同，应对式(2-87)、式(2-88) 做相应的改变。

(4) 电流调节器的实现

含给定滤波和反馈滤波的模拟式 PI 型电流调节器原理图示于图 2-51 中。图中 U_i^* 为电流给定电压，$-\beta I_d$ 为电流负反馈电压，调节器的输出就是电力电子变换器的控制电压 U_c。

根据运算放大器的电路原理，可以导出

$$K_i=\frac{R_i}{R_0} \tag{2-89}$$

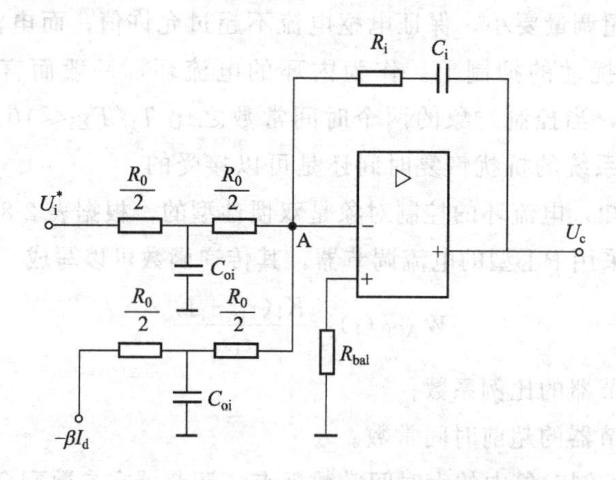

图 2-51 含给定滤波和反馈滤波的 PI 型电流调节器

$$\tau_i = R_i C_i \tag{2-90}$$

$$T_{oi} = \frac{1}{4} R_0 C_{oi} \tag{2-91}$$

以此可计算出调节器的具体电路参数。如果采用微机控制，则根据离散算法设计数字式调节器。

2.4.2 转速调节器的设计

(1) 电流环的等效闭环传递函数

设计转速调节器时，应对电流环做简化处理，然后可视作转速环中的一个环节。为此，先求出它的闭环传递函数 $W_{cli}(s)$：

$$W_{cli}(s) = \frac{I_d(s)}{U_i^*(s)/\beta} = \frac{\dfrac{K_I}{s(T_{\Sigma i}s+1)}}{1+\dfrac{K_I}{s(T_{\Sigma i}s+1)}} = \frac{1}{\dfrac{T_{\Sigma i}}{K_I}s^2 + \dfrac{1}{K_I}s + 1} \tag{2-92}$$

对式(2-92) 采用高阶系统的降阶近似处理方法，忽略高次项，$W_{cli}(s)$ 可降阶近似为

$$W_{cli}(s) \approx \frac{1}{\dfrac{1}{K_I}s + 1} \tag{2-93}$$

近似条件可以由式(2-80) 求出，为：

$$\omega_{cn} \leqslant \frac{1}{3}\sqrt{\frac{K_I}{T_{\Sigma i}}} \tag{2-94}$$

式中 ω_{cn}——转速开环频率特性的截止频率。

图 2-50(a) 中显示的电流环的输入信号是 $U_i^*(s)/\beta$，以此输入信号得到了式(2-93) 传递函数 $W_{cli}(s)$，而作为转速环内环时，电流环的输入信号为 U_i^*，因此电流环在转速环中应等效为：

$$\frac{I_d(s)}{U_i^*(s)} = \frac{W_{cli}(s)}{\beta} \approx \frac{\dfrac{1}{\beta}}{\dfrac{1}{K_I}s + 1} \tag{2-95}$$

可见，原来是双惯性环节的电流环控制对象，经闭环控制后，可以近似地等效成只有较

小时间常数 $1/K_I$ 的一阶惯性环节。这就表明，电流的闭环控制改造了控制对象，加快了电流的跟随作用，这是局部闭环（内环）控制的一个重要功能。

（2）转速调节器结构的选择

带有用等效传递函数来表示电流环的转速控制系统的动态结构图如图 2-52(a) 所示，与前面对电流环的处理一样，把转速给定滤波和反馈滤波环节等效地移到环内，并将给定信号改成 $U_n^*(s)/\alpha$，同时把转速滤波时间常数 T_{on} 和电流环时间常数 $1/K_I$ 这两个小惯性环节合并起来，近似成一个时间常数为 $T_{\Sigma n}$ 的小惯性环节，

$$T_{\Sigma n}=\frac{1}{K_I}+T_{on} \tag{2-96}$$

则转速环结构图可简化成图 2-52(b)。

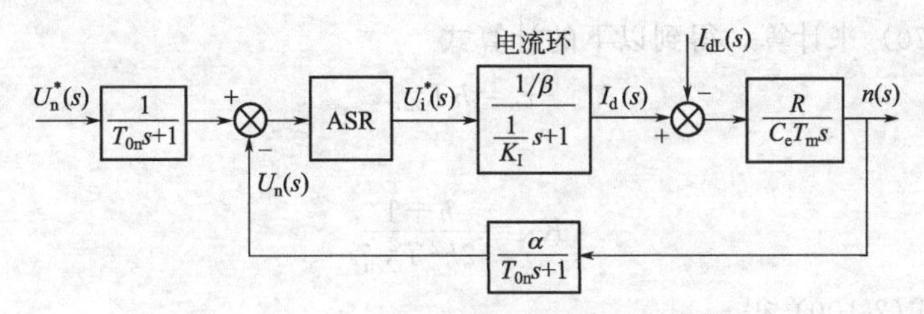

(a) 用等效环节代替电流环

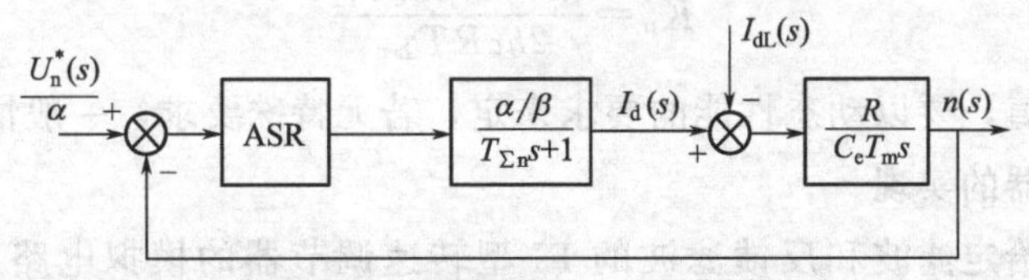

(b) 等效成单位负反馈系统和小惯性的近似处理

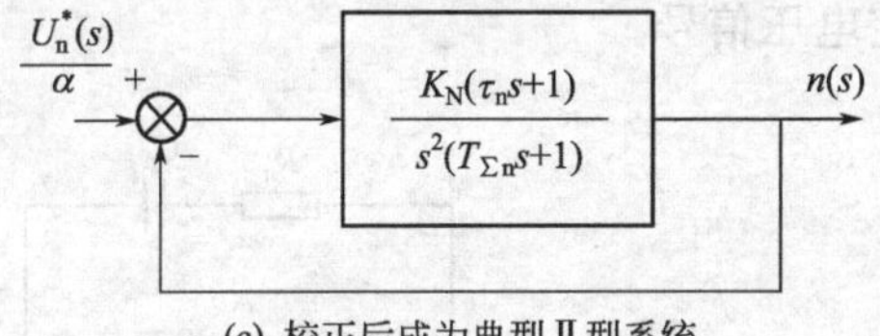

(c) 校正后成为典型Ⅱ型系统

图 2-52　转速环的动态结构图及其简化

对于转速控制系统，应该实现转速无静差，为此在负载扰动作用点前面必须有一个积分环节，包含在转速调节器 ASR 中，而从图 2-52(b) 可以看出，在负载扰动作用点后面已经有了一个积分环节 R/C_eT_ms，这样转速环开环传递函数应共有两个积分环节，因此应该将转速环设计成典型Ⅱ型系统。

根据图 2-52(b) 示出的转速环的控制对象，查表 2-9 可知，转速调节器 ASR 也应该采用 PI 调节器，相应的传递函数为：

$$W_{ASR}(s)=\frac{K_n(\tau_n s+1)}{\tau_n s} \tag{2-97}$$

式中　K_n——转速调节器的比例系数；

τ_n——转速调节器的超前时间常数。

这样就能够得到整个调速系统的开环传递函数为

$$W_{\mathrm{n}}(s)=\frac{K_{\mathrm{n}}(\tau_{\mathrm{n}}s+1)}{\tau_{\mathrm{n}}s}\times\frac{\frac{\alpha R}{\beta}}{C_{\mathrm{e}}T_{\mathrm{m}}s(T_{\Sigma\mathrm{n}}s+1)}=\frac{K_{\mathrm{n}}\alpha R(\tau_{\mathrm{n}}s+1)}{\tau_{\mathrm{n}}\beta C_{\mathrm{e}}T_{\mathrm{m}}s^2(T_{\Sigma\mathrm{n}}s+1)}=\frac{K_{\mathrm{N}}(\tau_{\mathrm{n}}s+1)}{s^2(T_{\Sigma\mathrm{n}}s+1)} \tag{2-98}$$

系统的开环增益 K_{N} 为

$$K_{\mathrm{N}}=\frac{K_{\mathrm{n}}\alpha R}{\tau_{\mathrm{n}}\beta C_{\mathrm{e}}T_{\mathrm{m}}} \tag{2-99}$$

不考虑负载扰动的作用，校正后的调速系统动态结构如图 2-52(c) 所示。

(3) 转速调节器的参数计算

转速调节器中需要计算的参数主要有 K_{n} 和 τ_{n}，应按照典型Ⅱ型系统的参数关系，即式(2-69) 与式(2-70) 来计算，得到以下的计算式

$$\tau_{\mathrm{n}}=hT_{\Sigma\mathrm{n}} \tag{2-100}$$

与

$$K_{\mathrm{N}}=\frac{h+1}{2h^2T_{\Sigma\mathrm{n}}^2} \tag{2-101}$$

由式(2-99) 与式(2-100) 得

$$K_{\mathrm{n}}=\frac{(h+1)\beta C_{\mathrm{e}}T_{\mathrm{m}}}{2h\alpha RT_{\Sigma\mathrm{n}}} \tag{2-102}$$

上式中频带宽的取值，要以动态性能的要求来定，若无特殊要求，一般情况下多选择 $h=5$。

(4) 转速调节器的实现

首先给出带有给定滤波和反馈滤波的 PI 型转速调节器的模拟电路原理图如图 2-53 所示，图中的符号 U_{n}^* 为转速给定信号，$-\alpha n$ 为转速负反馈信号，U_{i}^* 为转速调节器的输出信号，也是电流调节器的给定电压信号。

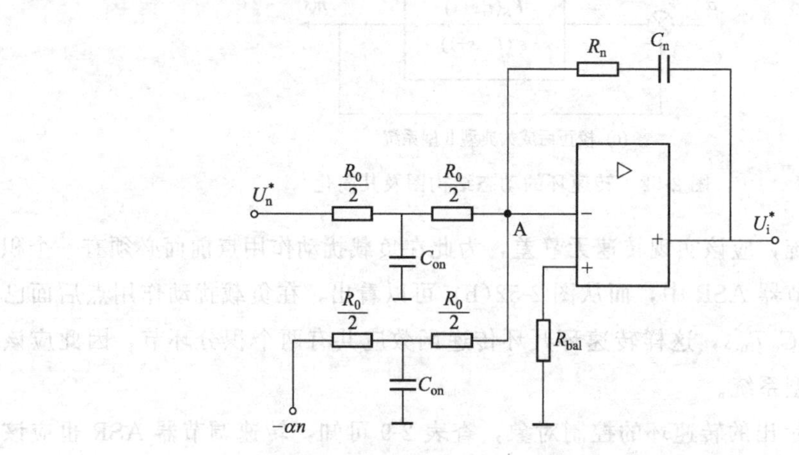

图 2-53 含给定滤波与反馈滤波的 PI 型转速调节器

参数实现上与电流调节器类似，即转速调节器参数与电阻、电容值的关系为

$$K_{\mathrm{n}}=\frac{R_{\mathrm{n}}}{R_0} \tag{2-103}$$

$$\tau_{\mathrm{n}}=R_{\mathrm{n}}C_{\mathrm{n}} \tag{2-104}$$

$$T_{on}=\frac{1}{4}R_0C_{on} \tag{2-105}$$

※2.4.3　转速调节器退饱和时转速超调量的计算

转速环按照典型Ⅱ型系统进行设计后，虽然其动态抗扰性能优于典型Ⅰ型系统，但是从表 2-6 所示的典型Ⅱ型系统阶跃输入跟随性能指标来看，系统阶跃响应超调量都大于 20%，这显然不能满足工程设计的要求。如果转速调节器没有饱和限幅的约束，调速系统会在很大范围内线性工作，则双闭环系统启动时的转速过渡过程将呈现如图 2-54(a) 所示的波形，导致产生更大的超调量。而实际上当突加给定电压后，转速调节器很快进入饱和状态，输出恒定的限幅电压 U_{im}^*，使电动机在恒流条件下快速启动，使得转速 n 按线性规律增长，见图 2-54(b)。转速调节器进入饱和状态后，当转速上升到给定值 n^* 时，反馈电压与给定电压平衡，转速调节器仍维持饱和，促使转速继续上升，出现转速超调后，转速偏差信号变成负值，才能使转速的 PI 调节器退出饱和。在退饱和的过程中，刚开始由于电动机电流 I_d 仍大于负载电流 I_{dL}，转速继续增加，直到出现 $I_d \leqslant I_{dL}$，转速才会降下来，可见在启动过程中转速必然超调。但是，这种超调不符合线性规律，而是经历了饱和非线性区域之后产生的，应称为“退饱和超调”。显然，退饱和超调量不等于典型Ⅱ型系统跟随性能指标中的超调量。

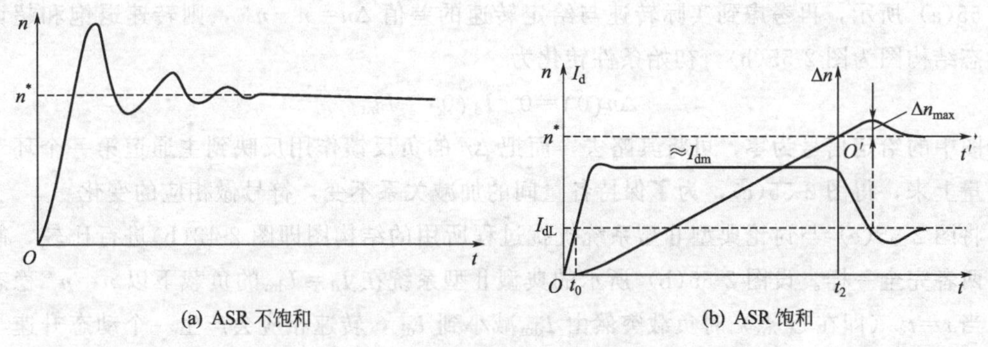

图 2-54　转速环按典型Ⅱ型系统设计的调速系统启动过程

退饱和超调量的计算比较麻烦，需要分析带饱和非线性的动态过程。对于这类非线性问题，可采用分段线性化的方法，先将整个过程分成饱和与退饱和两段，然后分别采用线性系统的规律来分析。在 ASR 饱和阶段内，转速环开环，电流是恒值 I_{dm}，电动机基本上以恒定的最大加速度启动，其加速度为：

$$\frac{dn}{dt}\approx(I_{dm}-I_{dL})\frac{R}{C_eT_m} \tag{2-106}$$

一直延续到 t_2［即图 2-54(b) 中所示的横坐标时间轴］时刻 $n=n^*$ 时为止。如果忽略启动延迟时间 t_0 与电流上升阶段的短暂过程，则

$$t_2\approx\frac{C_eT_mn^*}{R(I_{dm}-I_{dL})} \tag{2-107}$$

再结合式(2-102) 及 $U_n^*=\alpha n^*$，$U_{im}^*=\beta I_{dm}$，则

$$t_2\approx\left(\frac{2h}{h+1}\right)\frac{K_nU_n^*}{(U_{im}^*-\beta I_{dL})}T_{\Sigma n} \tag{2-108}$$

饱和阶段结束时，$I_d \approx I_{dm}$，$n=n^*$。在ASR退饱和阶段内，系统基本上恢复到线性范围内运行，其动态结构框图如图2-52(b)所示。描述系统的微分方程与分析线性系统跟随性能时的相同，只是初始条件不一样了，分析线性系统跟随性能时的初始条件为

$$n(0)=0,\ I_d(0)=0$$

而分析退饱和超调时，饱和阶段的终了状态才是退饱和阶段的初始状态，即把时间坐标零点从$t=0$移到$t=t_2$这一时刻上，因此退饱和的初始条件是

$$n(0)=n^*,\ I_d(0)=I_{dm}$$

正是由于初始条件不同，导致退饱和的超调量不会等于表2-6所示的典型Ⅱ型系统跟随性能指标中的超调量。

但是，按照上面新的初始条件求解过渡过程还是比较麻烦的，如果把退饱和过程与同一系统在负载扰动下的过渡过程做对比，发现两者之间的相似之处，就可以找到一条计算退饱和超调量的捷径。首先将图2-54(b)中的坐标原点从O点移到O'点，也就是假定按典型Ⅱ型系统运行的转速环，在$I_d=I_{dm}$、$n=n^*$稳定运行，突然将负载由I_{dm}减小到I_{dL}，转速会产生一个动态速升与恢复的过程，这样的突卸负载速升过程也就是退饱和转速超调过程。

按照前面所述，转速调节器ASR应采用PI调节器，与之对应的转速环动态结构框图为图2-55(a)所示，再考虑到实际转速与给定转速的差值$\Delta n=n-n^*$，则转速退饱和超调时的动态结构图为图2-55(b)，初始条件转化为

$$\Delta n(0)=0,\ I_d(0)=I_{dm}$$

由于图中的给定信号为零，可将其略去，而把Δn的负反馈作用反映到主通道第一个环节的输出量上来，得图2-55(c)，为了保持各量间的加减关系不变，符号做相应的变化。

将图2-55(c)与讨论典型Ⅱ型系统抗扰过程所用的结构图即图2-42(b)进行比较，能够看出两者完全一样。设图2-55(b)所示的典型Ⅱ型系统在$I_d=I_{dm}$的负载下以$n=n^*$稳态运行，当$t=t_2$（即在O'点）时负载突然由I_{dm}减小到I_{dL}，转速相应会产生一个动态升速与恢复的过程，这个过程的初始条件与图2-55(b)的退饱和超调过程完全一致。因此，可以利用表2-7给出的典型Ⅱ型系统抗扰性能指标来计算退饱和超调量，只需处理好计算Δn的基准值即可。

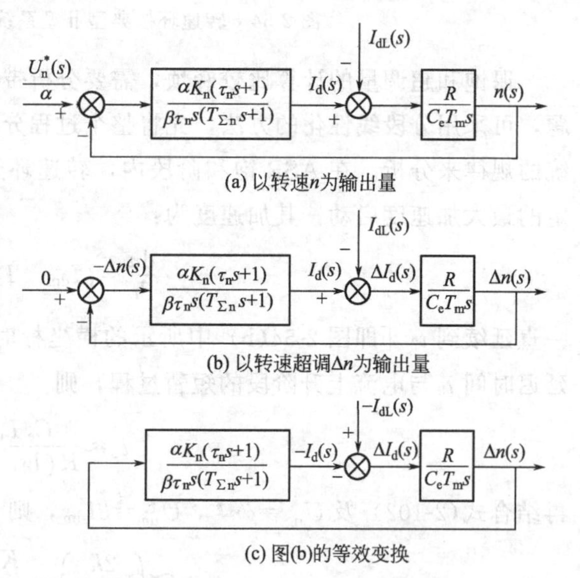

图2-55 转速环的等效动态结构图

在典型Ⅱ型系统抗扰性能指标中，根据式(2-75)，ΔC的基准值是

$$C_b=2FK_2T \tag{2-109}$$

对比图2-55(b)与图2-55(c)可知

$$K_2=\frac{R}{C_e T_m}$$

$$T=T_{\Sigma n}$$

负载变化值

$$F=I_{dm}-I_{dL}$$

所以，退饱和转速超调量 Δn 的基准值为

$$\Delta n_{\rm b}=\frac{2RT_{\Sigma n}(I_{\rm dm}-I_{\rm dL})}{C_{\rm e}T_{\rm m}} \tag{2-110}$$

令 λ 为电动机允许的过载倍数，即 $I_{\rm dm}=\lambda I_{\rm dN}$，$z$ 为负载系数，即 $I_{\rm dL}=zI_{\rm dN}$，$\Delta n_{\rm N}$ 为调速系统开环机械特性的额定稳态转速降，即 $\Delta n_{\rm N}=\frac{I_{\rm dN}R}{C_{\rm e}}$代入式(2-110) 得到

$$\Delta n_{\rm b}=2(\lambda-z)\Delta n_{\rm N}\frac{T_{\Sigma n}}{T_{\rm m}} \tag{2-111}$$

转速超调量 $\sigma_{\rm n}\%$的基准值应该是 n^*，因此退饱和超调量可以用表 2-7 所列出的$\frac{\Delta C_{\max}}{C_{\rm b}}$数据经基准值换算后得到

$$\sigma_{\rm n}\%=\left(\frac{\Delta C_{\max}}{C_{\rm b}}\%\right)\frac{\Delta n_{\rm b}}{n^*}=2\left(\frac{\Delta C_{\max}}{C_{\rm b}}\%\right)(\lambda-z)\frac{\Delta n_{\rm N}}{n^*}\times\frac{T_{\Sigma n}}{T_{\rm m}} \tag{2-112}$$

外环的响应比内环慢，这是按上述工程设计方法设计多环控制系统的特点。这样做，虽然不利于快速性，但每个控制环本身都是稳定的，对系统的组成和调试工作非常有利。

练　习　题

2-1　什么是调速范围？什么是静差率？调速范围、静态速降和最小静差率之间有什么关系？

2-2　转速单闭环调速系统有哪些特点？改变给定电压能否改变电动机的转速？为什么？如果给定电压不变，调节测速反馈电压的分压比是否能够改变转速？为什么？如果测速发电机的励磁发生了变化，系统有无克服这种干扰的能力？

2-3　静特性的本质是什么？与机械特性的联系与区别是什么？

2-4　在转速负反馈调速系统中，当电网电压、负载转矩、电动机励磁电流、电枢电阻、测速发电机励磁各量发生变化时，都会引起转速的变化，问系统对上述各量有无调节能力？为什么？

2-5　试回答下列问题：

(1) 在转速负反馈单闭环有静差调速系统中，突减负载后又进入稳态运行状态，此时晶闸管整流装置的输出电压 $U_{\rm d}$ 较之负载变化前是增加、减少还是不变？

(2) 在无静差调速系统中，突加负载后进入稳态时系统输出的转速和整流装置输出的电压是增加、减少、还是不变？

(3) 在采用 PI 调节器的单环自动调速系统中，调节对象包含有积分环节，突加给定电压后 PI 调节器没有饱和，系统到达稳速前被调量会出现超调吗？

2-6　在无静差转速单闭环调速系统中，转速的稳态精度是否还受给定电源和测速发电机精度的影响？试说明理由。

2-7　带电流截止负反馈的转速闭环系统，其输入信号中是否始终都出现电流反馈信号？若不是，请分析什么情况下有电流反馈信号？该系统的静特性有什么特点？(与不带电流截止负反馈的转速闭环系统　相比)

2-8　双闭环调速系统中，给定电压 $U_{\rm n}^*$ 不变，增加转速负反馈系数 α，系统稳定后转速反馈电压 $U_{\rm n}$是增加、减小还是不变？

2-9　为什么双闭环调速系统刚启动时转速环能马上进入饱和状态？此时系统是什么性质的？

2-10　双闭环调速系统调试时，遇到下列情况会出现什么现象？

(1) 电流反馈极性接反；

(2) 转速反馈极性接反；

(3) 启动时 ASR 未达饱和；

(4) 启动时 ACR 未达饱和。

2-11　在转速、电流双闭环调速系统中，若要改变电动机的转速，应调节什么参数？改变转速调节器的放大倍数 K_n 行不行？若要改变电动机的堵转电流，应调节系统中的什么参数？

2-12　试从下述 4 个方面来比较转速、电流双闭环调速系统和带电流截止负反馈的转速闭环系统：

(1) 调速系统的静态特性；

(2) 动态限流性能；

(3) 启动的快速性；

(4) 抗负载扰动的性能。

2-13　在双闭环调速系统中，若将外环的转速调节器改为比例调节器，或者内环的电流调节器改为比例调节器，对系统的稳态性能有何影响？

2-14　在转速、电流双闭环调速系统中，转速给定信号 U_n^* 未改变，若增大转速反馈系数 α，系统稳定后转速反馈电压 U_n 是增加还是减少？为什么？

2-15　某调速系统额定转速为 1500r/min，开环系统的静态速降为 60r/min，调速范围为 1500～500r/min，该系统开环时的静差率是多少？如要求静差率达到 2%，则闭环的开环放大倍数是多少？

2-16　某一调速系统，测得的最高空载转速为 $n_{0max}=1500$r/min，最低空载转速为 $n_{0min}=150$r/min，带额定负载时的转速降落 $\Delta n=15$r/min，且在不同转速下额定速降 Δn 不变，试问系统能够达到的调速范围有多大？系统允许的静差率是多少？

2-17　某直流调速系统的电动机额定值为：220V，17A，1450r/min，电枢电阻为 1Ω，整流装置内阻为 1Ω，触发整流电路的增益为 40，最大给定电压是 15V。采用转速负反馈单闭环有差调速系统，放大器的 $K_p=10$。当静差率 $s=2\%$ 时，其调速范围是多少？

2-18　某开环系统，其 $n_N=1000$r/min，$s=50\%$，$D=10$。(1) 如改为转速负反馈系统，令其转速降为 10r/min，问此闭环系统的开环放大倍数应为多少？(2) 如仍维持 $s=50\%$，此时理论上问题 (1) 中的反馈系统的调速范围 D 是多少？

2-19　某调速系统电动机的数据为 $P_N=10$kW，$U_N=220$V，$I_N=55$A，$n_N=1000$r/min，$R_a=0.1\Omega$，若采用开环控制，且仅考虑电枢电阻的影响，试计算以下各题：(1) 额定负载下系统的静态速降 $\Delta n_N=$？(2) 要求静差率 $s=10\%$，求系统能达到的调速范围 $D=$？(3) 要求调速范围 $D=10$，系统允许的静差率 $s=$？(4) 若要求 $D=10$，$s=10\%$，则系统允许的静态速降 $\Delta n_N=$？

2-20　某调速系统的调速范围 $D=20$，额定转速 $n_N=1500$r/min，开环转速降落 $\Delta n_{Nop}=240$r/min，若要求系统的静差率由 10%减少到 5%，则系统的开环增益将如何变化？

2-21 一调速系统，电动机参数为：$P_N=2.2kW$，$U_N=220V$，$I_N=12.5A$，$n_N=1500r/min$，电枢电阻$R_a=1.2\Omega$，整流装置内阻$R_{rec}=1.5\Omega$，触发整流环节的放大倍数$K_s=35$，要求系统满足调速范围$D=20$，静差率$s\leqslant10\%$。(1) 计算开环系统的静态速降Δn_{Nop}和调速要求所允许的闭环静态速降Δn_{cl}。(2) 当$U_n^*=15V$，$I_d=I_N$，$n=n_N$则转速反馈系数α应该是多少？(3) 计算放大器所需的放大倍数；(4) 画出闭环系统的静态结构框图。

2-22 双闭环调速系统的ASR和ACR均采用PI调节器，设系统的最大给定电压$U_{nm}^*=15V$，转速调节器的限幅值是4V，已知$I_N=20A$，$n_N=1000r/min$，电枢回路总电阻$R=2\Omega$，$C_e=0.127V\cdot min/r$，电流过载倍数为2，触发整流环节的放大倍数$K_s=20$。试求：当系统稳定运行在$U_n^*=5V$、$I_{dl}=10A$时，n、U_n、U_i^*、U_i和U_c的值。

2-23 在转速、电流双闭环调速系统中，两个调节器ASR、ACR均采用PI调节器。已知参数：电动机：$P_N=3.7kW$，$U_N=220V$，$I_N=20A$，$n_N=1000r/min$，电枢回路总电阻$R=1.5\Omega$，设$U_{nm}^*=U_{im}^*=U_{cm}^*=8V$，电枢回路最大电流设定为：$I_{dm}=40A$触发整流环节的放大倍数$K_s=40$。试求：(1) 电流反馈系数和转速反馈系数；(2) 当电动机在最高转速发生堵转时的U_{d0}、U_i^*、U_i、U_c的值。

2-24 在转速、电流双闭环调速系统中，调节器ASR、ACR均采用PI调节器。当ASR输出达到$U_{im}^*=8V$时，主电路电流达到最大电流80A，当负载电流由40A增加到70A时，试问 (1) U_i应如何变化？(2) U_c应如何变化？由哪些条件决定？

2-25 有一个闭环系统，其控制对象的传递函数为$W_{obj}(s)=\dfrac{k_1}{s(Ts+1)}=\dfrac{10}{s(0.02s+1)}$要求校正为典型Ⅱ型系统，在阶跃输入下系统的超调量$\sigma\leqslant30\%$（按线性系统考虑）。试决定调节器结构，并选择其参数。

2-26 某反馈控制系统已校正成典型Ⅰ型系统。已知时间常数$T=0.1s$，要求阶跃响应超调量$\sigma\leqslant10\%$。(1) 求系统的开环增益；(2) 计算过渡过程时间t_s和上升时间t_r；(3) 如果要求上升时间$t_r<0.25s$，则$K=?$ $\sigma=?$

2-27 某系统调节对象的传递函数为$W_{obj}(s)=\dfrac{10}{(0.25s+1)(0.02s+1)(0.005s+1)}$，将其校正成为典型Ⅰ型系统，要求校正后$\omega_c=14.5s^{-1}$。试决定调节器结构及其参数。

2-28 有一个系统，其控制对象的传递函数为$W_{obj}(s)=\dfrac{k_1}{\tau s+1}=\dfrac{10}{0.01s+1}$，要求设计一个无静差系统，在阶跃输入下系统超调量$\sigma\leqslant5\%$（按线性系统考虑）。试决定调节器结构，并选择其参数。

2-29 有一个闭环系统，其控制对象的传递函数为$W_{obj}(s)=\dfrac{18}{(0.25s+1)(0.005s+1)}$，要求用调节器分别将其校正为典型Ⅰ和Ⅱ型系统，求调节器的结构与参数。

2-30 有一转速、电流双闭环调速系统，主电路采用三相桥式整流电路。已知电动机参数为：$P_N=555kW$，$U_N=750V$，$I_N=760A$，$n_N=375r/min$，电动势系数$C_e=1.82V\cdot min/r$，电枢回路总电阻$R=0.14\Omega$，允许电流过载倍数$\lambda=1.5$，触发整流环节的放大倍数$K_s=75$，电磁时间常数$T_l=0.031s$，机电时间常数$T_m=0.112s$，电流

反馈滤波时间常数 $T_{oi}=0.002s$，转速反馈滤波时间常数 $T_{on}=0.02s$。设调节器输入输出电压 $U_{nm}^*=U_{im}^*=U_{cm}=10V$，调节器输入电阻 $R_0=40k\Omega$。设计指标：稳态无静差，电流超调量 $\sigma_i\leqslant 5\%$，空载启动到额定转速时的转速超调量 $\sigma_n\leqslant 10\%$。电流调节器已按典型Ⅰ型系统设计，并取参数 $KT=0.5$。问题：(1) 选择转速调节器结构，并计算其参数；(2) 计算电流环的截止频率 ω_{ci} 和转速环的截止频率 ω_{cn}，并考虑它们是否合理。

2-31 在一个转速、电流双闭环 V-M 系统中，转速调节器 ASR、电流调节器 ACR 均采用 PI 调节器。

(1) 在此系统中，当转速给定信号最大值 $U_{nm}^*=15V$ 时，$n=n_N=1500r/min$；电流给定信号最大值 $U_{im}^*=10V$ 时，允许最大电流 $I_{dm}=30A$，电枢回路总电阻 $R=2\Omega$，晶闸管装置的放大倍数 $K_s=30$，电动机额定电流 $I_N=20A$，电动势系数 $C_e=0.128V\cdot min/r$。现系统在 $U_n^*=5V$，$I_{dl}=20A$ 时稳定运行。求此时的稳态转速 $n=$？ACR 的输出电压 $U_c=$？

(2) 当系统在上述情况下运行时，电动机突然失磁（$\Phi=0$），系统将会发生什么现象？试分析并说明。若系统能够稳定下来，则稳定后 $n=$？$U_n=$？$U_i=$？$I_d=$？$U_c=$？

(3) 该系统转速环按典型Ⅱ型系统设计，且按 M_{min} 准则选择参数，取中频宽 $h=5$，已知转速环小时间常数 $T_{\Sigma n}=0.05s$，求转速环在跟随给定作用下的开环传递函数，并计算出放大系数及各时间常数。

(4) 该系统由空载（$I_{dL}=0$）突加额定负载时，电流 I_d 和转速 n 的动态过程波形是怎样的？已知机电时间常数 $T_m=0.05s$，计算其最大动态速降 Δn_{max} 和恢复时间 t_v。

2-32 在转速、电流双闭环调速系统中，电动机拖动恒转矩负载在额定工作点正常运行，现因某种原因使电动机励磁电源电压突然下降一半，系统工作情况将会如何变化？写出 U_i^*、U_c、U_{d0}、I_d、n 在系统重新进入稳定后的表达式。

2-33 有一双闭环 VT-M 调速系统，采用三相桥式全控整流电路，整流变压器采用 d，y 联结，二次相电压有效值 $U_2=110V$，主电路在最小电流为 $10\%I_N$ 时仍能连续。已知电动机参数为：Z2-61 型，$P_N=10kW$，$U_N=220V$，$I_N=53.5A$，$n_N=1500r/min$，电动机的 $GD_d^2=5.5N\cdot m^2$。又 $U_{nm}^*=10V$，$U_{im}^*=U_{ctm}=8V$。要求对电网扰动和负载扰动有较好的抗扰性，试设计 ACR 和 ASR 的参数。

第 3 章　可逆、弱磁控制的直流调速系统

本章主要探讨可逆直流调速系统与弱磁控制的直流调速系统。可逆调速系统部分的内容主要围绕正转和反转、正组和反组、整流和逆变、电动和制动这几对矛盾展开讨论。3.1 节介绍直流调速系统的可逆线路，对于 V-M 系统的可逆问题包括主电路的可逆线路、晶闸管装置的逆变与回馈、可逆线路的环流及其控制系统，无环流可逆调速系统的组成及原理等，有环流系统着重总结配合控制规律，分析制动过程的两大阶段和反组制动的三个子阶段，无环流系统着重对逻辑控制无环流系统的原理和实际问题进行分析；3.2 节介绍弱磁控制的直流调速系统，在转速、电流双闭环调速系统的基础上增设电动势控制环和励磁电流控制环，以控制直流电动机的气隙磁通，实现弱磁升速。

3.1　可逆直流调速系统

直流调速系统具有良好的静、动态性能，但由于晶闸管的单向导电性，这样的系统不能施加反向电压，不具备制动功能，只能单方向运行，是不可逆调速系统。这种调速系统不能满足需要正、反转的生产机械的要求，以及快速制动要求，比如可逆轧机、龙门刨床等要求速度控制系统能够实现快速的正反转，以提高质量与产量；又如开卷机、剪切机等要求系统能快速减速与快速停车。将上述生产机械的要求综合起来，就是需要电动机不仅要能够提供正向电动力矩，还能产生制动与反向电动的力矩，具有四象限运行的特性，如图 3-1 所示。这种可以制动与反向的调速系统称为可逆的调速系统。

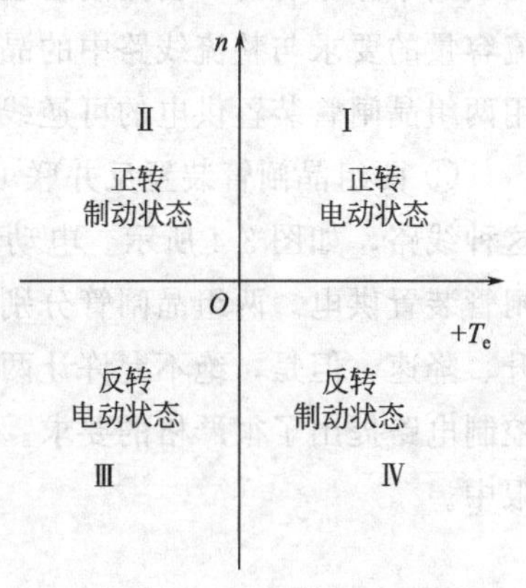

图 3-1　调速系统的四象限运行

3.1.1　直流调速系统可逆线路的组成

由直流电动机的电磁转矩公式 $T_e = C_m \Phi I_d$ 可知，改变电枢电流的方向，即改变电枢电压的极性，或者改变励磁磁通的方向，即改变励磁电流的方向，都可以改变转矩的方向，与此对应，晶闸管-电动机直流调速系统的可逆线路就有两种，即电枢反接可逆线路与励磁反接可逆线路。

(1) 电枢反接可逆线路

电枢反接可逆线路的形式有多种，这里介绍如下 3 种方式，不同的生产机械可根据各自的要求来选择。

① 接触器开关切换的可逆线路　对于经常处于单方向运行偶尔才需要反转的生产机械，比如地铁列车的倒车，可以沿用通常的晶闸管-电动机系统，即只用一组晶闸管整流装置给电动机供电，需要反转时，再用接触器切换加在电动机上的整流电压的极性，如图 3-2（图中略去了励磁绕组）所示。这种线路的可逆系统在运行过程中，晶闸管整流装置的输出电压 U_d 极性始终保持上“＋”下“－”不变，当正向接触器 KMF 闭合时，电动机承受的是正向

电压，电枢电流为正，电动机正转；如果反向接触器 KMR 闭合，电动机承受的是反向电压，电枢电流为负，电动机反转。

接触器切换可逆线路的优点是仅需一组晶闸管装置，简单、经济。缺点是有触点切换，开关寿命短；需自由停车后才能反向，时间长。该线路主要用于不经常正反转的生产机械。

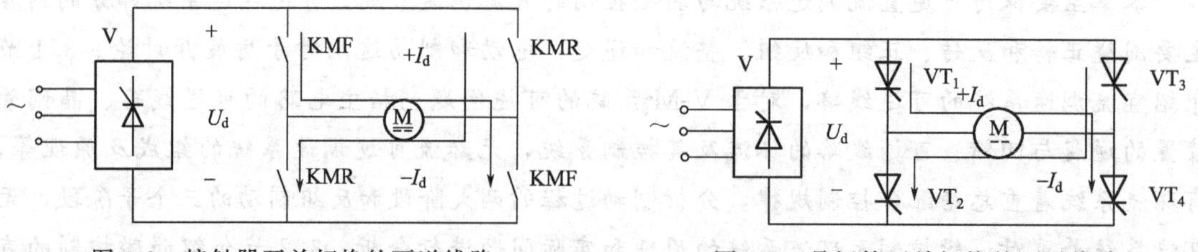

图 3-2　接触器开关切换的可逆线路　　　　图 3-3　晶闸管开关切换的可逆线路

② 晶闸管开关切换的可逆线路　为了克服有触点接触器的缺点，往往用无触点的晶闸管开关来代替接触器，如图 3-3 所示。当 VT_1、VT_4 晶闸管开关导通时，电动机正转；当 VT_2、VT_3 晶闸管开关导通时，电动机反转。

这种可逆线路比较简单，工作可靠性比较高，通常用于中小容量的可逆拖动系统。但是此线路中除原有的一套晶闸管装置外，还需要有当作开关使用的四个晶闸管，对其耐压和电流容量的要求与整流线路中的晶闸管一样高，所以，从经济投入上而言，与下面要讨论的采用两组晶闸管装置供电的可逆线路比较，并没有明显地节省。

③ 两组晶闸管装置反并联可逆线路　对于要求频繁正反转的生产机械，经常采用的是这种线路，如图 3-4 所示。电动机正转时，由正组晶闸管装置 VF 供电；反转时，由反组晶闸管装置供电。两组晶闸管分别由两套触发装置控制，都能灵活地控制电动机的启、制动和升、降速，但是，绝不允许让两组晶闸管同时处于整流状态，否则将造成电源短路，因此对控制电路提出了很严格的要求。正、反向运行时，拖动系统的机械特性处在第一、三两个象限中。

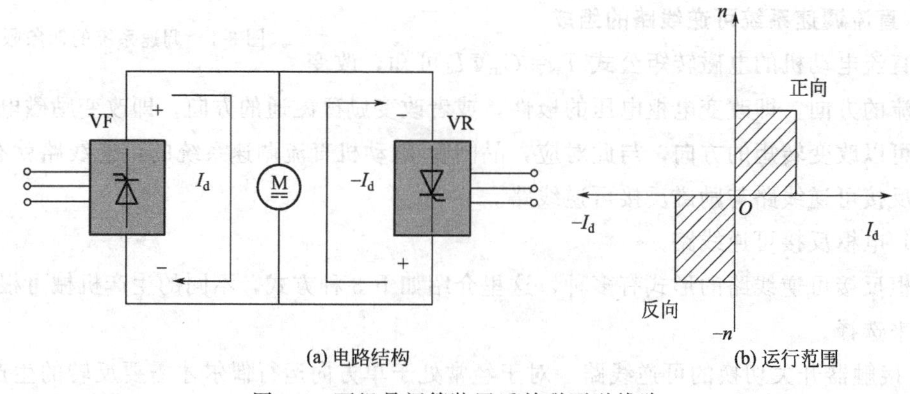

(a) 电路结构　　　　(b) 运行范围

图 3-4　两组晶闸管装置反并联可逆线路

（2）励磁反接可逆线路

改变励磁电流的方向也能使电动机改变转向。与电枢反接可逆线路一样，可以采用接触器开关或晶闸管开关切换方式，也可采用两组晶闸管反并联供电方式来改变励磁方向。图

3-5画出了一种采用晶闸管实现励磁反接的可逆线路，电动机电枢用一组晶闸管装置供电，励磁绕组由另外的两组晶闸管装置供电，其工作原理与前面的电枢反接可逆线路类似。由于励磁功率小，约占电动机额定功率1%～5%，显然用于反接励磁的晶闸管装置容量小，这对于大容量电动机可逆拖动系统而言，投资较少，在经济上比较便宜。

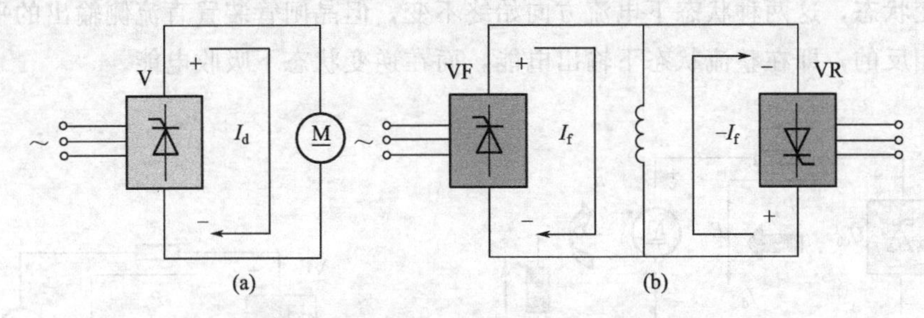

图3-5　晶闸管反并联励磁反接可逆线路

但是，根据电动机结构情况，励磁绕组的电感远大于电枢绕组的电感，导致励磁反向的过程要比电枢反向慢得多，比如，一些大容量的电机，励磁时间常数可达几秒，如果任其自然地衰减或增大，那么励磁电流反向所需要的时间可能在10s以上。为了尽可能快地促使励磁反向，通常采取强迫法，即在励磁反向过程中，加2～5倍的反向励磁电压，强迫励磁电流迅速改变方向，当达到所需数值时，再立即将励磁电压降到正常值。还需要注意的是，在反向过程中，当励磁电流由额定值下降到零期间，如果电枢电流依然存在，电动机会出现弱磁升速的现象，直接影响到生产工艺，是不允许的。为了消除这一现象，应该保证在磁通减弱时电枢电流也回零，从而避免产生按原来方向的转矩。上述这些要求和现象无疑增加了励磁反接控制系统的复杂性，因此，励磁反接可逆系统比较适合于对快速性要求不高，正、反转不太频繁的大容量电动机的拖动，例如卷扬机、电力机车等。

3.1.2　直流调速回馈系统

对于类似电梯这样的位能性负载，其特点是在运动过程中，若不计空载损耗的影响，负载转矩恒定，如图3-6(c)所示，以大小为T_L、贯穿于Ⅰ、Ⅳ象限的直线表示。直流调速系统如果拖动这一类负载，无论做正向还是反向运动，电动机的电磁转矩大小与方向都不变，与T_L相等，并分成正转（电动状态）与反转（制动状态）两种运行状态。在图3-1所示的坐标系中，调速系统若工作在第Ⅰ、Ⅳ象限，电磁转矩（或电枢电流）的方向始终不变，那么单组晶闸管装置供电的VT-M系统完全可以承担此类负载的可逆工作。

在由单组晶闸管组成的全控整流电路中，如图3-6(a)所示，当其控制角$\alpha<90°$时，平均整流电压U_d为正，且理想空载电压$U_{d0}>E$（E为电动机的反电动势），所以能输出整流电流I_d，使电动机产生电磁转矩做电动运行，提升重物，此时电能从交流电网经晶闸管装置传送给电动机，晶闸管装置处于整流状态，整个调速系统运行于图3-6(c)所示的第Ⅰ象限。当$\alpha>90°$时，使得U_d为负，晶闸管装置将无法输出电能，电动机不能产生提升重物的转矩，但在重物的作用下，电动机将被迫反转，感生反向的电动势$-E$，其极性标在图3-6(b)中，当$|E|>|U_{d0}|$时，能产生与图3-6(a)中同方向的电流，这样产生的转矩与提升重物时同方向，但由于此时电动机是下放重物，所以这个转矩起制动作用，阻止重物因自由落体而下降得太快。这时电动机相当于一台由重物拖动起来的发电机，将重物的位能转化为

电能，通过晶闸管装置回馈给交流电网，此时晶闸管装置本身处于逆变状态，整个调速系统运行于图 3-6(c) 所示的第Ⅳ象限。

用单组晶闸管装置供电的 VT-M 系统拖动位能性负载时，若能实现 VT 的控制角在 $\alpha_{min}\sim\alpha_{max}$（一般为 30°～150°）内连续可调，则该晶闸管装置既可以工作在整流状态又可以工作在逆变状态，这两种状态下电流方向始终不变，但晶闸管装置直流侧输出的平均电压的极性却是相反的，即在整流状态下输出电能，而在逆变状态下吸收电能。

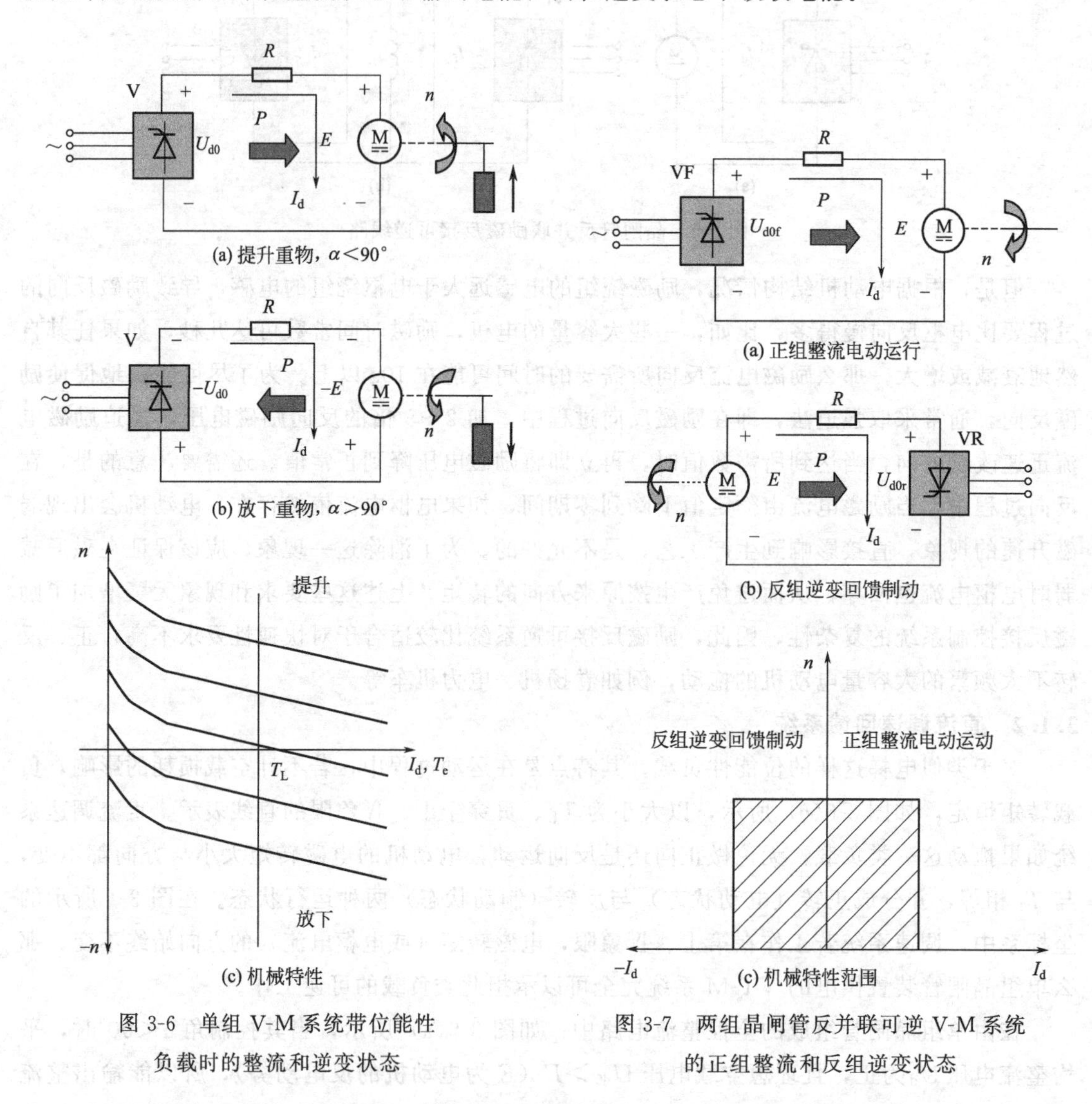

图 3-6　单组 V-M 系统带位能性负载时的整流和逆变状态

图 3-7　两组晶闸管反并联可逆 V-M 系统的正组整流和反组逆变状态

当要求直流电动机能工作在正、反向两种电动状态时，电动机需要产生正向或者反向的电磁转矩，这就需要改变电枢电流方向来改变电磁转矩，由于晶闸管的单向导电性，一组晶闸管装置供电的 VT-M 系统已不适用，需要采用两组晶闸管装置，使电动机既可以运行在第Ⅰ、Ⅲ象限，也可以运行在第Ⅱ、Ⅳ象限。如图 3-7(a) 所示，当电动机工作在第Ⅰ象限的电动状态时，由正组晶闸管 VF 整流后供电，能量是从电网通过 VF 输入到电动机内，这与前述的单组晶闸管整流运行状态一样。当需要电动机迅速减速或者停车时，最经济的办法就是采用回馈制动，此时由于电动机反电动势的极性仍为原来的状态，必须产生反向的电流

$-I_d$才能回馈电能，这一反向电流不能在原来的正组晶闸管装置VF流通，而是利用控制电路切换到反组晶闸管装置VR上，并使VR工作在逆变状态，产生图3-7(b)所示极性的逆变电压，当$E>|U_{d0r}|$时，便能产生反向电流$-I_d$流过VR，带动整个VT-M系统工作在第Ⅱ象限，才能实现电动机的回馈制动。图3-7(c)表示出了上述的电动运行及回馈制动运行的范围。

如果电动机原先工作在第Ⅲ象限的反转状态，那么，调速系统是利用反组晶闸管VR实现整流电动运行，利用正组晶闸管VF实现回馈制动。

因此，在可逆调速系统中，正转运行时可利用反组晶闸管实现回馈制动，反转运行时同样可以利用正组晶闸管实现回馈制动，归纳起来，可将可逆线路正反转时晶闸管装置和电动机的工作状态列于表3-1中。

表3-1　V-M系统反并联可逆线路的工作状态

V-M系统的工作状态	正向运行	正向制动	反向运行	反向制动
电枢端电压极性	+	+	−	−
电枢电流极性	+	−	−	+
电动机旋转方向	+	+	−	−
电动机运行状态	电动	回馈发电	电动	回馈发电
晶闸管工作的组别和状态	正组、整流	反组、逆变	反组、整流	正组、逆变
机械特性所在象限	Ⅰ	Ⅱ	Ⅲ	Ⅳ

注：表中各量的极性均以正向电动运行时为“+”。

即使对于不要求电动机反转的不可逆的调速系统，只要是需要快速的回馈制动，常常也采用两组反并联的晶闸管装置，由正组提供电动运行所需的整流供电，反组只提供逆变制动。这时，两组晶闸管装置的容量大小可以不同，反组只在短时间内给电动机提供制动电流，并不提供稳态运行的电流，实际采用的容量可以小一些。

3.1.3　可逆直流调速系统中的环流

(1) 环流现象及其种类：

采用两组晶闸管反并联的可逆VT-M系统虽然解决了电动机的正、反转运行和回馈制动问题，但是，如果两组装置的整流电压同时出现，便会产生不流过负载而直接在两组晶闸管之间流通的短路电流，称作环流，如图3-8中所示的电流I_c。一般地说，这样的环流对负载无益，却徒然加重晶闸管和变压器的负担，白白消耗功率，环流太大时甚至还会导致晶闸管损坏，因此对这一环流现象必须予以抑制或消除。

在不同情况下，可逆线路会出现下列不同性质的环流：

静态环流——当两组晶闸管构成的可逆线路在一定控制角下稳定工作时，出现的环流称为静态环流，其中，由晶闸管装置输出的直流平均电压差所产生的环流称作直流平均环流；而两组晶闸管输出的直流平均电压差虽为零，但因电压波形不同会存在瞬时电压差，这一电压差仍会产生脉动的环流，称作瞬时脉动环流。

动态环流——系统稳态运行时不存在，而仅当可逆VT-M系统处于过渡过程中出现的环流，称为动态环流。

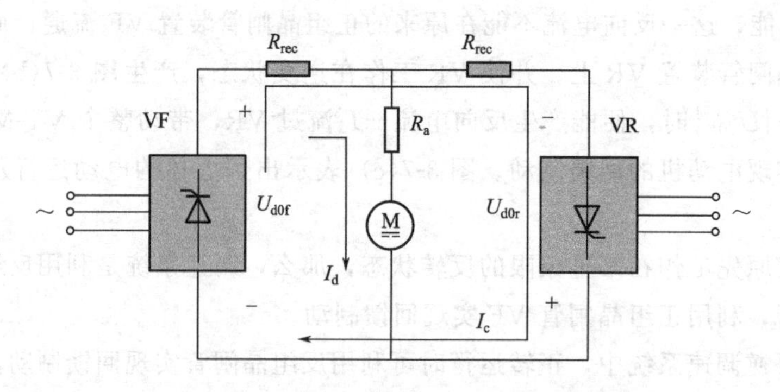

图 3-8　反并联可逆 V-M 系统中的环流

I_d—负载电流；I_c—环流；R_{rec}—整流装置内阻；R_a—电枢电阻

以下仅分析讨论静态环流，动态环流需要在分析很具体的可逆调速系统时才能讨论。

（2）直流平均环流及其处理

由图 3-8 可以看出，如果让正组 VF 和反组 VR 都处于整流状态，两组的直流平均电压正负相连，必然产生较大的直流平均环流。但是，如果让正组处于整流状态，其整流电压 U_{d0f} 为正的同时，强迫让反组处于逆变状态，使其输出的电压 U_{d0r} 为负，且幅值与 U_{d0f} 相等，就会使逆变电压 U_{d0r} 把整流电压 U_{d0f} 给顶住，那么直流平均环流为零。于是有

$$U_{d0r}=-U_{d0f}$$

由式(1-2) 可以得到

$$U_{d0f}=U_{d0max}\cos\alpha_f$$

$$U_{d0r}=U_{d0max}\cos\alpha_r$$

其中 α_f 和 α_r 分别为 VF 和 VR 的控制角。由于两组晶闸管装置相同，两组的最大输出电压 U_{d0max} 是一样的，因此，当要求直流平均环流为零时，应有

$$\cos\alpha_r=-\cos\alpha_f$$

或

$$\alpha_r+\alpha_f=180° \tag{3-1}$$

如果反组的控制角用逆变角 β_r 表示，则

$$\alpha_f=\beta_r \tag{3-2}$$

如上所述，若按照式(3-2) 这样的条件来控制正、反两组晶闸管装置，就可以消除直流平均环流，这种处理方式称作 $\alpha=\beta$ 工作制配合控制。为了更可靠地消除直流平均环流，还可以采用 $\alpha_f>\beta_f$，使 $\cos\alpha_f<\cos\beta_f$，因此消除直流平均环流的条件应该是

$$\alpha_f\geqslant\beta_r \tag{3-3}$$

实现 $\alpha=\beta$ 配合控制比较简便的方法是，将两组晶闸管装置的触发脉冲零位都定在 90°，即当控制电压 $U_c=0$ 时，使 $\alpha_{f0}=\beta_{r0}=90°$，此时 $U_{d0f}=U_{d0r}=0$，电动机处于停止状态。对于采用同步信号为锯齿波的触发电路，移相控制特性是线性的，两组触发装置的控制特性都画在图 3-9 中，即当控制电压 $U_c=0$ 时，α_f 和 α_r 都调整在 90°，增大 U_c 时，α_f 减小而 α_r 增大，或 β_r 减小，使正组整流而反组逆变，在控制过程中始终保持 $\alpha_f=\beta_r$。反转时，则应保持 $\alpha_r=\beta_f$。采取这样的触发控制方式的电路示于图 3-10 中，它是用同一个控制电压 U_c 去控制两组触发装置，正组触发装置 GTF 由 U_c 直接控制，而反组触发装置 GTR 由 $\overline{U}_c=-U_c$ 控制，

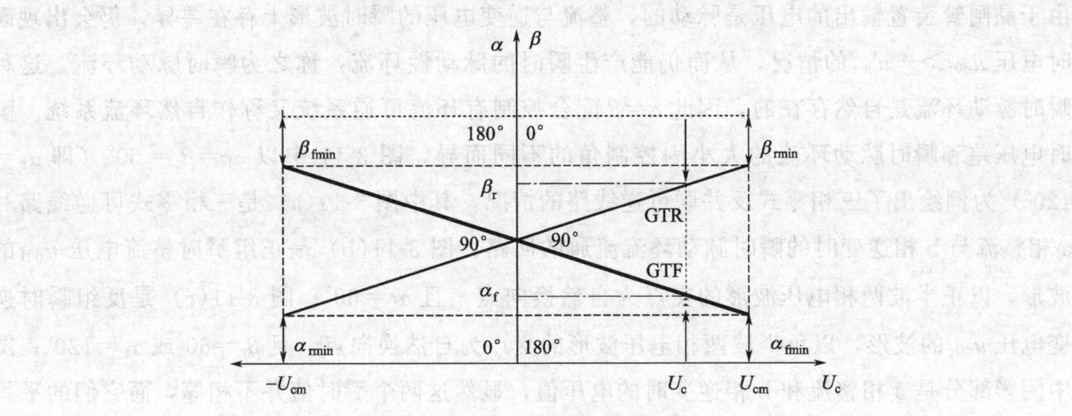

图 3-9　$\alpha=\beta$ 移相控制特性

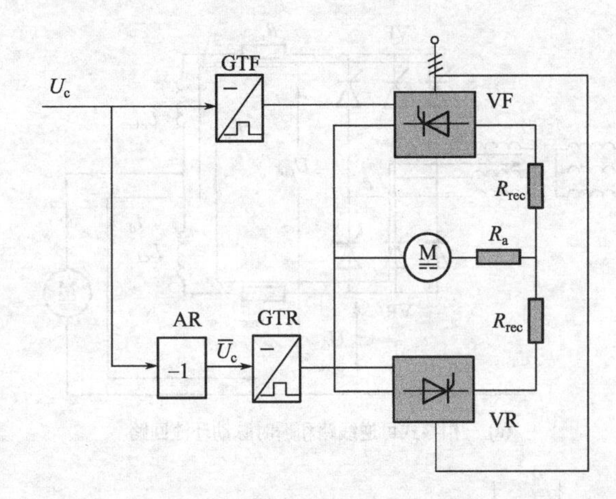

图 3-10　$\alpha=\beta$ 工作制配合控制的电路

GTF—正组触发装置；GTR—反组触发装置；AR—反号器

$\overline{U}_c$是经过反号器 AR 后获得的。

为了防止晶闸管装置在逆变状态工作中因逆变角 β 太小而导致换流失败，出现“逆变颠覆”现象，必须在控制电路中进行限幅，形成最小逆变角 β_{min} 保护。与此同时，根据式(3-3)，对 α 角也实施 α_{min} 保护，以免出现 $\alpha<\beta$ 而产生直流平均环流。通常取 $\alpha_{min}=\beta_{min}=30°$，其值视晶闸管器件的阻断时间而定。

由以上分析可知，只要实行了 $\alpha\geqslant\beta$ 配合控制，就能保证消除直流平均环流。但环流的存在也并非一无是处，只要控制得恰到好处，保证晶闸管安全工作，有少量直流平均环流并没有危害，还可以利用环流作为流过晶闸管的基本负载电流，即使在电动机空载或轻载时，也可使晶闸管装置工作在电流连续区，见图 1-3，从而避免了电流断续引起的非线性现象对系统静、动态性能的影响。不仅如此，在可逆系统存在少量环流可以保证电流的无间断反向，加快反向时的过渡过程。

(3) 瞬时脉动环流及其抑制

虽然采用 $\alpha=\beta$ 工作制配合控制方式已经消除了直流平均环流，但是这样的系统还是被称作“有环流”系统，其原因在于 $\alpha_f=\beta_r$ 能使 $U_{d0f}=-U_{d0r}$，这只是就电压的平均值而言的，由于晶闸管装置输出的电压是脉动的，整流与逆变电压的瞬时波形上存在差异，仍会出现瞬时电压 $u_{d0f} > -u_{d0r}$ 的情况，从而仍能产生瞬时的脉动性环流，称之为瞬时脉动环流。这种瞬时脉动环流是自然存在的，因此 $\alpha=\beta$ 配合控制有环流可逆系统又称作自然环流系统。瞬时电压差和瞬时脉动环流的大小因控制角的不同而异，图 3-11 中以 $\alpha_f=\beta_r=60°$（即 $\alpha_r=120°$）为例绘出了三相零式反并联可逆线路的情况，其中图 3-11(a) 是三相零式可逆线路和 a 相整流与 b 相逆变时的瞬时脉动环流流通的回路；图 3-11(b) 是正组瞬时整流电压 u_{d0f} 的波形，以正半波两相电压波形的交点为自然换向点，且 $\alpha_f=60°$；图 3-11(c) 是反组瞬时逆变电压 u_{d0r} 的波形，以负半波两相电压波形的交点为自然换向点，且 $\beta_r=60°$或 $\alpha_r=120°$；图中阴影部分是 a 相整流和 b 相逆变时的电压值，显然这两个瞬时值并不相等，而它们的平均值却相同，正组整流电压和反组逆变电压之间存在瞬时电压差 $\Delta u_{d0}=u_{d0f}-u_{d0r}$，其波形绘

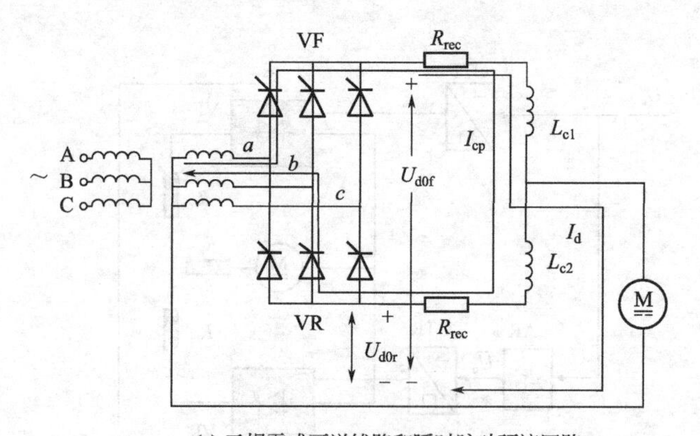

(a) 三相零式可逆线路和瞬时脉动环流回路

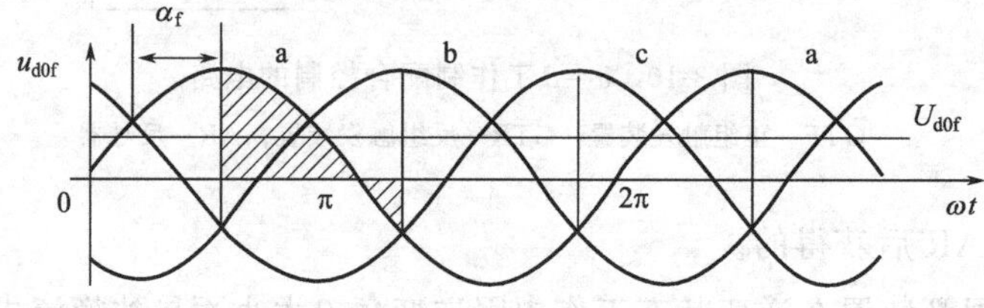

(b) α_f=60° 时整流电压 u_{d0f} 波形

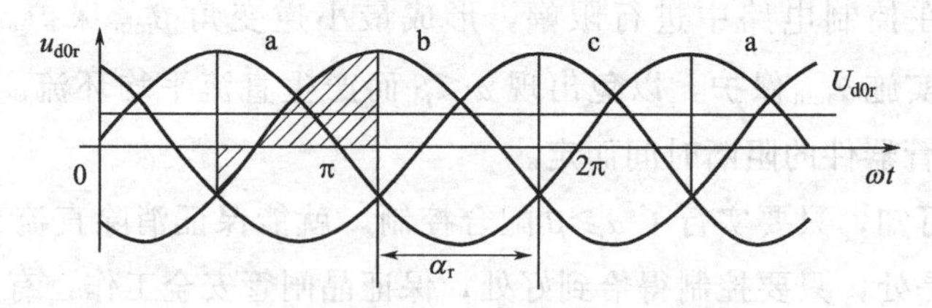

(c) β_r=60° (α_r=120°) 时逆变电压 u_{d0r} 波形

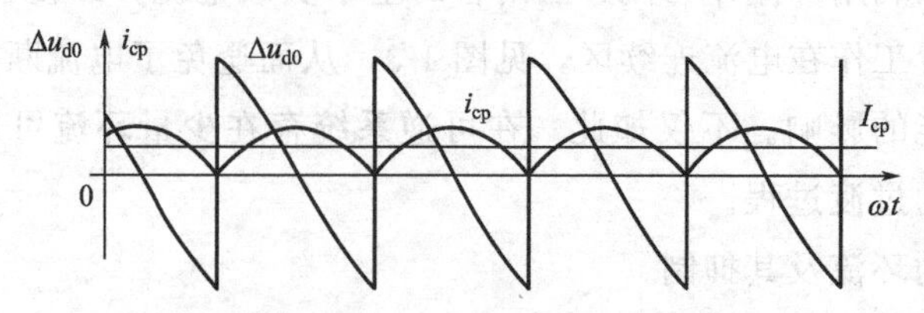

(d) 瞬时电压差 Δu_{d0} 和瞬时脉动环流 i_{cp} 波形

图 3-11　$\alpha=\beta$ 配合控制的三相零式反并联可逆线路的瞬时脉动环流（$\alpha_f=\beta_r=60°$）

于图 3-11(d)。由于这个瞬时电压差的存在，便在两组晶闸管之间产生了瞬时脉动环流 i_{cp}，其波形也绘在图 3-11(d) 中。由于晶闸管的内阻 R_{rec}很小，环流回路的阻抗主要是电感，所以 i_{cp}不能突变，并且落后于 Δu_{d0}；又由于晶闸管的单向导电性，i_{cp}只能在一个方向脉动，所以瞬时脉动环流也有直流分量 I_{cp}［见图 3-11(d)］，但这个直流分量 I_{cp}与平均电压差所产生的直流平均环流在性质上是根本不同的。

尽管直流平均环流可以用 $\alpha \geqslant \beta$ 配合控制消除，而瞬时脉动环流却是自然存在的。为了抑制瞬时脉动环流，不让它太大，可在环流回路中串入电抗器，称为环流电抗器或均衡电抗器，如图 3-11(a) 中所示的 L_{c1}和 L_{c2}，其环流电抗的大小可以按照把瞬时环流的直流分量 I_{cp}限制在负载额定电流的 5%～10%来设计。三相零式反并联可逆线路必须在正、反两个回路中各设一个环流电抗器，因为其中总有一个电抗器会因流过直流负载电流而饱和，失去限流作用。例如在图 3-11(a) 中当正组 VF 整流时，负载电流 I_d流过环流电抗器 L_{c1}，导致其铁芯饱和，电感值大为降低，无法起滤波作用，环流 i_{cp}只能依靠设在逆变回路中的环流电抗器 L_{c2}来限制。同理，当反组 VR 整流时，只能依靠 L_{c1}限制环流。又如在三相桥式反并联可逆线路中，由于每一组桥又有两条并联的环流通道，如上所述，这种可逆线路总共要设置四个环流电抗器，见图 3-12 中的 L_{c1}、L_{c2}、L_{c3}和 L_{c4}。图中在电枢回路中还有一个体积更大的平波电抗器 L_d，在流过较大的负载电流时，环流电抗器会饱和，而 L_d体积大，可以不饱和，从而发挥滤平瞬时脉动电流波形的作用。

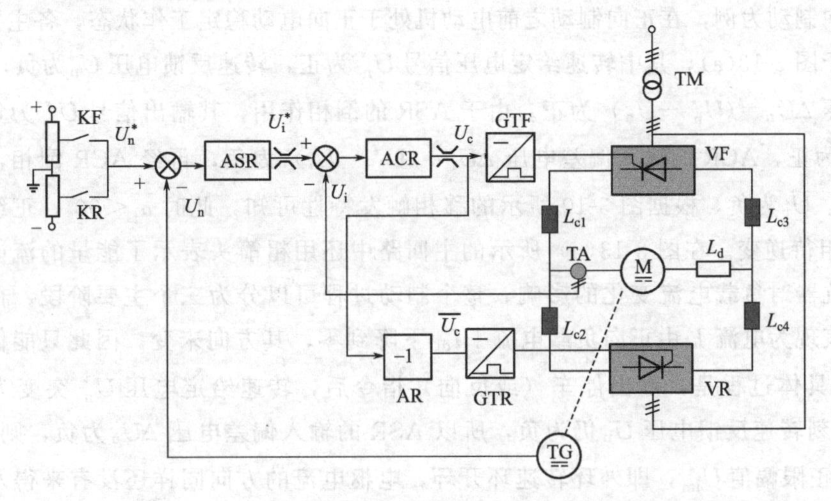

图 3-12　$\alpha=\beta$ 配合控制的有环流可逆 V-M 系统原理框图

(4) $\alpha=\beta$ 配合控制有环流可逆调速系统及其制动过程

制动过程是调速系统的重要控制过程，可逆调速的首要功能就是实现理想制动效果，所以有必要单独分析制动过程。采用 $\alpha=\beta$ 配合控制的有环流可逆 VT-M 系统的原理框图示于图 3-12，图中主电路采用两组三相桥式晶闸管装置反并联的可逆线路，控制电路采用典型的转速、电流双闭环系统，转速调节器 ASR 和电流调节器 ACR 都设置了双向输出限幅，以限制最大启、制动电流和最小控制角 α_{min}与最小逆变角 β_{min}。为了在任何控制角时都保持 $\alpha_f+\alpha_r=180°$的配合关系，采用了两组完全一样的移相触发电路 GTF 与 GTR，在 GTR 之前加放大倍数为 1 的反号器 AR，以保证始终存在 $\overline{U}_c=-U_c$。根据可逆系统正反向运行的需要，给定电压U_n^*、转速反馈电压U_n、电流反馈电压U_i都应该能够反映正和负的极性，其中U_n^*的正负改变，可由继电器KF与KR的切换来实现，而电流反馈能否反映极性是需要注意的重要细节，图中的电流互感器采用霍尔变换器可以满足这一要求，其他环节，如转速反馈，仍可沿用不可逆调速系统的装置。

$\alpha=\beta$配合控制系统的移相控制特性示于图3-9。移相时，如果一组晶闸管装置处于整流状态，另一组便处于逆变状态，这是指控制角的工作状态而言的。实际上，这时逆变组除环流外并未流过负载电流，也就没有电能回馈电网，确切地说，它只是处于“待逆变状态”，表示该组晶闸管装置是在逆变角控制下等待工作。只有在需要制动时，当发出信号改变控制角后，同时降低了U_{d0f}和U_{d0r}的幅值，一旦电动机反电动势$E>|U_{d0r}|=|U_{d0f}|$，整流组电流将被截止，电流转入另一侧电路中，逆变组才真正投入逆变工作，使电动机产生回馈制动，将电能通过逆变组回馈电网。同样，当逆变组工作时，另一组也是在等待着整流，可称作处于“待整流状态”。所以，在$\alpha=\beta$配合控制下，负载电流可以迅速地从正向到反向（或从反向到正向）平滑过渡，在任何时候，实际上只有一组晶闸管装置在工作，另一组则处于等待工作的状态。

由于$\alpha=\beta$配合控制可逆调速系统仍采用转速、电流双闭环控制，其启动和制动过渡过程都是在允许最大电流限制下转速基本上按线性变化的“准时间最优控制”过程。启动过程与不可逆的双闭环系统没有什么区别，只是制动过程有它的特点。

以正向制动为例，在正向制动之前电动机处于正向电动稳定工作状态，各主要部分的电位极性示于图3-13(a)，其中转速给定电压信号U_n^*为正，转速反馈电压U_n为负，ASR的输入偏差电压$\Delta U_n=(U_n^*-U_n)$为正。由于ASR的倒相作用，其输出信号U_i^*为负，电流反馈信号U_i为正，ACR的输入偏差电压$\Delta U_i=(U_i^*-U_i)$为负，再经ACR倒相，得控制电压U_c为正，$\overline{U}_c$为负，根据图3-10所示的移相触发特性可知，此时$\alpha_f<90°$，正组整流，而$\alpha_r>90°$反组待逆变。在图3-13(a)所示的主回路中还用粗箭头表示了能量的流向，并忽略了环流电抗器对负载电流变化的影响。整个制动过程可以分为三个主要阶段，在第Ⅰ阶段中，主要表现为电流I_d由正向负载电流$+I_{dL}$下降到零，其方向未变，因此只能仍通过正组VF流通。具体过程是，发出停车（或反向）指令后，转速给定电压U_n^*突变为零（或负值），而此刻转速反馈电压U_n仍为负，所以ASR的输入偏差电压ΔU_n为负，则ASR输出U_i^*跃变到正限幅值U_{im}^*，即外环转速环开环，电枢电流的方向同样还没有来得及改变，电流反馈电压信号U_i的极性仍为正，在信号$U_{im}^*+U_i$作用下，将使得ACR输出U_c跃变成负限幅值$-U_{cm}$，内环电流环也处于了开环状态，使VF由整流状态很快变成$\beta_f=\beta_{min}$的逆变状态，同时反组VR由待逆变状态转变成待整流状态，图3-13(b)中标出了此时调速系统各处电位的极性和主电路中能量的流向。在主电路中，由于VF变成逆变状态，U_{d0f}的极性变负，而电动机反电动势E极性未变，迫使负载电流I_d迅速下降，主电路总电感L迅速释放储能，企图维持正向电流，从而在L两端感应出很大的电压$L\dfrac{dI_d}{dt}$，其极性也示于图3-13(b)中，这时

$$L\frac{dI_d}{dt}-E>|U_{d0f}|=|U_{d0r}|$$

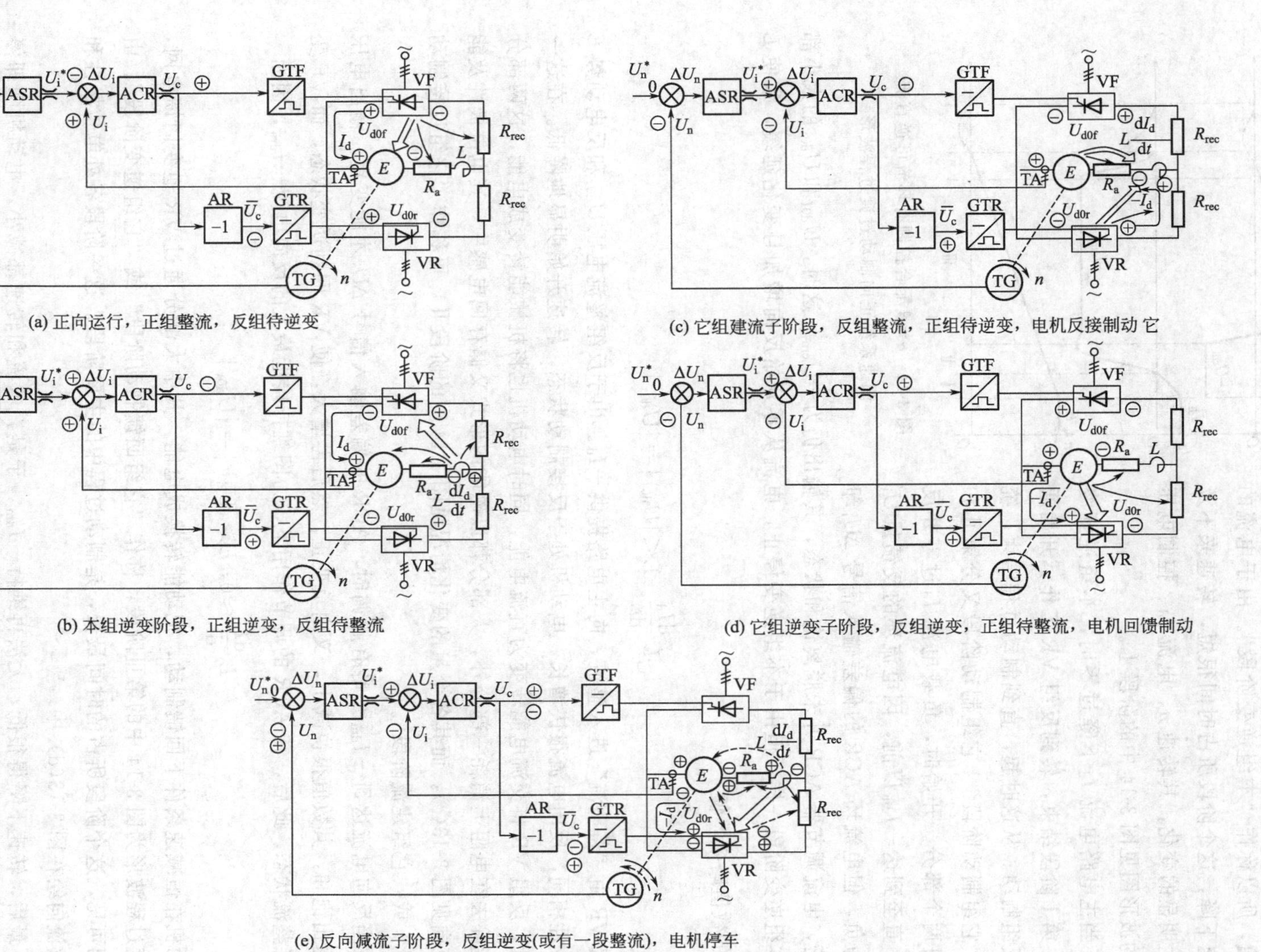

(a) 正向运行，正组整流，反组待逆变

(c) 它组建流子阶段，反组整流，正组待逆变，电机反接制动 它

(b) 本组逆变阶段，正组逆变，反组待整流

(d) 它组逆变子阶段，反组逆变，正组待整流，电机回馈制动

(e) 反向减流子阶段，反组逆变(或有一段整流)，电机停车

图 3-13　$\alpha=\beta$ 工作制配合控制的有环流可逆系统正向制动各阶段中各处电位的极性和能量流向

大部分能量通过 VF 回馈电网，负载电流仍在原来处于整流工作状态的正组晶闸管一侧的回路中流通，所以称作“本组逆变阶段”。由于电流的迅速下降，这个阶段所占时间很短，转速来不及产生明显的变化，其转速 n、电流 I_d、控制电压 U_c的波形图见图 3-14 中的阶段Ⅰ。

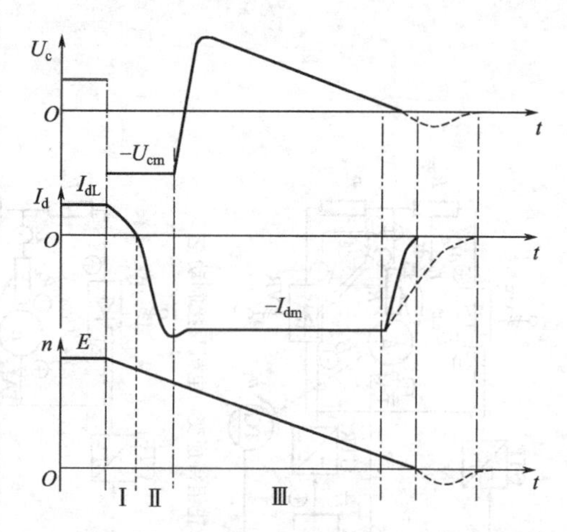

图 3-14 $\alpha=\beta$配合控制有环流可逆直流调速系统正向制动过渡过程波形

当主电路电流 I_d下降过零时，本组逆变终止，第Ⅰ阶段结束，转到反组 VR 工作，开始通过反组制动。从这时起，直到制动过程结束，统称“它组制动阶段”。它组制动阶段又分第Ⅱ和第Ⅲ两个部分。开始时，负载电流 I_d过零并反向，直至到达$-I_{dm}$以前，因电流环的反馈量 U_i虽为负，但电流环 ACR 的偏差输入信号 ΔU_i却为正，电流调节器 ACR 并未脱离饱和状态，其输出仍为$-U_{cm}$。这时，U_{d0f}和 U_{d0r}的大小都和本组逆变阶段一样，但由于本组逆变停止，电流从零开始反向增加且变化延缓，致使 $L\dfrac{dI_d}{dt}$的数值略减，使

$$L\frac{dI_d}{dt}-E<|U_{d0f}|=|U_{d0r}|$$

反组 VR 由“待整流”进入整流，向主电路提供$-I_d$。由于反组整流电压 U_{d0r}和反电动势 E 的极性相同，反向电流很快增长，电动机处于反接制动状态，转速开始明显地降低。在这一阶段，反组 VR 将交流电能转变为直流电能，同时电动机也将机械能转变成电能，这两部分电能除去在电阻上消耗一部分外，大部分都以磁能的形式又储存回电感中，其电位极性及能量流向见图 3-13(c)，而其各个量的变化情况见图 3-14 中的阶段Ⅱ，可称作“它组反接制动阶段”或“它组建流阶段”。

当反向电流达到$-I_{dm}$并略有超调时，ACR 的偏差输入信号 ΔU_i才能变负，输出电压 U_c退出饱和，其数值很快减小，又由负变正，然后再增大，使 VR 回到逆变状态，而 VF 变成待整流状态。此后，在 ACR 的调节作用下，力图维持接近最大的反向电流$-I_{dm}$，因而

$$L\frac{dI_d}{dt}\approx 0,\ E>|U_{d0f}|=|U_{d0r}|$$

电动机在恒减速条件下回馈制动，把动能转换成电能，其中大部分通过 VR 逆变回馈电网，过渡过程波形为图 3-14 中的第Ⅲ阶段，称作“它组回馈制动阶段”或“它组逆变阶段”。由该图可见，这个阶段所占的时间最长，是制动过程中的主要阶段。这一阶段各处电位极性和能量流向绘在图 3-13(d) 中。

最后，转速下降得很低，无法再维持$-I_{dm}$，于是，电流和转速都减小，电动机随即停止。在电流衰减过程中，主电路总电感 L 上的感应电压 $L\dfrac{dI_d}{dt}$支持着反向电流，并释放出储存的磁能，和电动机释放出来的动能一起通过反组 VR 逆变回馈电网，见图 3-13(e) 中粗实箭头所代表的能量流向。

如果需要在制动后紧接着反转，$I_d=-I_{dm}$ 的过程就会延续下去，直到反向转速稳定时为止。正转制动和反转启动的过程完全衔接起来，没有间断或死区，这是有环流可逆调速系统的优点，适用于要求快速正反转的系统。其缺点是需要添置环流电抗器，而且晶闸管等器件都要负担负载电流加上环流。对于大容量的系统，这些缺点比较明显，往往须采用下一小节讨论的无环流可逆调速系统。

3.1.4　无环流可逆调速系统

有环流可逆系统虽然具有反向快、过渡平滑等优点，但需要设置几个环流电抗器，消耗额外的电能。因此，当工艺过程对系统正反转的平滑过渡特性要求不很高时，特别是对于大容量的系统，常采用既没有直流平均环流又没有瞬时脉动环流的无环流控制可逆系统。按照实现无环流控制原理的不同，无环流可逆系统又有两大类：逻辑控制无环流系统和错位控制无环流系统。

当可逆系统中一组晶闸管工作时，使另一组处于完全封锁状态，从而彻底断开了环流的通路。所谓的封锁状态是指该整流装置没有触发脉冲送入，使整流装置没有导通的条件而不会有电压输出。如果用逻辑电路（硬件）或逻辑算法（软件）去封锁另一组晶闸管的触发脉冲，使它完全处于阻断状态，就可以确保两组晶闸管不同时工作，从根本上切断了环流的通路，这就是逻辑控制的无环流可逆系统。

采用配合控制的原理，当一组晶闸管装置整流时，让另一组处于待逆变状态，而且两组触发脉冲的零位错开得较远，避免了瞬时脉动环流产生的可能性，这就是错位控制的无环流可逆系统。具体地说，在 $\alpha=\beta$ 配合控制的有环流可逆系统中，两组触发脉冲的配合关系是 $\alpha_f+\alpha_r=180°$ [见式(3-1)]，$U_c=0$ 时的初始相位整定在 $\alpha_{f0}=\alpha_{r0}=90°$，从而消除了直流平均环流，但仍存在瞬时脉动环流。在错位控制的无环流可逆系统中，同样采用配合控制的触发移相方法，但两组脉冲的关系是 $\alpha_f+\alpha_r=300°$，甚至是 $\alpha_f+\alpha_r=360°$，也就是说，初始相位整定在 $\alpha_{f0}=\alpha_{r0}=150°$或 180°。这样，当待逆变组的触发脉冲来到时，它的晶闸管已经完全处于反向阻断状态，不可能导通，当然就不会产生瞬时脉动环流。关于错位控制的详细原理和波形可参看文献 [2]，鉴于目前其实际应用已经较少，本书不再详细介绍。

(1) 逻辑控制无环流可逆调速系统的组成和工作原理

逻辑控制的无环流可逆调速系统（以下简称“逻辑无环流系统”）的原理框图示于图 3-15。首先对于主电路还是采用两组晶闸管装置反并联线路，由于没有环流，不用设置环流电抗器，但为了保证稳定运行时电流波形连续，仍应保留平波电抗器 L_d。控制系统采用典型的转速、电流双闭环系统，为了便于采用不反映极性的电流检测方法，如图 3-15 中所画的交流互感器和整流器，可以为正、反向电流环分别各设一个电流调节器，1ACR 用来控制正组触发装置 GTF，2ACR 控制反组触发装置 GTR，1ACR 的给定信号 U_i^* 经反号器 AR 作为 2ACR 的给定信号 $\overline{U}_i^*$，这样可以和自然环流系统一样，触发脉冲的零位仍整定在 $\alpha_{f0}=\alpha_{r0}=90°$，移相方法仍采用 $\alpha=\beta$ 配合控制。为了保证不出现环流，设置了无环逻辑控制环节 DLC，这是系统中的关键环节，它按照系统的工作状态，指挥系统进行正、反组的自动切换，其输出信号 U_{blf} 用来控制正组触发脉冲的封锁或开放，U_{blr} 用来控制反组触发脉冲的封锁或开放，在任何情况下，两个信号必须是相反的，决不允许两组晶闸管同时开放脉冲，以确保主电路没有出现环流的可能。

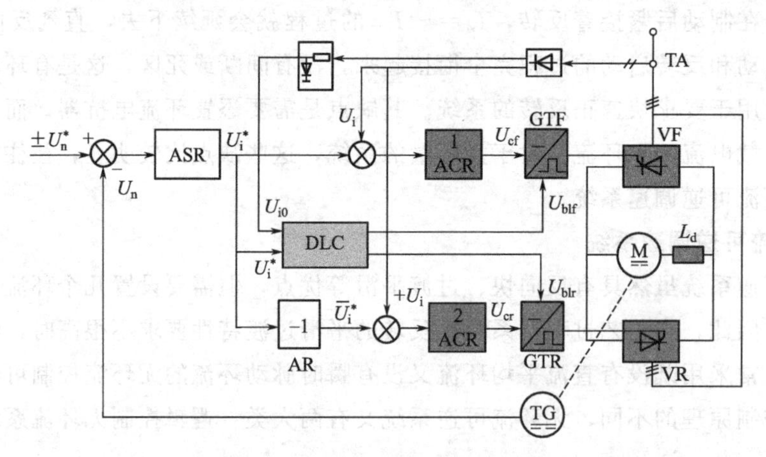

图 3-15 逻辑控制的无环流可逆调速系统

DLC—无环流逻辑控制环节

(2) 无环流逻辑控制环节

无环流逻辑控制环节 DLC，是逻辑无环流系统的关键环节，它的任务是：当需要切换到正组晶闸管 VF 工作时，封锁反组触发脉冲而开放正组脉冲；当需要切换到反组 VR 工作时，封锁正组而开放反组。当今通常采用数字逻辑电路来实现上述的控制功能，如数字逻辑电路、PLC、微机等，都可用来实现同样的逻辑控制关系。

对于逻辑控制环节，首先应该确定根据什么信息来指挥逻辑控制环节的切换动作，表面上看起来，似乎转速给定信号 U_n^* 的极性可以胜任，当 U_n^* 为正时，应开放正组 VF 工作，U_n^* 为负时，应开放反组 VR 工作。但是仔细分析一下，就能知道这样简单处理不可行。当电动机在正转运行中要制动时，$U_n^*=0$，系统要利用反组逆变来实现回馈制动，可是这时 U_n^* 并未改变极性，见图 3-14，当 $U_n^*=0$ 时，电动机进入制动过渡过程，正向负载电流开始减小，过零，然后变负，达到最大的反向制动电流。可见，能够指挥正反组晶闸管切换的关键因素是电流，再考查一下图 3-13 的控制系统可以发现，ASR 的输出信号 U_i^* 能够胜任这项工作，反转运行和正转制动都需要电动机产生负的转矩，即负向电流，U_i^* 为正，反之，正转运行和反转制动都需要电动机产生正的转矩，即正向电流，U_i^* 为负，因而 U_i^* 的极性恰好反映了电流的方向，也就是电动机电磁转矩的方向。因此，在图 3-15 中采用 U_i^* 作为逻辑控制环节的一个输入信号，称作"转矩极性鉴别信号"。

U_i^* 极性的变化只是逻辑切换的必要条件，还不是充分的条件。从有环流可逆系统制动过程的分析中可以看出这个问题，例如，当正向制动开始时，U_i^* 的极性由负变正，但当实际电流方向未变以前，仍须保持正组开放，以便进行本组逆变，只有在实际电流降到零的时候，才应该给 DLC 发出命令，封锁正组，开放反组，转入反组工作。因此，在 U_i^* 改变极性以后，还需要等到电流真正到零时，再发出"零电流检测"信号 U_{i0}，然后才能发出正、反组切换的指令，所以逻辑控制环节还需要第二个输入信号，"零电流检测"信号 U_{i0}。

如上所述，电流极性鉴别信号和零电流检测信号都是正反组晶闸管切换的前提，DLC 首先应该鉴别电流给定信号 U_i^* 的极性，当 U_i^* 由负变正，且电流回过零后，先去封锁正组，就是使 $U_{blf}=0$，然后去开放反组，也就是使 $U_{blr}=1$；反之，当 U_i^* 由正变负，且电流回过零后，则应先封锁反组（$U_{blr}=0$）再开放正组（$U_{blf}=1$）。

逻辑切换指令发出后并不能马上执行，还须经过两段延时时间，以确保系统的可靠工作，这就是：封锁延时 t_{dbl}和开放延时 t_{dt}。

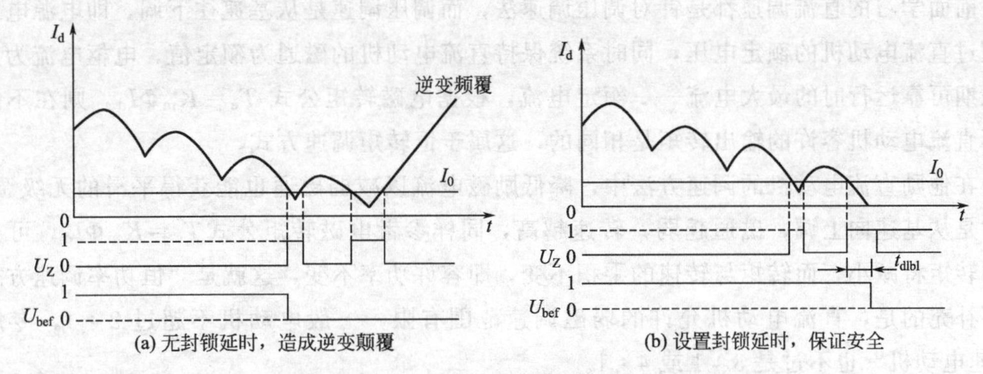

(a) 无封锁延时，造成逆变颠覆　　(b) 设置封锁延时，保证安全

图 3-16　零电流检测和封锁延时的作用

I_0—零电流检测器最小动作电流；U_Z—零电流检测器输出信号；

U_{bef}—封锁正组脉冲信号；t_{dlbl}—封锁延时时间

从发出切换指令到真正封锁掉原来工作的那组晶闸管之间应该留出来的一段等待时间叫做封锁延时。由于主电路中负载电流的实际波形是脉动的，其瞬时值忽高忽低，如图 3-16 所示，而电流检测电路发出零电流数字信号 U_{i0}时总要设一个最小动作电流 I_0，如果脉动的主电流瞬时低于 I_0就立即发出 U_{i0}信号，实际上电流却可能仍在连续地变化，这时本组正处在逆变状态，突然封锁触发脉冲将产生逆变颠覆。为了避免这种事故，在检测到零电流信号后应等待一段时间，若仍不见主电流再超过 I_0，才说明电流确已终止，再封锁本组脉冲就没有问题了。封锁延时 t_{dbl}大约需要半个到一个脉波的时间，对于三相桥式电路约为2～3ms。

从封锁本组脉冲到开放它组脉冲之间也要留一段等待时间，这是开放延时。因为在封锁触发脉冲后，根据“电力电子技术”课程中所学到的知识，已导通的晶闸管要过一段时间后才能关断，再过一段时间才能恢复阻断能力。如果在此之前就开放它组脉冲，仍有可能造成两组晶闸管同时导通，产生环流。为了防止这种事故，必须再设置一段开放延时时间 t_{dt}，一般应大于一个波头的时间，对于三相桥式电路常取 5～7ms。

最后，在逻辑控制环节的两个输出信号 U_{blf}和 U_{blr}之间必须有互相联锁的保护，决不允许出现两组脉冲同时开放的状态。用模拟电路设计 DLC 逻辑控制环节的电路原理详见参考文献［2］，现在的逻辑控制无环流可逆调速系统大多已经用微机数字控制来实现，图 3-17 绘出了逻辑控制切换程序的流程图。

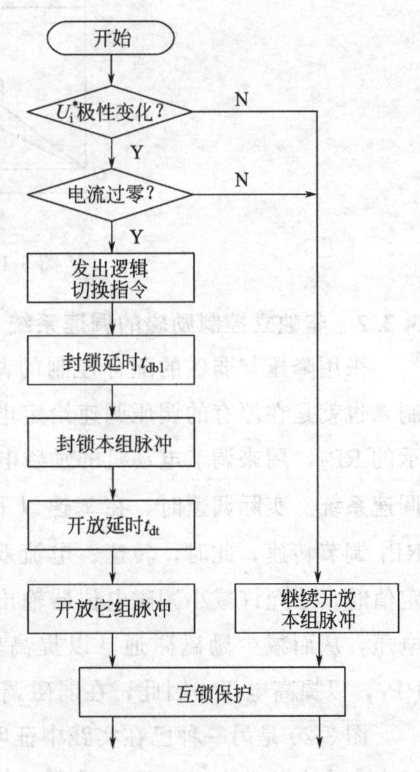

图 3-17　逻辑控制切换程序流程图

※3.2 弱磁控制的直流调速系统

3.2.1 降压与弱磁的配合控制

前面学习的直流调速都是针对调压调速法，而调压调速是从基速往下调，即电源电压不能超过直流电动机的额定电压，同时系统保持直流电动机的磁通为额定值，电枢电流为允许其长期可靠运行时的最大电流——额定电流，根据电磁转矩公式 $T_e=K_m\Phi I_d$，则在不同转速下直流电动机容许的输出转矩是相同的，这属于恒转矩调速方式。

在他励直流电动机的调速方法中，降低励磁电流以减弱磁通也能获得平滑的无级调速，此时是从基速向上调，磁通越弱，转速越高，同样参考电磁转矩公式$T_e=K_m\Phi I_d$，可见容许的转矩将减小，而转矩与转速的乘积不变，即容许功率不变，这就是“恒功率调速方式”。需要补充的是，直流电动机允许的弱磁调速范围有限，一般电动机不超过 2∶1，专用的“调速电动机”也不过是 3∶1 或 4∶1。

当负载要求的调速范围更大时，常采用变压和弱磁配合控制的办法，即在基速以下保持磁通为额定值不变，只调节电枢电压，而在基速以上则把电压保持为额定值，减弱磁通升速，这样的配合控制特性示于图 3-18 中。从图中可见，该配合控制只能在基速以上满足恒功率调速的要求，在基速以下时，输出功率会有所降低。

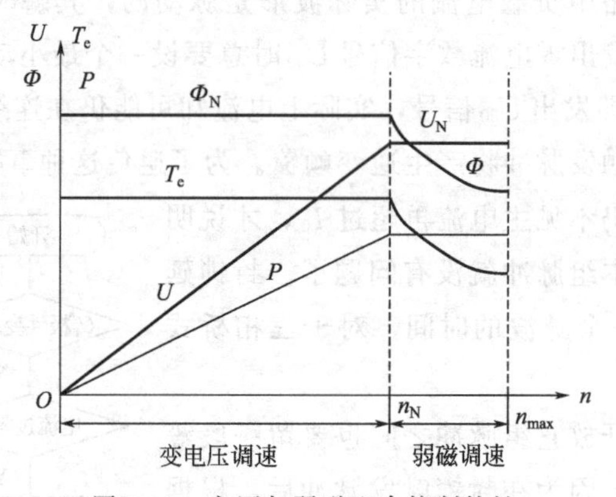

图 3-18 变压与弱磁配合控制特性

3.2.2 非独立控制励磁的调速系统

采用降压与弱磁的配合控制的调速系统，可以在原变压调速系统的基础上进行弱磁控制，也就是在原有的调压调速给定电位器之外再单独设置一个调磁电位器，如图 3-19 中所示的 RP_2，用来调节电动机的励磁电流，从而控制直流电动机的磁通，这是独立控制励磁的调速系统。实际调速时，在基速以下是调压调速，RP_2 的位置保持磁通为额定值不变，用 RP_1 调节转速，此时，转速、电流双闭环系统起控制作用；只有在电枢电压和转速达到额定值时，才允许减小调磁电位器输出的电压，实行弱磁升速，通过 RP_2 减少励磁电流给定电压，从而减少励磁磁通，以提高转速，为保持电枢电压为额定值不变，同时需要调节 RP_1，以提高电压。因此，在弱磁调速时，两个电位器必须配合调节，操作很不方便。

图 3-20 是另一种已在实践中证明很方便有效的励磁控制系统，它把调压与弱磁调节共用在一个电位器上，也可以采用其他给定装置来操作，弱磁升速靠系统内部的信号自动进

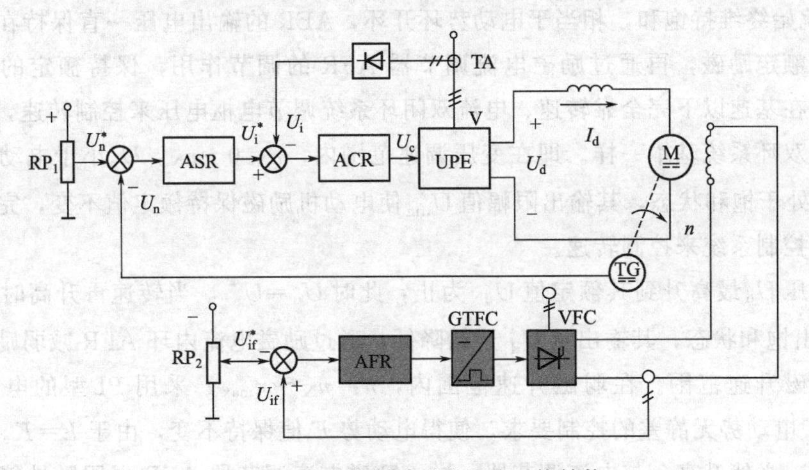

图 3-19　独立控制励磁的调速系统结构

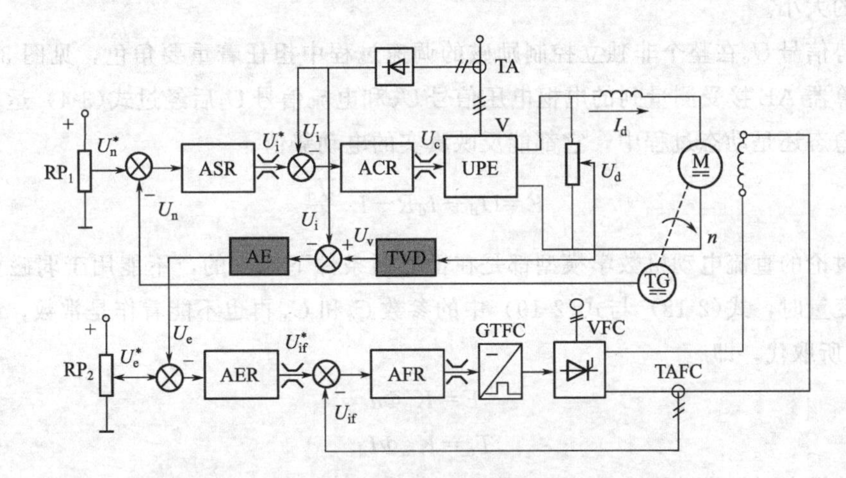

图 3-20　非独立控制励磁的调速系统

行，称这种系统为非独立控制励磁的调速系统。它是在常规的转速、电流双闭环控制系统的基础上，又增加设置了由两个控制环构成的励磁控制系统，分别是电动势环和励磁电流环，其相应的电动势调节器 AER 和励磁电流调节器 AFR 一般都采用 PI 调节器。励磁电流环是内环，它直接控制励磁电流，进而达到控制磁通的目的；电动势是外环，它实现了电枢电压与励磁的配合控制。图中的给定电位器是模拟控制系统中常用的给定装置。

这种非独立控制励磁的调速系统中，调压环节与原来的双闭环调速系统基本一致，由于很难直接检测电动机的反电动势信号 E，采用由 U_d 和 I_d 的检测信号 U_v 与 U_i，通过电动势运算器 AE，获得反电动势信号 U_e，与由基速电动势给定电位器 RP_e 给出的电动势给定信号 U_e^* 比较后，经过电动势调节器 AER，得到励磁电流给定信号 U_{if}^* 。再与励磁电流检测信号 U_{if} 比较，经过励磁电流调节器 AFR，控制电动机的励磁。

下面按基速以下和基速以上两个区域来分析调速时整个系统的工作情况。

与转速调节器 ASR 一样，电动势调节器 AER 有饱和与不饱和两种工作状态。在基速以下时，AER 的给定信号 U_e^* 设置为相当于 $E_{max}\approx(0.9\sim0.95)U_{dN}$，而电动势信号 U_e 因转速 $n<(0.9\sim0.95)n_0$，出现 $U_e<U_e^*$ 的比较结果，使得 AER 迅速饱和，只要转速在基速以

下，AER 就始终维持饱和，相当于电动势环开环，AER 的输出电压一直保持在限幅值 U_{ifm}^* 上，相当于额定励磁，再通过励磁电流调节器 AFR 的调节作用，保持额定的励磁电流不变。所以，在基速以下完全靠转速、电流双闭环系统调节电枢电压来控制转速，与前面已经学习的常规双环系统基本一样。即在变压调速范围内，$n=0\sim n_N$，U_e小于电动势给定信号 U_e^*，AER 处于饱和状态，其输出限幅值 U_{ifm}^* 使电动机励磁保持额定值不变，完全靠电枢电压的双闭环控制系统来控制转速。

电枢电压 U_d 最高升到其额定值 U_{dN} 为止，此时 $U_e=U_e^*$，当转速再升高时，$U_e>U_e^*$，使 AER 退出饱和状态，其输出量 U_{if}^* 开始降低，通过励磁电流内环 AFR 减弱励磁，系统便自动进入弱磁升速范围。在弱磁升速范围内，$n=n_N\sim n_{max}$，采用 PI 型的电动势调节器 AER 保证了电动势无静差的控制要求，使得电动势 E 值保持不变，由于 $E=K_e\Phi n$，励磁减弱后，转速 n 必然升高。与电流调节器一样，励磁电流调节器 AFR 以跟随性能为主，控制励磁电流的大小。

电动势信号 U_e 在整个非独立控制励磁的调速过程中担任着重要角色，见图 3-19，它由电动势运算器 AE 接受测量到的电枢电压信号 U_v 和电流信号 U_i 后经过式(3-4) 运算后得到，无论是在稳态还是动态过程中，它都能反映真实的电动势值。

$$E=U_d-I_dR-L\frac{dI_d}{dt} \tag{3-4}$$

前面讨论的直流电动机数学模型都是在恒磁通条件下建立的，不能用于弱磁分析过程。当磁通为变量时，式(2-18) 与式(2-19) 中的参数 C_e 和 C_m 再也不能看作是常数，而应被 $K_e\Phi$ 和 $K_m\Phi$ 所取代，即

$$E=K_e\Phi n \tag{3-5}$$

$$T_e=K_m\Phi I_d \tag{3-6}$$

原来定义的机电时间常数则应变为

$$T_m=\frac{GD^2R}{375K_eK_m\Phi^2} \tag{3-7}$$

不能再作为常数看待。可见，在基速以下的恒磁通调速时，原来采用模型线性控制设计的转速调节器 ASR 与电流调节器 ACR 仍能适用，而进入弱磁后，需要随磁通实时地改变调节器的参数，用微机数字控制实现的调压与弱磁配合控制调速，能及时改变调节器的参数，满足这种变参数的控制要求，获得良好的调速性能。

练 习 题

3-1　晶闸管-电动机系统需要快速回馈制动时，为什么必须采用可逆线路？

3-2　分析可逆调速系统拖动反抗性负载从高速制动到低速时，需经过几个象限？相应的电动机与晶闸管的状态如何？

3-3　要使三相可控整流电路工作在逆变状态的条件是什么？为什么要有最小逆变角的限制？

3-4　VT-M 系统反并联可逆线路的四种工作状态如题图 1 所示。试在图中指出整流装置是反组还是正组，给出控制角 α 的数值、整流电压 U_d 和反电动势 E 的极性、功率 P 的传递方向以及直流电流 I_d、转矩 T 和转速 n 等的方向

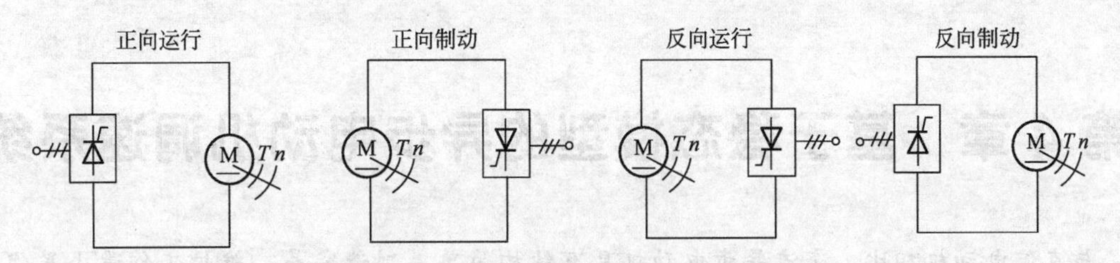

题图 3-1　反并联可逆 V-M 系统工作状态

3-5　试分析提升机构在提升重物和下放重物时，晶闸管-电动机工作状态及 α 角的控制范围。

3-6　什么叫环流？分成哪几种？各自产生的原因是什么？

3-7　可逆系统中环流的基本控制方法是什么？触发脉冲的零位整定与环流是什么关系？

3-8　请分析本组逆变阶段与它组建流子阶段期间能量转换的不同。

3-9　分析配合控制的有环流可逆系统反向启动和制动的过程。并说明在每个阶段中 ASR 和 ACR 各起什么作用，VF 和 VR 各处于什么状态。

3-10　逻辑无环流系统从高速制动到低速时，需经过几个象限？相应电动机与晶闸管状态如何？

3-11　为什么逻辑无环流系统的切换过程比配合控制的有环流可逆系统的切换过程长？这是由哪些因素造成的？延时过大或过小对系统有何影响？

3-12　正反组晶闸管子系统如何在 DLC 输出控制下进行切换？

3-13　为什么非独立励磁调速系统基速电动势整定在 90％～95％的额定值上，电动势调节器起什么作用？

3-14　独立励磁调速系统若想启动到额定转速以上，主电路电流和励磁电流应如何变化？

3-15　调压调磁系统中调压部分转速环的开环放大系数中包含磁通 Φ，因此是一个变数。如果转速调节器的参数按调压阶段来设计，在弱磁调速时，由于 Φ 减小，系统开环放大系数降低，使弱磁调速时系统动态品质变差。试设计一自适应转速调节器来克服这个缺点，简述其工作原理，画出自适应调节器电路图，并写出其传递函数。

第4章　基于稳态模型的异步电动机调速系统

与直流电动机相比，交流异步电动机具有结构简单、制造容易、维护工作量小等优点，但交流电动机的控制却比直流电动机复杂得多，早期的异步电动机多用于不可调传动系统。随着电力电子技术的发展和静止式变频器的诞生，由异步电动机构成的调速系统逐渐得到广泛的应用。变压变频调速是异步电动机最有效的一种调速方式，本章论述的是基于异步电动机稳态模型的变压变频调速系统。4.1节从基于等效电路的异步电动机机械特性出发，介绍异步电动机变压变频调速的基本原理，分成基频以下与基频以上两种情况，并讨论了基频以下的电流补偿控制，分析按不同规律进行电压、频率协调控制时的稳态机械特性，着重阐明按转子磁链恒定原则进行协调控制的重要性；4.2节介绍通用变压变频装置的主要类型；4.3节阐述目前发展最快并受到普遍重视的交流脉宽调制（PWM）控制技术，并介绍与其相关的PWM变频器主电路，然后讨论正弦PWM（SPWM）、电流跟踪PWM（CFPWM）和电压空间矢量PWM（SVPWM）三种控制方式，讨论电压矢量与定子磁链的关系；4.4节介绍PWM控制方式下的变压变频调速系统，先讨论转速开环电压频率协调控制的变压变频调速系统和通用变频器，然后详细论述转速闭环转差频率控制系统的工作原理和控制规律，介绍系统实现，分析系统的优、缺点；4.5节介绍一种采用变频调速控制恒压的供水系统应用实例。

在20世纪上半叶的年代里，鉴于直流拖动具有优越的调速性能，高性能可调速拖动都采用直流电动机，而约占电力拖动总容量80%以上的不变速拖动系统则采用交流电动机。

直流电动机和交流电动机相比，存在的缺点是：具有电刷和换向器，因而必须经常检查维修，换向火花使它的应用环境受到限制，换向能力限制了直流电动机的容量和速度等。

直到20世纪60～70年代，随着电力电子技术的发展，使得采用电力电子变换器的交流拖动系统得以实现，特别是大规模集成电路和计算机控制的出现，高性能交流调速系统便应运而生，一直被认为是天经地义的交直流拖动按调速性能分工的格局终于被打破了。于是，交流拖动控制系统已经成为当前电力拖动控制的主要发展方向。

当前交流拖动控制系统的应用领域主要有下述三个方面。

（1）一般性能的节能调速

在过去大量的所谓“不变速交流拖动”中，风机、水泵等通用机械的容量几乎占工业电力拖动总容量的一半以上，其中有不少场合并不是不需要调速，只是因为过去的交流拖动本身不能调速，不得不依赖挡板和阀门来调节送风和供水的流量，因而把许多电能白白地浪费了。如果换成交流调速系统，把消耗在挡板和阀门上的能量节省下来，每台风机、水泵平均都可以节约20%～30%以上的电能，效果是很可观的。而且风机、水泵对调速范围和动态性能的要求都不高，只要有一般的调速性能就足够了。

(2) 高性能的交流调速系统和伺服系统

许多在工艺上需要调速的生产机械过去多用直流拖动，鉴于交流电动机比直流电动机结构简单、成本低廉、工作可靠、维护方便、惯量小、效率高，如果改成交流拖动，显然能够带来不少的效益。但是，由于交流电动机的电磁转矩难以像直流电动机那样通过电枢电流施行灵活地控制，交流调速系统的控制性能在一段时期内还赶不上直流调速系统。直到20世纪70年代初发明了矢量控制技术（或称磁场定向控制技术），通过坐标变换，把交流电动机的定子电流分解成转矩分量和励磁分量，用来分别控制电动机的转矩和磁通，可以获得和直流电动机相仿的高动态性能，才使交流电动机的调速技术取得了突破性的进展。其后，又陆续提出了直接转矩控制、解耦控制等方法，形成了一系列可以和直流调速系统媲美的高性能交流调速系统和交流伺服系统。

(3) 特大容量、极高转速的交流调速

直流电动机的换向能力限制了它的容量转速积不超过10^6 kW·r/min，超过这一数值时，其设计与制造就非常困难了。交流电动机没有换向问题，不受这种限制，因此，特大容量的电力拖动设备，如厚板轧机、矿井卷扬机等，以及极高转速的拖动，如高速磨头、离心机等，都以采用交流调速为宜。

交流电动机有异步电动机（即感应电动机）和同步电动机两大类，每种电动机又都有不同类型的调速方法。

现有文献中介绍的异步电动机调速方法种类繁多，常见的有：①降电压调速；②转差离合器调速；③转子串电阻调速；④绕线电动机串级调速或双馈电动机调速；⑤变极对数调速；⑥变压变频调速等。在研究开发阶段，人们从多方面探索调速的途径，因而种类繁多是很自然的。现在交流调速的发展已经比较成熟，为了深入掌握其基本原理，就不能满足于这种表面上的罗列，而要进一步探讨其本质，认识交流调速的基本规律。

按照交流异步电动机的原理，从定子传入转子的电磁功率P_m可分成两部分：一部分$P_{mech}=(1-s)P_m$是拖动负载的有效功率，称作机械功率；另一部分$P_s=sP_m$是传输给转子电路的转差功率，与转差率s成正比。从能量转换的角度看，转差功率是否增大，是消耗掉还是得到回收，是评价调速系统效率高低的标志。从这点出发，可以把异步电动机的调速系统分成如下三类。

(1) 转差功率消耗型调速系统

这种类型的全部转差功率都转换成热能消耗在转子回路中，上述的第①、②、③三种调速方法都属于这一类。在三类异步电动机调速系统中，这类系统的效率最低，而且越到低速时效率越低，它是以增加转差功率的消耗来换取转速的降低的（恒转矩负载时）。可是这类系统结构简单，设备成本最低，所以还有一定的应用价值。

(2) 转差功率回馈型调速系统

在这类系统中，一部分转差功率被消耗掉，大部分则通过变流装置回馈给电网或转化成机械能予以利用，转速越低，能回收的功率越多，上述第④种调速方法属于这一类，这类系统的效率是比较高的，但要增加一些设备。

(3) 转差功率不变型调速系统

在转差功率中，转子铜损是不可避免的，在这类系统中，无论转速高低，转差功率的转子铜损部分基本不变，因此效率也较高，上述的第⑤、⑥两种调速方法属于此类。其中变极对数调速是有级的，应用场合有限。只有变压变频调速应用最广，可以构成高动态性能的交流调速系统，取代直流调速。

同步电动机没有转差，也就没有转差功率，所以同步电动机调速系统只能是转差功率不变型（恒等于0）的，而同步电动机转子极对数又是固定的，因此只能靠变压变频调速，没有像异步电动机那样的多种调速方法。在同步电动机的变压变频调速方法中，从频率控制的方式来看，可分为它控变频调速和自控变频调速两类。后者利用转子磁极位置的检测信号来控制变压变频装置换相，类似于直流电动机中电刷和换向器的作用，因此有时又称作无换向器电动机调速，或无刷直流电动机调速。

开关磁阻电动机是一种特殊形式的同步电动机，有其独特的比较简单的调速方法，在小容量交流电动机调速系统中很有发展前途。

异步电动机降电压调速、转子回路串电阻调速和利用电磁转差离合器调速都属于转差功率消耗型的调速系统。其中，转子回路串电阻调速在控制上只是切换电阻，比较简单，“电力拖动原理”课程中的内容已足够应用，本书不必多加赘述。电磁转差离合器调速系统的应用已日渐减少，其闭环控制的原理与变电压调速系统相似，可参看参考文献［24］、［27］。这里只介绍异步电动机变压变频调速系统，并着重分析其建立在稳态模型上的闭环控制。

4.1　异步电动机变压变频调速的基本原理

由电力拖动原理可知，当异步电动机等效电路的参数不变时，在相同的转速下，电磁转矩 T_e 与定子电压 U_s 的平方成正比，因此，改变定子外加电压就可以改变机械特性的函数关系，从而改变电动机在一定负载转矩下的转速。

4.1.1　异步电动机的机械特性

根据电机学原理，在下述三个假定条件下，异步电动机的稳态等效电路示于图4-1中。

① 忽略空间和时间谐波；

② 忽略磁饱和；

③ 忽略铁损。

由图4-1可以推导出折合到定子侧的转子相电流为

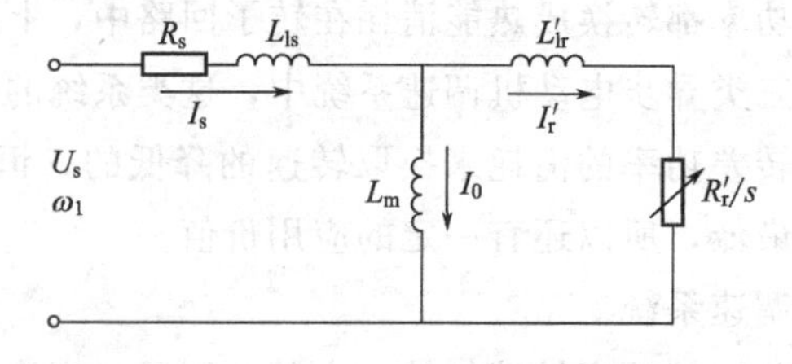

图4-1　异步电动机的稳态等效电路

R_s，R'_r——定子每相电阻和折合到定子侧的转子每相电阻；L_{ls}，L'_{lr}——定子每相漏感和折合到定子侧的转子每相漏感；L_m——定子每相绕组产生气隙主磁通的等效电感，即励磁电感；U_s，ω_1——定子相电压和供电角频率；s——转差率

$$I_r'=\frac{U_s}{\sqrt{\left(R_s+C_1\frac{R_r'}{s}\right)^2+\omega_1^2(L_{ls}+C_1L_{lr}')^2}} \tag{4-1}$$

式中，$C_1=1+\frac{R_s+j\omega_1L_{ls}}{j\omega_1L_m}\approx1+\frac{L_{ls}}{L_m}$

在一般情况下，$L_m\gg L_{ls}$，则 $C_1\approx1$，这相当于补充上述假定条件的第③条，“忽略铁损和励磁电流”，去掉了图 4-1 中间的励磁支路，这样，电流公式可简化成

$$I_s\approx I_r'=\frac{U_s}{\sqrt{\left(R_s+\frac{R_r'}{s}\right)^2+\omega_1^2(L_{ls}+L_{lr}')^2}} \tag{4-2}$$

异步电动机中实现机电能量转换的电磁功率 $P_m=3I_r'^2R_r'/s$，同步机械角转速 $\omega_{m1}=\omega_1/n_p$，n_p 为电动机的极对数，则异步电动机的电磁转矩为

$$T_e=\frac{P_m}{\omega_{m1}}=\frac{3n_p}{\omega_1}I_r'^2\frac{R_r'}{s}=\frac{3n_pU_s^2R_r'/s}{\omega_1\left[\left(R_s+\frac{R_r'}{s}\right)^2+\omega_1^2(L_{ls}+L_{lr}')^2\right]} \tag{4-3}$$

式(4-3) 就是异步电动机的机械特性方程式。它表明，当转速或转差率一定时，电磁转矩与定子电压的平方成正比。改变定子电压，机械特性的变化趋势便如图 4-2 所示，图中，U_{sN} 表示额定定子电压。

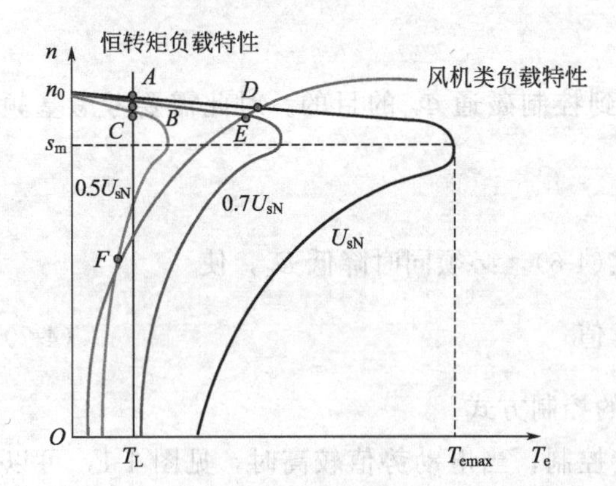

图 4-2　异步电动机不同电压下的机械特性

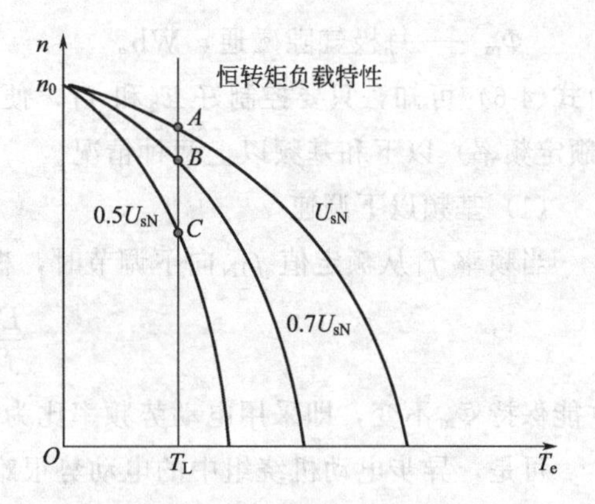

图 4-3　高转子电阻电动机（交流力矩电动机）在不同电压下的机械特性

将式(4-3) 对 s 求导，并令 $\mathrm{d}T_e/\mathrm{d}s=0$，可求出对应于最大转矩时的转差率，即临界转差率为

$$s_m=\frac{R_r'}{\sqrt{R_s^2+\omega_1^2(L_{ls}+L_{lr}')^2}} \tag{4-4}$$

和最大转矩，又称为临界转矩为

$$T_{emax}=\frac{3n_pU_s^2}{2\omega_1\left[R_s+\sqrt{R_s^2+\omega_1^2(L_{ls}+L_{lr}')^2}\right]} \tag{4-5}$$

由图 4-2 可见，带恒转矩负载 T_L 工作时，普通笼型异步电动机变电压时的稳定工作点为 A、B、C，转差率 s 的变化范围不超过 $0\sim s_m$，调速范围有限。如果带风机类负载运行，则工作点为 D、E、F，调速范围可以稍大一些。为了能在恒转矩负载下扩大调速范围，并

使电动机能在较低转速下运行而不致过热，就要求电动机转子有较高的电阻值，这样的电动机在变电压时的机械特性绘于图 4-3。但是提高转子电阻会增大电动机的损耗，导致效率明显降低。

为了改善上述异步电动机变压调速后的机械特性，采取在变压的同时同步改变定子电压的频率的方法，这种调速系统一般简称为变频调速系统。它的特点是，调速时转差功率不随转速而变化，调速范围宽，效率高，能实现高动态性能，甚至可以达到与直流调速系统相媲美的水平。

4.1.2 变压变频调速的基本控制方式

在学习“电机与拖动基础”课程时已经提到，电动机采用变频调速时必须要考虑一个重要因素，就是希望保持电动机中每极磁通量 Φ_m 为额定值不变。如果磁通太弱，没有充分利用电动机的铁芯，是一种浪费；如果过分增大磁通，使铁芯饱和，又会导致过大的励磁电流，严重时会因绕组过热而损坏电动机。三相异步电动机定子每相电动势的有效值是：

$$E_g = 4.44 f_1 N_s k_{Ns} \Phi_m \tag{4-6}$$

式中 E_g——气隙磁通在定子每相中感应电动势的有效值，V；

f_1——定子频率，Hz；

N_s——定子每相绕组串联匝数；

k_{Ns}——定子基波绕组系数；

Φ_m——每极气隙磁通，Wb。

由式(4-6) 可知，只要控制好 E_g 和 f_1，便可达到控制磁通 Φ_m 的目的。对此需要考虑基频（额定频率）以下和基频以上两种情况。

(1) 基频以下调速

当频率 f_1 从额定值 f_{1N} 向下调节时，根据式(4-6)，必须同时降低 E_g，使

$$\frac{E_g}{f_1} = 常值 \tag{4-7}$$

才能保持 Φ_m 不变，即采用电动势频率比为恒值的控制方式。

可是，异步电动机绕组中的电动势很难直接控制，当电动势值较高时，见图 4-1，可以忽略定子绕组的漏磁阻抗压降，而认为定子相电压 $U_s \approx E_g$，则得

$$\frac{U_s}{f_1} = 常值 \tag{4-8}$$

这是恒压频比的控制方式。

低频时，U_s 和 E_g 都较小，定子漏磁阻抗压降所占的分量就比较显著，不再能忽略。这时，可以人为地把电压 U_s 抬高一些，以便近似地补偿定子压降。带定子压降补偿的恒压频比控制特性示于图 4-4 中的 b 线，无补偿的控制特性则为 a 线。

在实际应用中，由于负载大小不同，需要补偿的定子压降值也不一样，在控制软件中需备有不同斜率的补偿特性，以便用户选择。

(2) 基频以上调速

在基频以上调速时，频率从 f_{1N} 向上升高，但定子电压 U_s 受到电机绝缘耐压的限制，却不能超过额定电压 U_{sN}，只能保持 $U_s = U_{sN}$ 不变，这将迫使磁通与频率成反比地降低，相

当于直流电动机弱磁升速的情况。

把基频以下和基频以上两种情况的控制特性画在一起，如图 4-5 所示。通常情况下，异步电动机在不同转速下允许长期运行的电流为额定电流，即在允许温升下长期运行的电流，额定电流不变时，异步电动机允许输出的转矩将随磁通变化。基频以下时由于磁通恒定，允许输出的转矩也恒定，属于“恒转矩调速”性质，基频以上时电压恒定，磁通降低，允许输出的转矩也随之降低，转速因频率增加而升高，基本上属于“恒功率调速”。

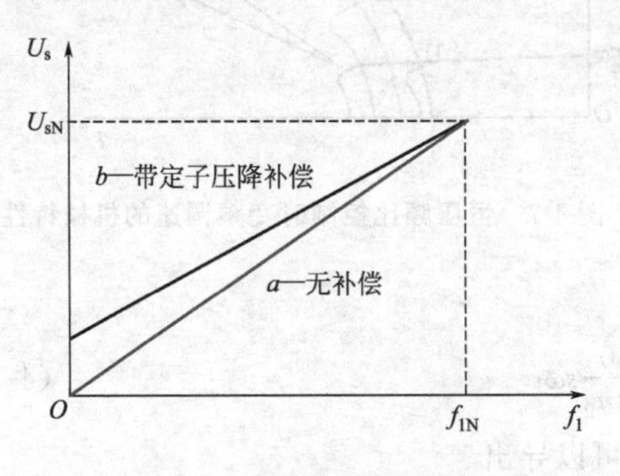

图 4-4　恒压频比控制特性

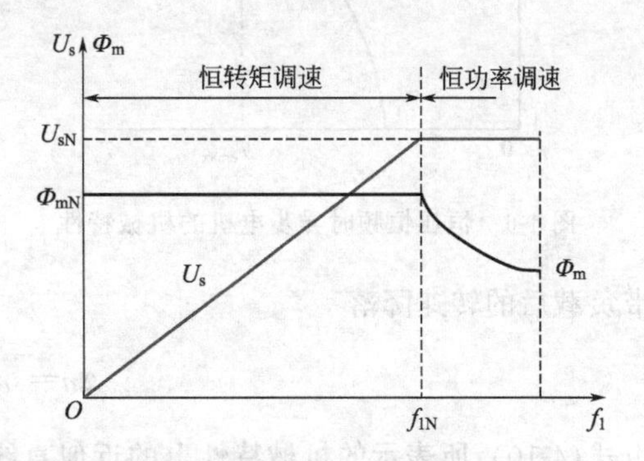

图 4-5　异步电机变压变频调速的控制特性

4.1.3　不同变频控制方式下的机械特性

式(4-3) 给出的是异步电动机在恒压恒频正弦波供电时的机械特性方程式。当定子电压和电源角频率恒定时，可以改写成式(4-9) 形式

$$T_e = 3n_p\left(\frac{U_s}{\omega_1}\right)^2 \frac{s\omega_1 R_r'}{(sR_s + R_r')^2 + s^2\omega_1^2(L_{ls} + L_{lr}')^2} \tag{4-9}$$

当 s 很小时，忽略分母中含 s 各项，则

$$T_e \approx 3n_p\left(\frac{U_s}{\omega_1}\right)^2 \frac{s\omega_1}{R_r'} \propto s \tag{4-10}$$

转矩与 s 近似成正比的关系，机械特性 $T_e = f(s)$ 是一段直线，见图 4-6。当 s 接近于 1 时，可忽略式(4-9) 分母中的 R_r'，则

$$T_e \approx 3n_p\left(\frac{U_s}{\omega_1}\right)^2 \frac{\omega_1 R_r'}{s[R_s{}^2 + \omega_1^2(L_{ls} + L_{lr}')^2]} \propto \frac{1}{s} \tag{4-11}$$

可见当 s 接近于 1 时，转矩近似与 s 成反比，这时，$T_e = f(s)$ 是对称于原点的一段双曲线。当 s 为以上两段的中间数值时，机械特性从直线段逐渐过渡到双曲线段，如图 4-6 所示。

前面已经指出，为了近似地保持气隙磁通不变，以便充分利用电动机铁芯，发挥电动机的输出能力，在基频以下须采用恒压频比控制。从电机学理论可知，交流电动机内有两个旋转磁场，定子旋转磁场与转子旋转磁场，两者合成为气隙旋转磁场，与之相应，在异步电动机中存在着气隙磁通、定子全磁通与转子全磁通。下面分别讨论保持气隙磁通 Φ_m、定子全磁通 Φ_{ms} 和转子全磁通 Φ_{mr} 恒定的控制方法及其机械特性。

(1) 恒定子全磁通 Φ_{ms} 控制 ($U_s/\omega_1 =$ 恒值)

式(4-12) 说明同步转速 n_0 随频率 ω_1 的变化而改变。

$$n_0 = \frac{60\omega_1}{2\pi n_p} \tag{4-12}$$

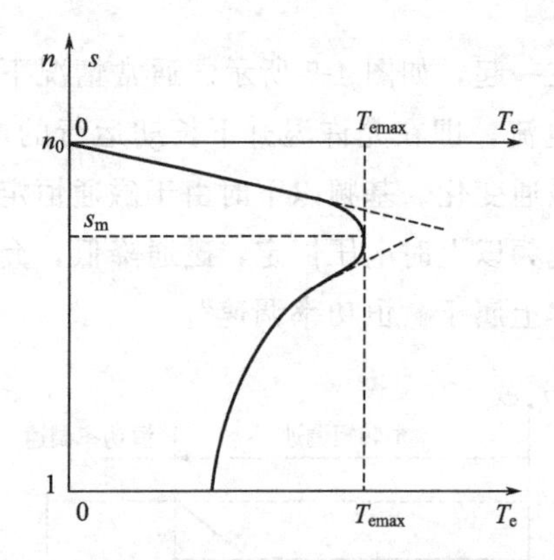

图 4-6 恒压恒频时异步电机的机械特性

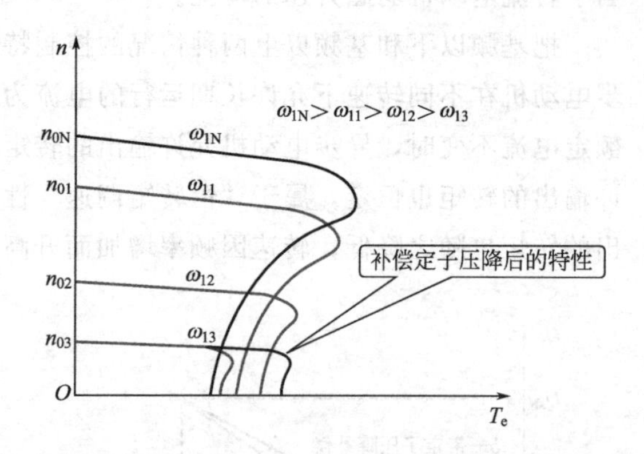

图 4-7 恒压频比控制时变频调速的机械特性

带负载后的转速降落

$$\Delta n = sn_0 = \frac{60}{2\pi n_p} s\omega_1 \tag{4-13}$$

由式(4-10) 所表示的机械特性上的近似直线段，可以导出

$$s\omega_1 \approx \frac{R_r' T_e}{3n_p \left(\dfrac{U_s}{\omega_1}\right)^2} \tag{4-14}$$

由此可见，当 U_s/ω_1 为恒值时，对于同一转矩 T_e，$s\omega_1$ 是基本不变的，Δn 也是基本不变的。在恒压频比的条件下改变频率 ω_1 时，机械特性基本上是平行下移，如图 4-7 所示。这一点与直流电动机变压调速时很接近，所不同的是，异步电动机的机械特性存在着最大电磁转矩，从图 4-7 还可以看出，频率越低时最大转矩值越小。利用 U_s/ω_1 = 恒值关系对式(4-5) 稍加整理可得到

$$T_{emax} = \frac{3n_p}{2}\left(\frac{U_s}{\omega_1}\right)^2 \frac{1}{\dfrac{R_s}{\omega_1} + \sqrt{\left(\dfrac{R_s}{\omega_1}\right)^2 + (L_{ls} + L_{lr}')^2}} \tag{4-15}$$

可见当采用 U_s/ω_1 = 恒值的控制关系时，最大转矩 T_{emax} 随着 ω_1 的降低而明显减小的。频率很低时，T_{emax} 太小将限制电动机的带载能力，采用定子压降补偿，适当地提高电压 U_s，可以增强带载能力，见图 4-7。

(2) 恒气隙磁通 Φ_m 控制（E_g/ω_1 = 恒值）

图 4-8 再次绘出异步电动机的等效电路，与以往有所不同的是，该等效电路表示出了与各个磁通相对应的感应电动势，其中，E_s——定子全磁通 Φ_{ms} 在定子每相绕组中的感应电动势，见式(4-16)：

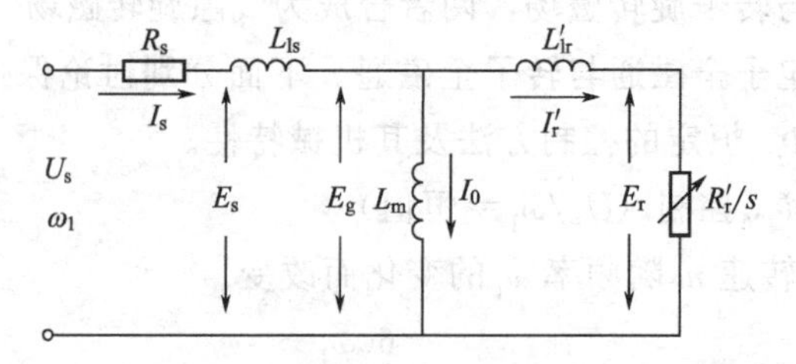

图 4-8 异步电动机稳态等效电路和感应电动势

$$E_s = 4.44 f_1 N_s k_{N_S} \Phi_{ms} \tag{4-16}$$

E_g——气隙磁通 Φ_m 在定子每相绕组中的感应电动势，见式(4-17)：

$$E_g = 4.44 f_1 N_s k_{N_S} \Phi_m \tag{4-17}$$

E_r——转子全磁通 Φ_{mr} 在转子绕组中的感应电动势（折合到定子边），见式(4-18)：

$$E_r = 4.44 f_1 N_s k_{N_S} \Phi_{mr} \tag{4-18}$$

在电压-频率协调控制中，如果再恰当地提高定子电压 U_s，克服定子阻抗压降以后，能维持 E_g/ω_1 为恒值（基频以下），则无论频率高低，磁通 Φ_m 均为常值，由图4-8的等效电路可得转子电流为

$$I_r' = \frac{E_g}{\sqrt{\left(\frac{R_r'}{s}\right)^2 + \omega_1^2 L_{lr}'^2}} \tag{4-19}$$

将式(4-19)代入电磁转矩关系式(4-3)中，得到

$$T_e = \frac{3n_p}{\omega_1} \times \frac{E_g^2}{\left(\frac{R_r'}{s}\right)^2 + \omega_1^2 L_{lr}'^2} \times \frac{R_r'}{s} = 3n_p \left(\frac{E_g}{\omega_1}\right)^2 \frac{s\omega_1 R_r'}{R_r'^2 + s^2\omega_1^2 L_{lr}'^2} \tag{4-20}$$

这就是恒 E_g/ω_1 时的机械特性方程式。

按照前面的分析过程，当 s 很小时，忽略分母中含 s 项，则

$$T_e \approx 3n_p \left(\frac{E_g}{\omega_1}\right)^2 \frac{s\omega_1}{R_r'} \propto s \tag{4-21}$$

机械特性的这一段近似为一条直线。当 s 接近于1时，可忽略分母中的 $R_r'^2$ 项，则

$$T_e \approx 3n_p \left(\frac{E_g}{\omega_1}\right)^2 \frac{R_r'}{s\omega_1 L_{lr}'^2} \propto \frac{1}{s} \tag{4-22}$$

这是一段双曲线。s 为上述两段的中间数值时，机械特性从直线段逐渐过渡到双曲线段，整条特性与恒压频比特性相似。但是，将式(4-9)与式(4-20)进行对比可以发现，恒 E_g/ω_1 控制的机械特性方程分母小于恒 U_s/ω_1 控制的方程同类项，因此前者的机械特性线性段范围更宽。

将 T_e 表达式(4-20)对 s 求导，并令 $dT_e/ds=0$，可得恒 E_g/ω_1 控制特性在最大转矩时的转差率

$$s_m = \frac{R_r'}{\omega_1 L_{lr}'} \tag{4-23}$$

和最大转矩

$$T_{emax} = \frac{3}{2} n_p \left(\frac{E_g}{\omega_1}\right)^2 \frac{1}{L_{lr}'} \tag{4-24}$$

从式(4-24)可以看出，当 E_g/ω_1 为恒值时，T_{emax} 恒定不变。可见恒 E_g/ω_1 控制的稳态性能是优于恒 U_s/ω_1 控制的，它正是恒 U_s/ω_1 控制中补偿定子压降所追求的目标。

（3）恒转子全磁通 Φ_{mr} 控制（E_r/ω_1 = 恒值）

如果把电压-频率协调控制中的电压 U_s 再进一步提高，见图4-8，把转子漏抗上的压降也抵消掉，将得到恒 E_r/ω_1 控制，其相应的机械特性推导如下，此时转子电流为

$$I_r' = \frac{E_r}{R_r'/s} \tag{4-25}$$

再将该式代入电磁转矩关系式(4-3) 中，得到

$$T_e=\frac{3n_p}{\omega_1}\times\frac{E_r^2}{\left(\frac{R_r'}{s}\right)^2}\times\frac{R_r'}{s}=3n_p\left(\frac{E_r}{\omega_1}\right)^2\frac{s\omega_1}{R_r'} \tag{4-26}$$

可见，这种情况下的机械特性 $T_e=f(s)$ 完全是一条直线。

图 4-9 画出了这三种不同控制方式下的机械特性，以便进行比较，显然恒 E_r/ω_1 控制的稳态性能最好，可以获得和直流电动机一样的线性机械特性。问题是怎样实现这种高性能的控制呢？按照关系式(4-18)，只要能够按照转子全磁通幅值 Φ_{rm}＝恒值进行控制，就可以获得恒 E_r/ω_1，这正是本教材后面会涉及的内容，即高性能的矢量控制系统所遵循的原则。

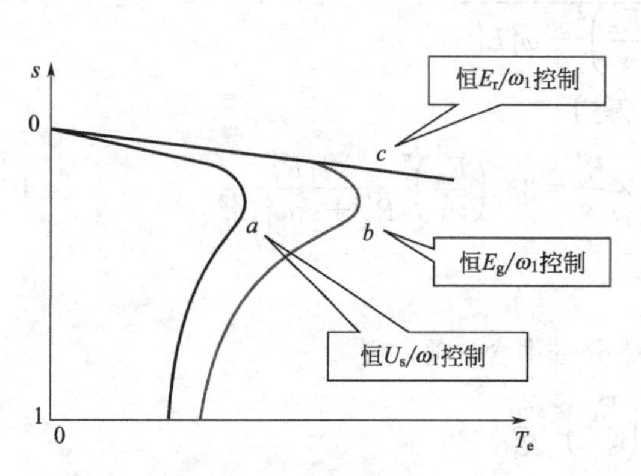

图 4-9 不同电压-频率协调控制方式时的机械特性

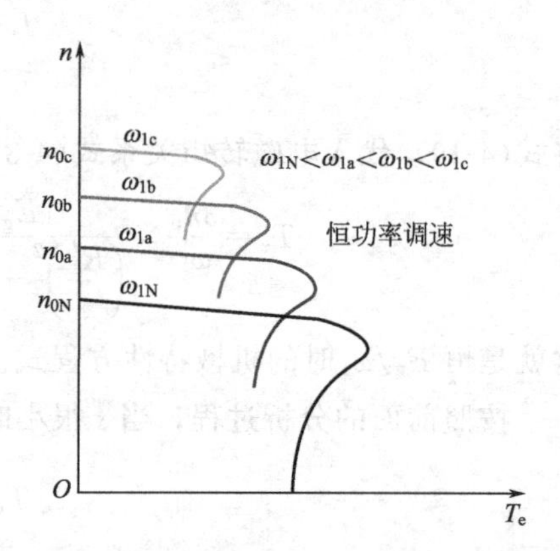

图 4-10 基频以上恒压变频调速的机械特性

当在基频 f_{1N}以上变频调速时，由于电压 $U_s=U_{sN}$不变，其相应的机械特性方程式可以改写为

$$T_e=3n_pU_{sN}^2\frac{sR_r'}{\omega_1\left[(sR_s+R_r')^2+s^2\omega_1^2(L_{ls}+L_{lr}')^2\right]} \tag{4-27}$$

最大转矩可以通过对式(4-15) 改写后得到

$$T_{emax}=\frac{3}{2}n_pU_{sN}^2\frac{1}{\omega_1\left[R_s+\sqrt{R_s^2+\omega_1^2(L_{ls}+L_{lr}')^2}\right]} \tag{4-28}$$

同步转速仍与前面的式(4-12) 一样，所以当角频率 ω_1提高时，同步转速随之提高，最大转矩减小，机械特性上移，而形状基本不变，如图 4-10 所示。

由于频率提高而电压不变，气隙磁通势必减弱，导致转矩的减小，但转速却升高了，可以认为输出功率基本不变，所以基频以上变频调速属于弱磁恒功率调速。

(4) 小结

恒压频比 (U_s/ω_1＝恒值) 控制最容易实现，变频机械特性基本上是平行下移，硬度也较好，能够满足一般的调速要求，但低速带载能力有些差强人意，须对定子压降实行补偿。

恒 E_g/ω_1控制是通常对恒压频比控制实行电压补偿的标准，可以在稳态时达到 Φ_m＝恒值，从而改善了低速性能。但机械特性还是非线性的，产生转矩的能力仍受到限制。

恒 E_r/ω_1控制可以得到和直流他励电动机一样的线性机械特性，按照转子全磁通 Φ_{rm}恒定进行控制即得 E_r/ω_1＝恒值，在动态中也尽可能保持 Φ_{rm}恒定是矢量控制系统所追求的目标，当然实现起来是比较复杂的。

4.2 通用变压变频装置的主要类型

从前一节的论述可知，异步电动机的变压变频调速系统必须具备能够同时控制电压幅值和频率的交流电源，而现有电网提供的是恒压恒频的电源，需要配置变压变频器来实现，又称为 VVVF（Variable Voltage Variable Frequency）装置。早期的 VVVF 装置是旋转变流机组，随着电力电子技术的发展，静止式的变压变频器已经取代了旋转变流机组，成为当今通用的变压变频装置。

4.2.1 间接与直接式变频装置

按照变流方式的不同，电力电子变压变频器可分为交-直-交和交-交两大类。

（1）交-直-交变压变频器

交-直-交变压变频器先将工频交流电源通过整流器变换成直流，再通过逆变器变换成可控频率和电压的交流，如图 4-11 所示。由于这类变压变频器在恒频交流电源和变频交流输出之间有一个“中间直流环节”，所以又称间接式的变压变频器。最初的这种变频器用晶闸管（SCR）组成，而 SCR 属于半控型器件，只能控制导通不能关断，若运用强迫换流使其关断，则主电路结构会变得十分复杂。而且晶闸管的开关速度慢，导致变频器的开关频率低，输出电压谐波分量大。全控型功率开关器件既可以导通又可以关断，开关速度普遍高于晶闸管，用全控型功率开关器件构成的变频器具有主电路结构简单、输出电压质量好等优点。

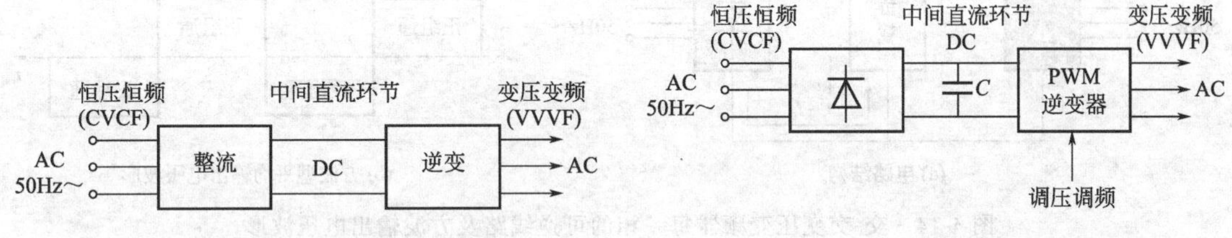

图 4-11 交-直-交变压变频器基本结构　　图 4-12 PWM 变压变频器基本结构

具体的整流和逆变主电路种类很多，当前应用最广的是由二极管组成不控整流器和由功率开关器件（P-MOSFET、IGBT 等）组成的脉宽调制（PWM）逆变器，简称 PWM 变压变频器。如图 4-12 所示，在 PWM 变压变频器主电路的整流单元中，采用不可控二极管整流器，电源侧功率因数较高，且不受逆变输出电压大小的影响。只有逆变单元可控，而且采用全控型的功率开关器件，通过驱动电压脉冲进行控制，电路简单，效率高，通过这种逆变单元同时调节电压和频率，结构原理上简单；输出的电压波形是一系列的 PWM 波，后面会介绍这种 PWM 波正弦基波的比重较大，影响电动机运行的低次谐波受到很大的抑制，因而转矩脉动小，提高了系统的调速范围和稳态性能。可见，用 PWM 逆变器同时实现调压和调频，动态响应不受中间直流环节滤波器参数的影响，系统的动态性能也得以提高。

（2）交-交变压变频器

交-交变压变频器的基本结构如图 4-13 所示，它只有一个变换环节，把恒压恒频（CVCF）的交流电源直接变换成 VVVF 输出，因此又称直接式变压变频器。为了突出其变频功能，也称作周波变换器。

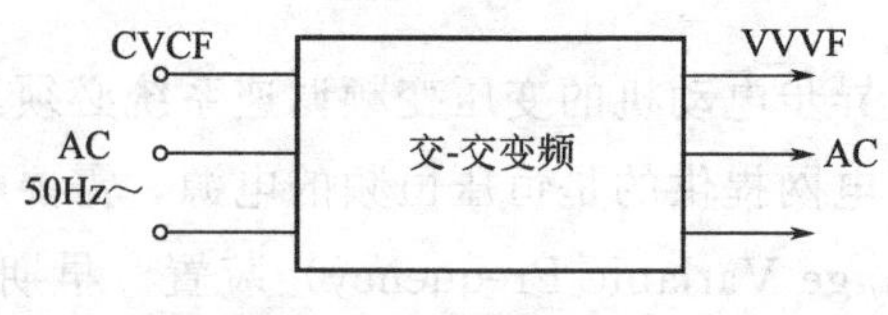

图 4-13 交-交变压变频器

常用的交-交变压变频器输出的每一相都是一个由正（VF）、反（VR）两组晶闸管可控整流装置反并联的可逆线路，类似于直流可逆调速系统的反并联线路，如图 4-14(a) 所示。正（VF）、反（VR）两组按一定周期相互切换，在负载上就获得交变的输出电压 u_0，u_0 的幅值决定于各组可控整流装置的控制角 α，u_0 的频率决定于正、反两组整流装置的切换频率。假定控制角 α 一直不变，则输出平均电压是方波，如图 4-14(b) 所示，所以要获得正弦波输出，就必须在每一组整流装置导通期间不断改变其控制角。例如：在正向组 VF 导通的半个周期中，使控制角 α 由 $\pi/2$（对应于平均电压 $u_0=0$）逐渐减小到 0（对应于 u_0 最大），然后再逐渐增加到 $\pi/2$（u_0 再变为 0），得到如图 4-15(a) 所示的输出电压波形，当 α 角按正弦规律变化时，半周中的平均输出电压即为图中虚线所示的正弦波。对反向组 VR 负半周的控制也是这样。通过这种 α 调制控制方式得到的整周期输出电压波形如图 4-15(b) 所示。

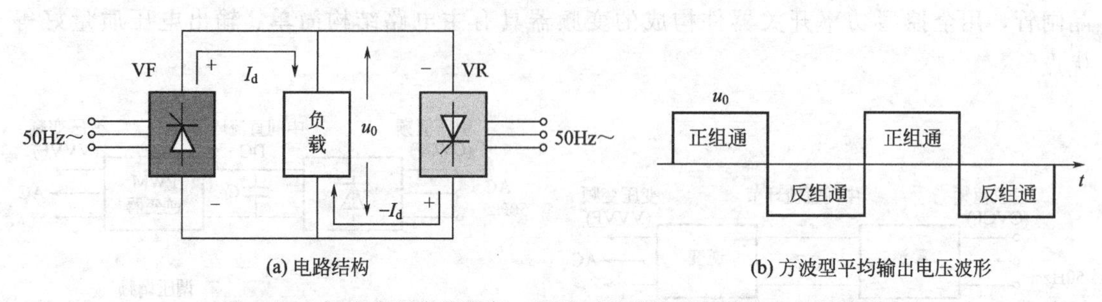

(a) 电路结构 (b) 方波型平均输出电压波形

图 4-14 交-交变压变频器每一相的可逆线路及方波输出电压波形

由 3 个上述的单相交-交变频电路可以组成三相交-交变频电路，其基本结构如图 4-16 所示。如果每组可控整流装置都用桥式电路，将含 6 个晶闸管（当每一桥臂都是单管时），则三相可逆线路共需 36 个晶闸管，即使采用零式电路也须 18 个晶闸管。因此，这样的交-交变压变频器虽然在结构上只有一个变换环节，省去了中间直流环节，但所用的器件数量却很多，总体设备相当庞大。不仅如此，这类交-交变频器的其他缺点是：输入功率因数较低，谐波电流含量大，频谱复杂，因此须配置滤波和无功补偿设备。正因为如此，要求其最高输出频率不得超过电网频率的 1/2，主要用于轧机主传动、球磨机、水泥回转窑等大容量、低转速的调速系统，供电给低速电动机直接传动时，可以省去庞大的齿轮减速箱。这种交-交变频器在技术上和制造工艺上都很成熟，目前国内有些企业已有可靠的产品。

近年来又出现了一种采用全控型开关器件的矩阵式交-交变压变频器，类似于 PWM 控制方式，输出电压和输入电流的低次谐波都较小，输入功率因数可调，能量可双向流动，以获得四象限运行，但当输出电压必须为正弦波时，最大输出输入电压比只有 0.866。目前这类变压变频器尚处于开发阶段，其发展前景是很好的。

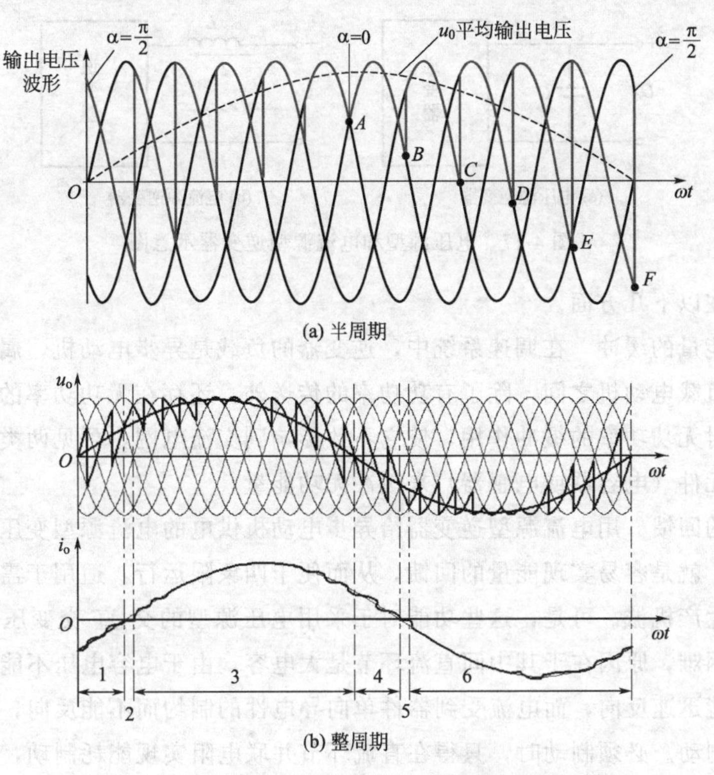

图 4-15　交-交变压变频器的单相正弦波输出电压波形

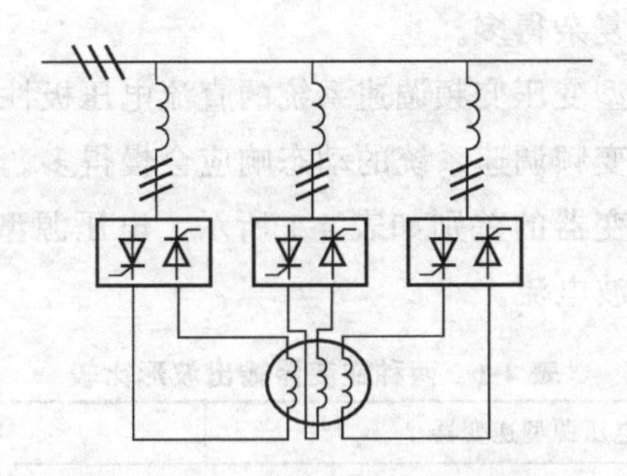

图 4-16　三相交-交变频器的基本结构

4.2.2　电压源型和电流源型逆变器

在交-直-交变压变频器中，进一步地按照中间直流环节性质的不同，逆变器可以分成电压源型和电流源型两大类，两种类型的实际区别就在于直流环节采用怎样的滤波器。详见图 4-17 所示两种逆变器的示意图，图（a）中的直流环节采用大电容滤波，因而直流电压波形比较平直，在理想情况下可以认为是一个内阻为零的恒压源，输出交流电压是矩形波或阶梯波，是电压源型逆变器（Voltage Source Inverter—VSI），或简称电压型逆变器。图（b）中的直流环节采用大电感滤波，直流电流波形比较平直，相当于是一个恒流源，输出交流电流是矩形波或阶梯波，称为电流源型逆变器（Current Source Inverter—CSI），或简称电流型逆变器。

这两类逆变器尽管在主电路上只是存在滤波环节的不同，但在性能上却带来了明显的差

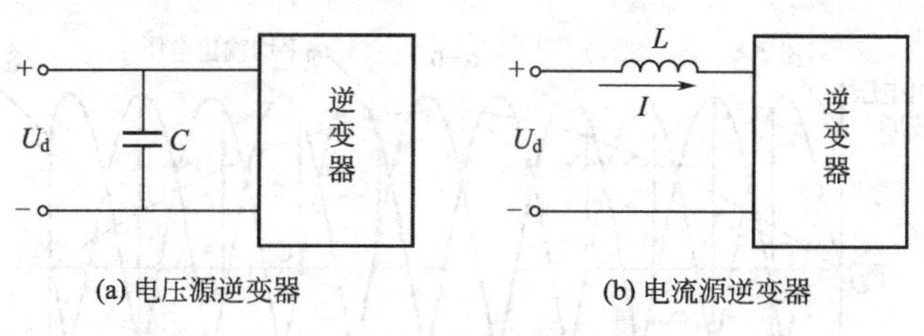

(a) 电压源逆变器　　(b) 电流源逆变器

图 4-17　电压源型和电流源型逆变器示意图

别，主要表现在以下几方面。

（1）无功能量的缓冲　在调速系统中，逆变器的负载是异步电动机，属感性负载。在中间直流环节与负载电动机之间，除了有功功率的传送外，还存在无功功率的交换。滤波器除滤波外还起着对无功功率的缓冲作用，使它不致影响到交流电网，可见两类逆变器还区别在采用什么储能元件（电容器或电感器）来缓冲无功能量。

（2）能量的回馈　用电流源型逆变器给异步电动机供电的电流源型变压变频调速系统有一个显著特征，就是容易实现能量的回馈，从而便于四象限运行，适用于需要回馈制动和经常正、反转的生产机械。可是，这些功能对于采用电压源型的交-直-交变压变频调速系统实现起来却十分困难，原因在于其中间直流环节是大电容，由于电容电压不能突变，使得整流后的电压不可能迅速反向，而电流受到器件单向导电性的制约而不能反向，所以在原装置上无法实现回馈制动。必须制动时，只得在直流环节并联电阻实现能耗制动，或者与整流环节反并联一组反向的可控整流器，用以通过反向的制动电流，而保持电压极性不变，实现回馈制动。若这样设计，设备要复杂得多。

（3）动态响应　电流源型变压变频调速系统的直流电压极性可以迅速改变，因而动态响应比较快，而电压源型变压变频调速系统的动态响应会慢得多。

（4）输出波形　两种逆变器的差别如表 4-1 所示，电压源型逆变器输出的是方波电压，电流源型逆变器输出的是方波电流。

表 4-1　两种逆变器输出波形比较

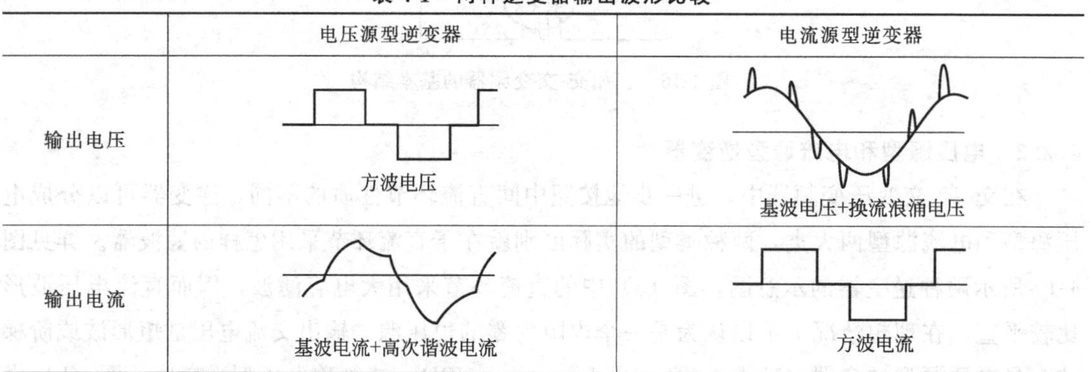

	电压源型逆变器	电流源型逆变器
输出电压	方波电压	基波电压+换流浪涌电压
输出电流	基波电流+高次谐波电流	方波电流

（5）应用场合　电压源型逆变器属恒压源，电压控制响应慢，不易波动，比较适于作多台电动机同步运行时的供电电源，或单台电动机调速但不要求快速启制动和快速减速的场合。采用电流源型逆变器的系统则与此相反，不适用于多电动机传动，但可以满足快速启制动和可逆运行的要求。

4.3　交流脉宽调制（SPWM）变压变频技术

初期的交-直-交变压变频器所输出的交流波形都是六拍阶梯波（对于电压型逆变器）或矩形波（对于电流型逆变器），这是因为当时逆变器只能采用半控式的晶闸管，其关断的不可控性和较低的开关频率导致逆变器的输出波形不可能近似按正弦波变化，从而会有较大的低次谐波，使电动机输出转矩存在脉动分量，影响其稳态工作性能，在低速运行时更为明显。为了改善交流电动机变压变频调速系统的性能，减少输出波形中的谐波成分，在出现了全控式电力电子开关器件之后，科技工作者在 20 世纪 80 年代开发了应用 PWM 技术的逆变器。这种技术是将无线电技术中的调制原理应用到变频驱动领域中，由于它的优良技术性能，当今国内外各厂商生产的变压变频器都已采用这种技术，只有在全控器件尚未能及的特大容量时才属例外。

4.3.1　SPWM 逆变器的工作原理

（1）脉宽调制原理

所谓交流脉宽调制是发生在交-直-交变压变频过程中的逆变环节，以正弦波作为逆变器输出的期望波形，用频率比期望波高得多的等腰三角波作为载波，并用频率和期望波相同的正弦波作为调制波，当调制波与载波相交时，调制波被等分成若干份，由它们的交点确定逆变器开关器件的通断时刻，从而获得高度相等、宽度随正弦规律变化的一系列等幅不等宽的矩形波，如图 4-18 所示，在正弦调制波的半个周期内呈两边窄中间宽的分布格局。同时按照波形面积相等的原则，每一个矩形波的面积与被等分后相应位置的正弦波面积相等，因而这个序列的矩形波与期望的正弦波完全等效。这种调制方法称作正弦波脉宽调制（Sinusoidal Pulse Width Modulation，简称 SPWM），这种序列的矩形波称作 SPWM 波。

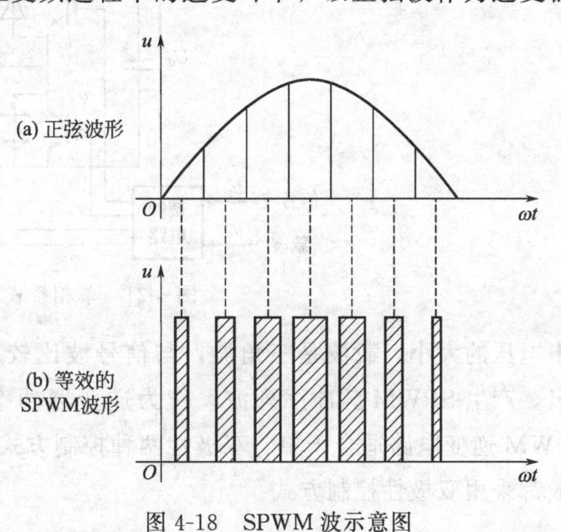

图 4-18　SPWM 波示意图

（2）调制方式

SPWM 控制技术有单极性与双极性两种调制方式。如果在正弦调制波的半个周期内，三角载波只在正或负的一种极性范围内变化，所得到的 SPWM 波也只处于一个极性的范围内，叫做单极性控制方式，见图 4-19。如果在正弦调制波半个周期内，三角载波在正负极性之间连续变化，则 SPWM 波也是在正负之间变化，称为双极性控制方式，如图 4-20 所示。

单相桥式 PWM 逆变电路的组成见图4-21，图中 $V_1 \sim V_4$ 是逆变器的四个功率开关器件，各由一个续流二极管反并联，略去了整流环节，整个逆变器由恒值直流电压 U_d 供电。四个功率开关器件受调制电路控制，该调制电路输入中的信号波频率决定逆变器输出的基波频率，应在所要求的输出频率范围内可调，信号波的幅值也可在一定范围内变化，以决定输

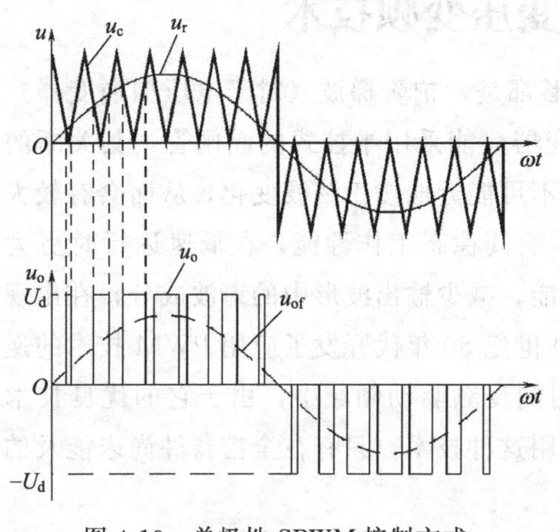

图 4-19　单极性 SPWM 控制方式

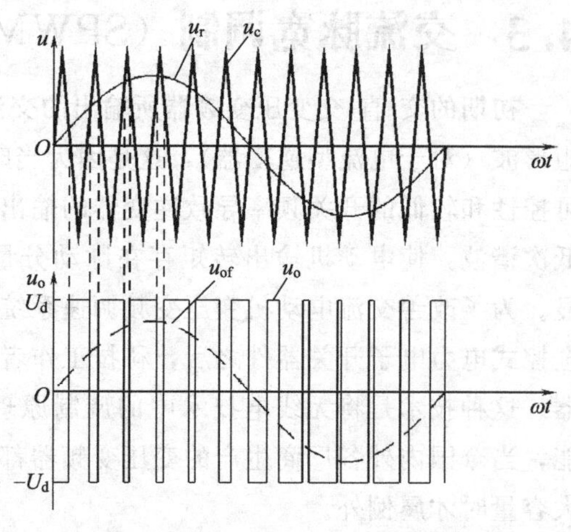

图 4-20　双极性 SPWM 控制方式

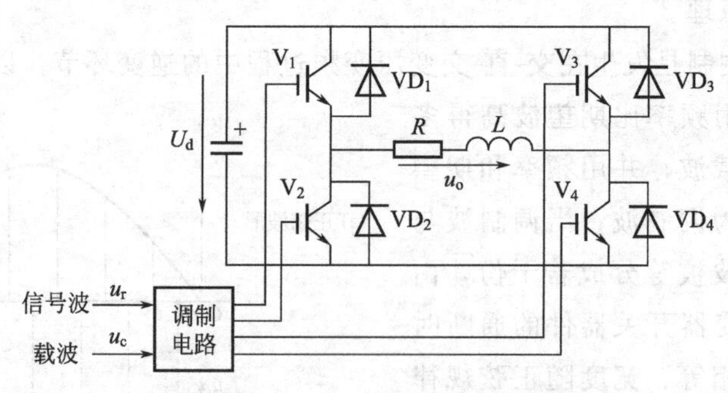

图 4-21　单相桥式 PWM 逆变电路

出电压的大小，载波是三角波，与信号波比较后，调制电路给出“正”或“零”的饱和输出，产生 SPWM 脉冲序列波，作为逆变器功率开关器件的驱动控制信号。这种单相桥式 PWM 逆变电路适合于单、双极性两种控制方式，而图 4-22 所示的三相桥式 PWM 逆变器一般都采用双极性控制方式。

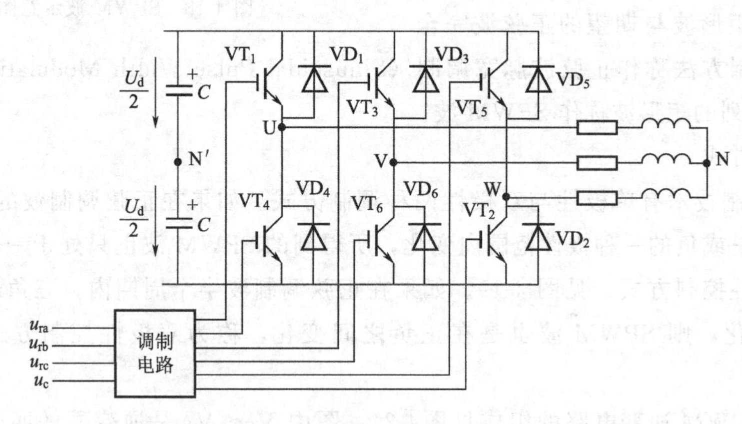

图 4-22　三相桥式 PWM 逆变电路

无论是单相还是三相，SPWM 的调制电路原来采用的是模拟电子电路，包括正弦波发生器、三角波发生器和比较器来实现上述的 SPWM 控制，现在基本上都采用的是数字控制电路，包括硬件电路与软件实现，已经先后设计出自然采样法与规则采样法等。由于 PWM 变压变频器的应用非常广泛，已制成多种专用集成电路芯片作为 SPWM 信号的发生器，近年来更进一步把它做在微机芯片里面，生产出多种带 PWM 信号输出口的电动机控制用的 8 位、16 位微机或者 DSP 芯片。

(3) SPWM 的调制方法

首先需要清楚以下关于调制方面的术语。

调制度：调制的最小脉宽与最小间隙，大于开关器件的导通与关断时间。

载波比：载波频率 f_c 与调制信号频率 f_r 之比 N，即 $N=\frac{f_c}{f_r}$

根据载波和信号波是否同步及载波比的变化情况，SPWM 在调制方式上分为异步调制、同步调制与混合调制。

异步调制：载波信号和调制信号不同步的调制方式。通常保持 f_c 固定不变，当 f_r 变化时，载波比 N 是变化的。这样调制出来的结果会出现，在信号波的半周期内 PWM 波的脉冲个数不固定，相位也不固定，正负半周期的脉冲不对称，半周期内前后 1/4 周期的脉冲也不对称。当 f_r 较低时，N 较大，一周期内脉冲数较多，脉冲不对称产生的不利影响都较小，当 f_r 增高时，N 减小，一周期内的脉冲数减少，PWM 脉冲不对称的影响就将变大。

同步调制：N 等于常数，并在变频时使载波和信号波保持同步。基本同步调制方式的 f_r 变化时 N 不变，信号波一周期内输出脉冲数固定。这种调制方式需要在三相电路中公用一个三角波载波，且取 N 为 3 的整数倍，以使得调制出来的三相波形对称，而且为使一相的 PWM 波正负半周镜对称，N 应取奇数；f_r 很低时，f_c 也很低，由调制带来的谐波不易滤除；f_r 很高时，f_c 会过高，使开关器件难以承受。

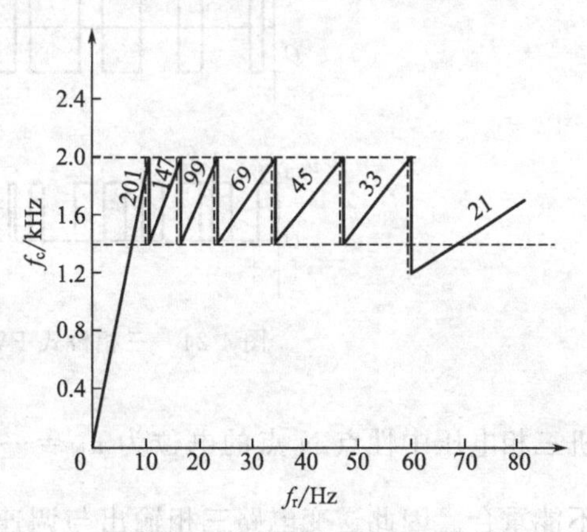

图 4-23 分段同步调制方式

分段同步调制：如图 4-23 所示，把 f_r 范围划分成若干个频段，每个频段内保持 N 恒定，不同频段 N 不同；在 f_r 高的频段采用较低的 N，使载波频率不致过高；在 f_r 低的频段采用较高的 N，使载波频率不致过低。

混合调制：为了克服同步调制与异步调制的缺陷，在低频输出时采用异步调制方式，高频输出时切换到同步调制方式，这样把两者的优点结合起来，和分段同步方式效果接近。

需要注意的是，对于三相 PWM 逆变电路而言，电动机三相绕组的中性点与直流环节正、负极之间的中性点是不同的，下面以图 4-22 所示的三相桥式 PWM 逆变电路为例来说明这一现象。图中 N 点为调速电动机三相绕组的中性点，N′点为直流环节正、负极性之间的中性点，电位为零，在主电路器件的不同开关状态下，N 与 N′间的电位通常是不一样的，详见图 4-24 所示的双极性控制方式下该三相桥式 PWM 逆变电路输出的三相 SPWM 波形。其中 u_{ra}、u_{rb}、u_{rc} 为三相的正弦调制波，u_t 为双极性三角载波，$u_{AO'}$、$u_{BO'}$、$u_{CO'}$ 为三相输出与直流环节中性点 N′之间的相电压 SPWM 波形，显然 $u_{AO'}+u_{BO'}+u_{CO'}\neq 0$，而调速电动

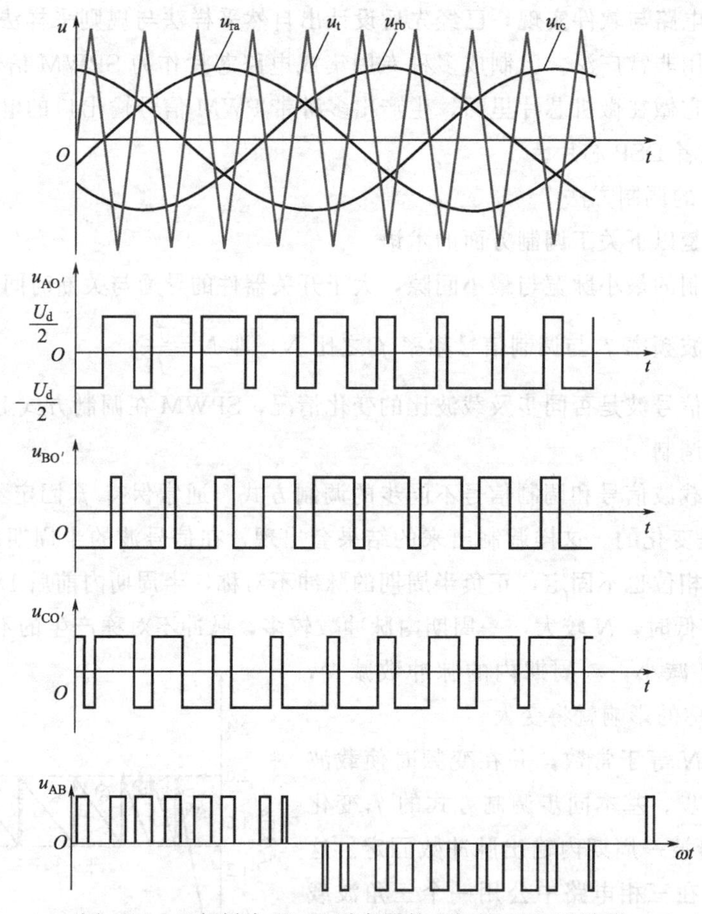

图 4-24 三相桥式 PWM 逆变器的双极性 SPWM 波形

机三相电压中性点 N 点的电位为 $u_N=\frac{u_{AO'}+u_{BO'}+u_{CO'}}{3}$，可见两个中性点因电位不一致而不能重合。因此逆变电路三相输出与调速电动机中点 N 之间的相电压 u_{AO}、u_{BO}、u_{CO} 与图中的 $u_{AO'}$、$u_{BO'}$、$u_{CO'}$ 不相等。

4.3.2 电流滞环跟踪 PWM（CHBPWM）控制技术

之前所述的 PWM 控制技术都是应用在电压源型的变压变频器上，按照需要可以很方便地控制其输出电压，因而都是以输出电压接近正弦波为目标，电流波形则随负载的性质与大小不定。但是，对于交流电动机而言，只有在三相绕组中通以三相对称的正弦电流才能形成稳定的旋转磁场，合成的电磁转矩为恒定值，不含脉动成分。所以，变频器若能对输出的电流实行闭环控制，以保证其正弦波形，显然将比控制电压波形为 SPWM 波能够获得更好的性能。

常用的一种电流闭环控制方法是电流滞环跟踪 PWM（CHBPWM，Current Hysteresis Band PWM）控制，具有电流滞环跟踪 PWM 控制的 PWM 变压变频器的 A 相控制原理图如图 4-25 所示。图中的电流控制器是带滞环的比较器，环宽为 2h。将给定电流 i_a^* 与输出电流 i_a 进行比较，电流偏差 Δi_a 超过 $\pm h$ 时，经滞环控制器 HBC 控制逆变器 A 相上（或下）桥臂的功率器件动作。B、C 两相的原理图均与此相同，整个三相的电流跟踪型 PWM 逆变电

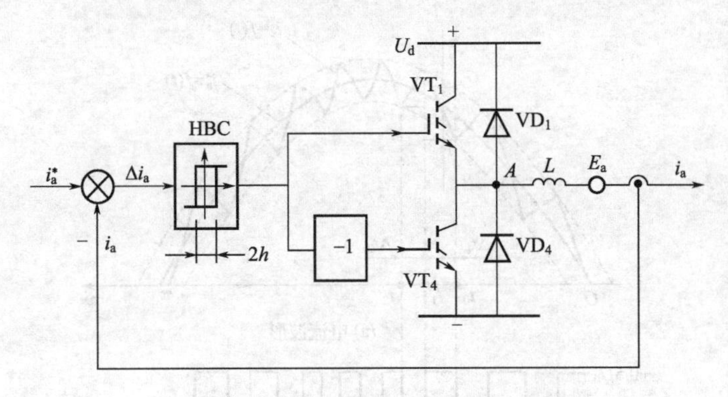

图 4-25　电流滞环跟踪控制的 A 相原理图

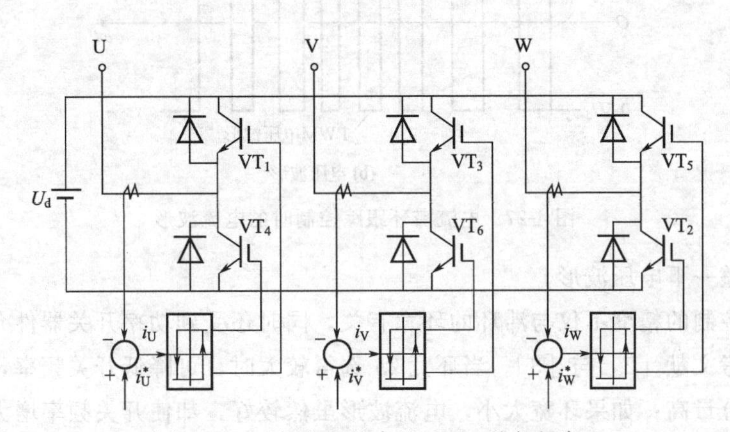

图 4-26　三相电流跟踪型 PWM 逆变电路

路示于图 4-26 中。

采用电流滞环跟踪控制时，逆变电路输出的电流波形与 PWM 电压波形示于图 4-27，其中在 t_0 时刻，$i_a < i_a^*$，且 $\Delta i_a = i_a^* - i_A \geqslant h$，滞环控制器 HBC 输出正电平，驱动上桥臂功率开关器件 VT_1 导通，逆变电路输出正电压，使 i_a 增大。当 i_a 增长到与 i_a^* 相等时，虽然 $\Delta i_a = 0$，但 HBC 仍保持正电平输出，保持导通，使 i_a 继续增大，直到 $t = t_1$ 时刻，达到 $i_a = i_a^* + \mathrm{h}$，$\Delta i_a = -h$，使滞环翻转，HBC 输出负电平，关断 VT_1，并经延时后驱动 VT_4，但此时 VT_4 未必能够导通，由于电动机绕组有电感存在，电流不会立即反向，而是通过二极管 VD_4 续流，使 VT_4 受到反向钳位而不能导通。此后，i_a 逐渐减小，直到 $t = t_2$ 时，$i_a = i_a^* - h$ 到达滞环偏差的下限值，使 HBC 再翻转，又重复使 VT_1 导通。这样就出现 VT_1 与 VD_4 交替工作，使输出电流 i_a 与给定值 i_a^* 之间的偏差能够保持在 $\pm h$ 范围内，若稳态时的 i_a^* 呈正弦波，那么 i_a 会在正弦波上下做锯齿状变化。从图 4-27 中可以很清楚地看到输出电流是十分接近正弦波的。

从图 4-27 给出的给定正弦波电流半个周期内的输出电流波形和相应的相电压波形中，还可以看出，在半个周期内围绕正弦波做脉动变化的 i_a，不论在其上升段还是下降段，它都是指数曲线中的一小部分，其变化率与电路参数和电动机的反电动势有关。在 i_a 上升阶段，逆变输出的电压是 $0.5U_d$，在 i_a 下降阶段是 $-0.5U_d$，因此，输出相电压波形呈 PWM 状，但与两侧窄中间宽的 SPWM 波相反，两侧增宽而中间变窄，这说明为了使电流波形跟踪正

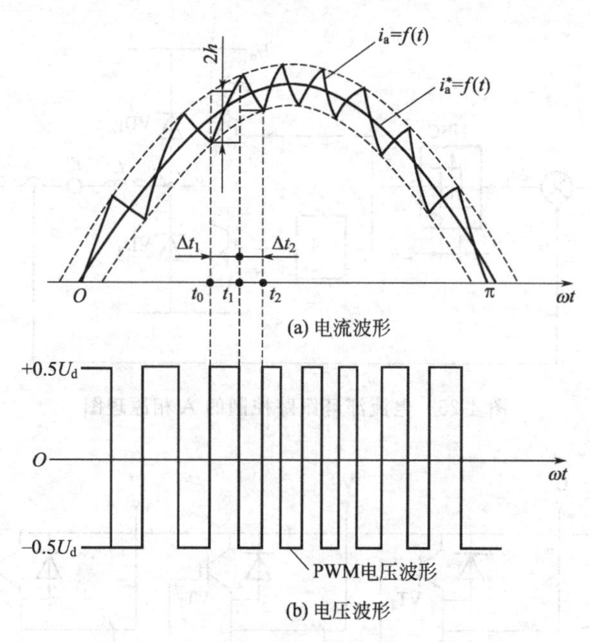

图 4-27 电流滞环跟踪控制时的电流波形

弦波，应该调整一下电压波形。

电流跟踪控制的精度不仅与滞环的环宽有关，同时还受到功率开关器件允许开关频率的制约，详见参考文献［2］与［3］。当环宽 $2h$ 选得较大时，可降低开关频率，但电流波形失真较多，谐波分量高；如果环宽太小，电流波形虽然较好，却使开关频率增大了。这是一对矛盾的因素，实用中，应在充分利用器件开关频率的前提下，正确地选择尽可能小的环宽。

4.3.3 电压空间矢量 PWM（SVPWM）控制技术

经典的 SPWM 控制主要着眼于使变压变频器的输出电压尽量接近正弦波，并未顾及输出电流的波形。而前一节所述的电流滞环跟踪控制则直接控制输出电流，使之在正弦波附近变化，这就比只要求正弦电压前进了一步。然而交流电动机需要输入三相正弦电流的最终目的是在电动机空间内形成圆形旋转磁场，从而产生恒定的电磁转矩。可以推测出，把逆变器和交流电动机视为一体，按照跟踪圆形旋转磁场来控制逆变器的工作，其效果应该更好。这种控制方法称作“磁链跟踪控制”，磁链的轨迹是通过交替使用不同的电压空间矢量得到的，所以又称“电压空间矢量 PWM（SVPWM，Space Vector PWM）控制”。

（1）空间矢量的定义

交流电动机绕组的电压、电流、磁链等物理量都是随时间变化的，分析时常用时间相量来表示，但如果考虑到它们所在绕组的空间位置，也可以采用如图 4-28 所示的方法，定义为空间矢量 $\boldsymbol{u}_{A0}$、$\boldsymbol{u}_{B0}$、$\boldsymbol{u}_{C0}$。图中 A、B、C 分别表示在空间静止的电动机定子三相绕组的轴线，它们在空间互差 120°，定义的三个定子电压空间矢量 $\boldsymbol{u}_{A0}$、$\boldsymbol{u}_{B0}$、$\boldsymbol{u}_{C0}$，使它们的方向始终处于各相绕组的轴线上，而大小则随时间按正弦规律变化，时间相位互相错开的角度也是 120°。与电机原理中三相对称脉动磁动势合成后产生旋转磁动势的过程一样，可以证明，三相定子电压空间矢量的合成空间矢量 $\boldsymbol{u}_s$ 是一个旋转的空间矢量，它的幅值不变，是每相电压值的 3/2 倍，当电源频率不变时，合成空间矢量 $\boldsymbol{u}_s$ 以电源角频率 ω_f 为电气角速度作恒速

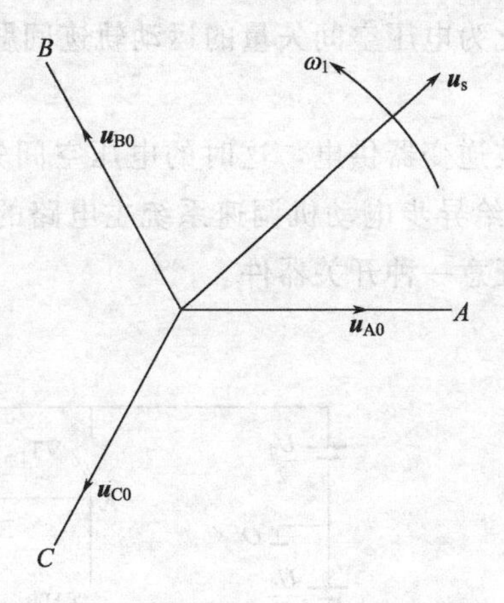

图 4-28　电压空间矢量

旋转。当某一相电压为最大值时，合成电压矢量 $\boldsymbol{u}_s$ 就落在该相的轴线上。用公式表示，则有合成空间矢量

$$\boldsymbol{u}_s=\boldsymbol{u}_{A0}+\boldsymbol{u}_{B0}+\boldsymbol{u}_{C0} \tag{4-29}$$

与定子电压空间矢量相仿，可以定义定子电流和磁链的空间矢量 $\boldsymbol{I}_s$ 和 $\boldsymbol{\Psi}_s$。

(2) 电压与磁链空间矢量的关系

在异步电动机的三相对称定子绕组由三相平衡正弦电压供电的情况下，将三相电路对应的三相电压平衡方程式相加，即得用合成空间矢量表示的定子电压方程式为

$$\boldsymbol{u}_s=R_s\boldsymbol{I}_s+\frac{\mathrm{d}\boldsymbol{\Psi}_s}{\mathrm{d}t} \tag{4-30}$$

式中　$\boldsymbol{u}_s$——定子三相电压合成空间矢量；

$\boldsymbol{I}_s$——定子三相电流合成空间矢量；

$\boldsymbol{\Psi}_s$——定子三相磁链合成空间矢量。

当电动机转速不是很低时，定子电阻压降在式(4-30) 中所占的成分很小，可忽略不计，则定子合成电压与合成磁链空间矢量的近似关系为

$$\boldsymbol{u}_s\approx\frac{\mathrm{d}\boldsymbol{\Psi}_s}{\mathrm{d}t} \tag{4-31}$$

或

$$\boldsymbol{\Psi}_s\approx\int\boldsymbol{u}_s\mathrm{d}t \tag{4-32}$$

当电动机由三相平衡正弦电压供电时，电动机定子磁链幅值恒定，其空间矢量以恒速旋转，磁链矢量顶端的运动轨迹呈圆形（简称为磁链圆）。这时定子磁链旋转矢量可表示为

$$\boldsymbol{\Psi}_s\approx\Psi_m e^{j\omega_1 t} \tag{4-33}$$

其中的 Ψ_m 是磁链 $\boldsymbol{\Psi}_s$ 的幅值，ω_1 为其旋转角速度。根据式(4-31) 与式(4-33) 之间的关系可得

$$\boldsymbol{u}_s\approx\frac{\mathrm{d}}{\mathrm{d}t}(\Psi_m e^{j\omega_1 t})=j\omega_1\Psi_m e^{j\omega_1 t}=\omega_1\Psi_m e^{j\left(\omega_1 t+\frac{\pi}{2}\right)} \tag{4-34}$$

上式表明，当磁链幅值 ψ_m 一定时，$\boldsymbol{u}_s$ 的大小与 ω_1（或供电电压频率 f_1）成正比，其方向则与磁链矢量 $\boldsymbol{\Psi}_s$ 正交，即磁链圆的切线方向，如图 4-29 所示。当磁链矢量在空间旋转一周时，电压矢量也连续地按磁链圆的切线方向运动 2π 弧度，其轨迹与磁链圆重合。这样，电

动机旋转磁场的轨迹问题就可转化为电压空间矢量的运动轨迹问题。

(3) 正六边形空间旋转磁场

如果异步电动机由六拍阶梯波逆变器供电，这时的电压空间矢量运动轨迹是怎样的呢？图 4-30 中绘出了三相逆变器供电给异步电动机调速系统主电路的原理图，六个功率开关器件都用开关符号代替，可以代表任意一种开关器件。

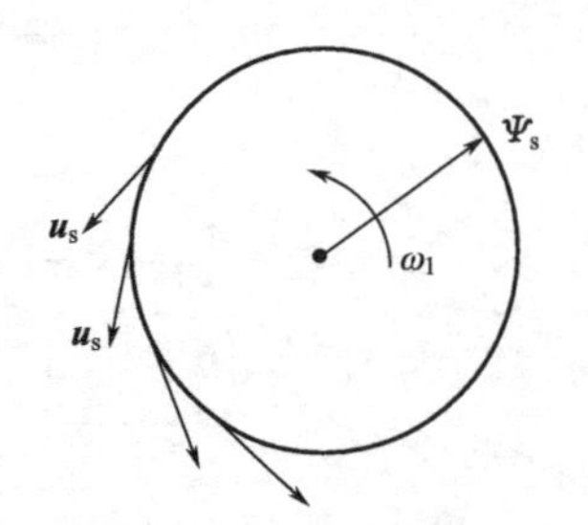

图 4-29　旋转磁场与电压空间矢量的运动轨迹

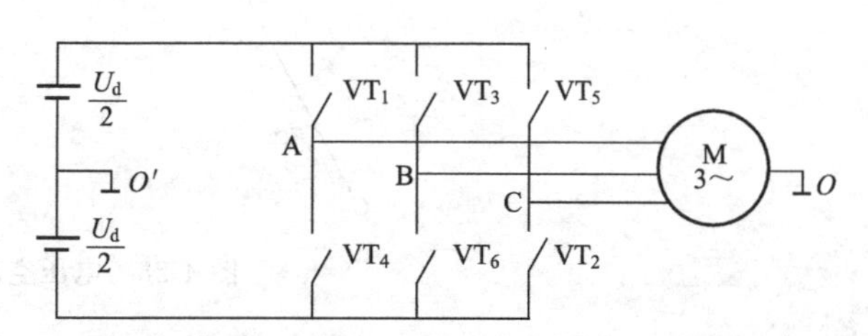

图 4-30　三相逆变器-异步电动机调速系统主电路原理图

如果图 4-30 中的逆变器采用 180°导通型，那么功率开关器件共有 8 种工作状态，比如上桥臂开关 VT_1、VT_3、VT_5 全部导通，或者下桥臂开关 VT_2、VT_4、VT_6 全部导通，若把上桥臂器件导通用数字“1”表示，下桥臂器件导通用数字“0”表示，则 8 种工作状态按照 ABC 相序依次排列后，汇总在表 4-2 中，其中前 6 种工作状态是有效的，后 2 个状态是无效的，因为逆变器在此刻并没有输出电压，称为“零矢量”。

表 4-2　开关状态表

序号	开关状态						开关代码
1	VT_6	VT_1	VT_2				100
2		VT_1	VT_2	VT_3			110
3			VT_2	VT_3	VT_4		010
4				VT_3	VT_4	VT_5	011
5	VT_6				VT_4	VT_5	001
6	VT_6	VT_1				VT_5	101
7			VT_1	VT_3	VT_5		111
8			VT_2	VT_4	VT_6		000

对于六拍阶梯波的逆变器，在其输出的每个周期中 6 种有效的工作状态各出现一次。逆变器每隔 $2\pi/6=\pi/3$ 时刻就切换一次工作状态（即换相），而在这 $\pi/3$ 时刻内则保持不变。设工作周期从 100 状态开始，这时 VT_6、VT_1、VT_2 导通，三相电压空间矢量对直流环节中点的电压幅值为

$$U_{AO'}=\frac{U_d}{2}$$

$$U_{BO'}=U_{CO'}=-\frac{U_d}{2}$$

而相位分别处于 A、B、C 三根轴线上，具体分布见图 4-31 中的 a，三相的合成空间矢量为 $\boldsymbol{u}_1$，其幅值等于 U_d，方向沿 A 轴（即 X 轴）。$\boldsymbol{u}_1$ 存在的时间为 $\pi/3$，在这段时间以后，工作状态转为 110，和上面的分析相似，合成空间矢量变成图 4-31(b) 中的 $\boldsymbol{u}_2$，它在空间上滞后于 $\boldsymbol{u}_1$ 的相位为 $\pi/3$ 弧度，存在的时间也是 $\pi/3$。依此类推，随着逆变器工作状态的切换，

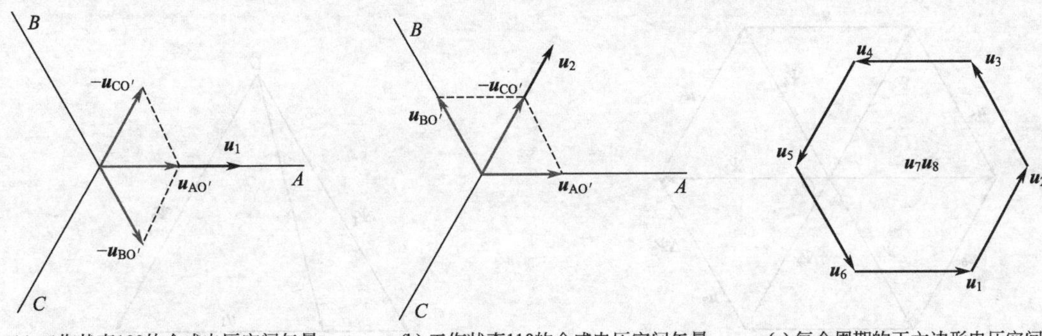

(a) 工作状态100的合成电压空间矢量　(b) 工作状态110的合成电压空间矢量　(c) 每个周期的正六边形电压空间矢量

图 4-31　六拍阶梯波逆变器供电异步电动机的电压空间矢量

电压空间矢量的幅值不变，而相位每次旋转 $\pi/3$，直到一个周期结束，$\boldsymbol{u}_1$ 的顶端正好与 $\boldsymbol{u}_6$ 的尾端衔接，这样，在一个周期中 6 个电压空间矢量共转过 2π 弧度，形成一个封闭的正六边形，如图 4-31(c) 所示。而 111 和 000 这两个矢量对应的是无效工作状态，分别以 $\boldsymbol{u}_7$ 和 $\boldsymbol{u}_8$ 命名，它们的幅值均为零，也无相位，故称其为“零矢量”，可以将它们放置在六边形的中心点上。

上述由电压空间矢量运动所形成的正六边形轨迹也可以看作是异步电动机定子磁链矢量端点的运动轨迹。其中的道理证明如下。

在逆变工作开始时设定子磁链空间矢量为 Ψ_1，在第一个 $\pi/3$ 期间，施加的电压空间矢量为 $\boldsymbol{u}_1$，即图 4-31 中的矢量 $\boldsymbol{u}_1$，在该矢量的作用下，根据式(4-31) 表示的关系，在 $\pi/3$ 所对应的时间 Δt 内，定子磁链空间矢量会产生一个增量为

$$\Delta\boldsymbol{\Psi}_1=\boldsymbol{u}_1\Delta t \tag{4-35}$$

方向与 $\boldsymbol{u}_1$ 一致，得到新的磁链

$$\boldsymbol{\Psi}_2=\boldsymbol{\Psi}_1+\Delta\boldsymbol{\Psi} \tag{4-36}$$

依此类推，可以写成 $\Delta\Psi$ 的通式如下：

$$u_i\Delta t=\Delta\boldsymbol{\Psi}_i \tag{4-37}$$

$$\boldsymbol{\Psi}_{i+1}=\boldsymbol{\Psi}_i+\Delta\boldsymbol{\Psi}_i,\ i=1,2,\cdots\cdots 6 \tag{4-38}$$

磁链增量 $\Delta\Psi_i$ 的方向决定于所施加的电压 $\boldsymbol{u}_i$，其幅值则正比于施加电压的时间 Δt。这样，在一个周期内，6 个磁链空间矢量呈放射状，矢量的尾部都在 O 点，其顶端的运动轨迹也就是 6 个电压空间矢量所围成的正六边形，形成如图 4-32 所示的各个矢量间的关系图。

如果 $\boldsymbol{u}_1$ 的作用时间 Δt 小于 $\pi/3$，则 $\Delta\Psi_i$ 的幅值也按比例地减小，如图 4-33 中的矢量 $\overrightarrow{AB}$。随着时间的推移，$\Delta\Psi_i$ 的顶部由 B 点沿着 $\boldsymbol{u}_1$ 方向可逐渐移向 C 点，直至 $\Delta t=\pi/3$，$\Delta\Psi_i$ 成为图中的矢量 $\overrightarrow{AC}$，也就是 $\Delta\Psi_1$。可见，在任何时刻，所产生的磁链增量 $\Delta\Psi_i$ 的方向决定于所施加的电压，其幅值则正比于施加电压的时间 Δt。

(4) 电压空间矢量的线性组合与 SVPWM 控制

从前面的分析得知，如果交流电动机由六拍阶梯波逆变器供电，每个有效工作矢量在一个周期内只作用一次，磁链轨迹便是六边形的旋转磁场，与在正弦波供电时产生的圆形旋转磁场相差甚远，不能使电动机获得像圆形旋转磁场那样的匀速运行，还将导致转矩与转速的脉动。如果想获得更多边形或逼近圆形的旋转磁场，就必须在原来六拍的每一个 $\pi/3$ 期间内

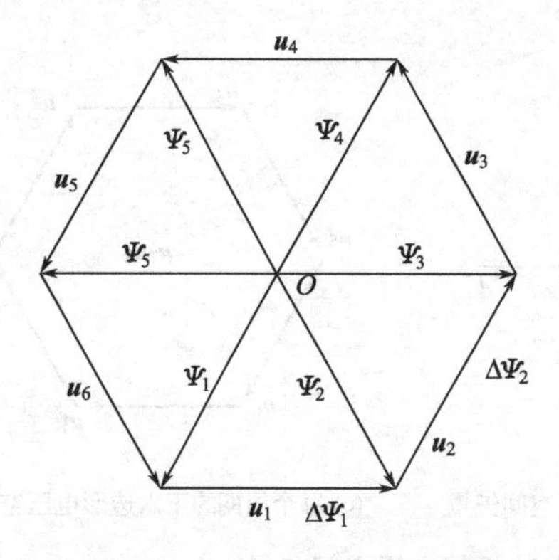

图 4-32 六拍逆变器供电时电动机电压空间矢量与磁链矢量的关系

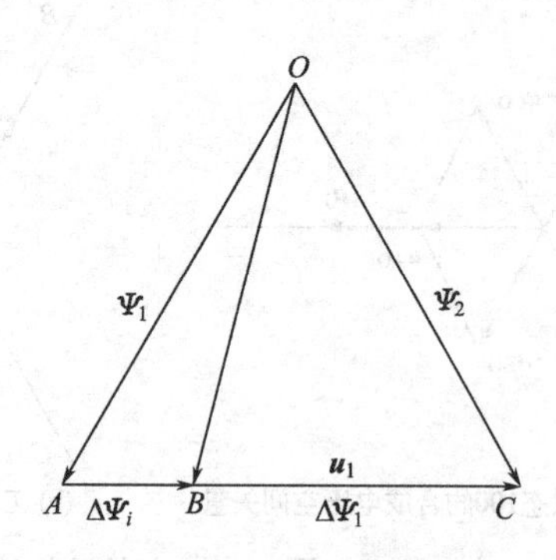

图 4-33 磁链矢量增量 ΔΨ 与电压矢量、时间增量的关系

出现多个工作状态，以形成更多的相位不同的电压空间矢量。为此，必须对六拍阶梯波逆变器的控制模式进行改造。PWM 逆变器有 8 个基本电压矢量，如果对这 8 个矢量加以控制组合，是可以适应上述要求的。科技工作者已经提出过多种实现方法，例如线性组合法，三段逼近法，比较判断法等[31]，这里以线性组合法为例进行说明。

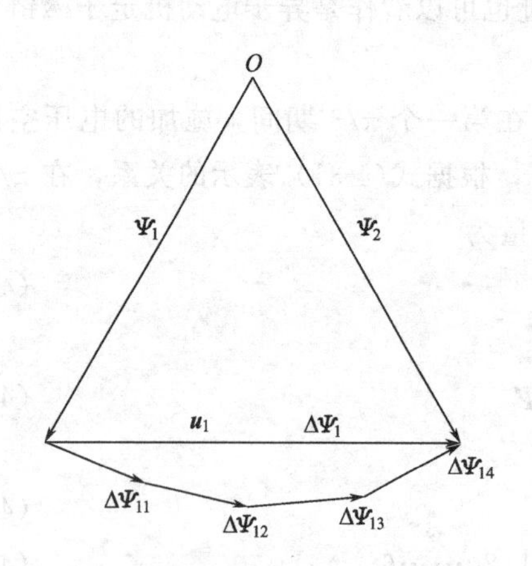

图 4-34 逼近圆形时的磁链增量轨迹

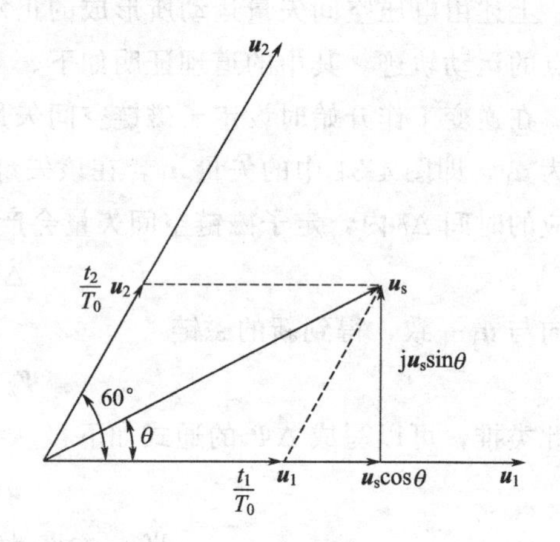

图 4-35 电压空间矢量的线性组合

图 4-34 绘出了用多边形来逼近圆形时的磁链矢量轨迹。图中六边形磁链矢量轨迹对应的是每周期只切换 6 次，要想逼近圆形，可以增加切换次数，试想磁链增量由 $\Delta\boldsymbol{\Psi}_{11}$、$\Delta\boldsymbol{\Psi}_{12}$、$\Delta\boldsymbol{\Psi}_{13}$、$\Delta\boldsymbol{\Psi}_{14}$ 4 段组成，这时每段施加的电压空间矢量的相位都不一样，可以用基本电压矢量线性组合的方法获得。图 4-35 表示由电压空间矢量 $\boldsymbol{u}_1$ 和 $\boldsymbol{u}_2$ 的线性组合构成新的电压矢量 $\boldsymbol{u}_s$ 的过程。设在一个换相时间周期（即开关时间周期）T_0 中，分成两个时间段，$\boldsymbol{u}_1$ 作用的时间是 t_1，$\boldsymbol{u}_2$ 作用的时间则为 t_2，这两个期间的磁链变化，可以分别用电压矢量 $\frac{t_1}{T_0}\boldsymbol{u}_1$ 和 $\frac{t_2}{T_0}\boldsymbol{u}_2$ 来表示，这两个矢量之和就是新矢量 $\boldsymbol{u}_s$，与矢量 $\boldsymbol{u}_1$ 的夹角 θ 就是这个新矢量的相位：

$$\boldsymbol{u}_s=\frac{t_1}{T_0}\boldsymbol{u}_1+\frac{t_2}{T_0}\boldsymbol{u}_2=\boldsymbol{u}_s\cos\theta+\mathrm{j}\boldsymbol{u}_s\sin\theta \tag{4-39}$$

这样，磁链增量 $\Delta\Psi_{11}$、$\Delta\Psi_{12}$、$\Delta\Psi_{13}$、$\Delta\Psi_{14}$ 就可以采用以上 8 个基本电压空间矢量在不同作用时间下的线性组合来得到，显然，$\Delta\Psi_{11}$ 能从 $\boldsymbol{u}_6$ 和 $\boldsymbol{u}_1$ 的线性组合获得，而 $\Delta\Psi_{12}$ 是 $\boldsymbol{u}_6$ 和 $\boldsymbol{u}_1$ 在另一种作用时间下的线性组合，剩下的 $\Delta\Psi_{13}$、$\Delta\Psi_{14}$ 则是 $\boldsymbol{u}_1$ 和 $\boldsymbol{u}_2$ 在不同作用时间下的线性组合。

式(4-39) 中的电压矢量作用时间 t_1 与 t_2 可以通过各段磁链增量求出。由基本电压空间矢量合成的新矢量 $\boldsymbol{u}_s$ 仍然符合式 4-29，可以用相电压的时间函数和空间相位分开的形式来表示，即

$$\boldsymbol{u}_s=\boldsymbol{u}_{A0}(t)+\boldsymbol{u}_{B0}(t)e^{j\gamma}+\boldsymbol{u}_{C0}(t)e^{j2\gamma} \tag{4-40}$$

式中，$\gamma=120°$。还可以用线电压表示，将 $u_{AB}(t)=u_{A0}(t)-u_{B0}(t)$，$u_{BC}(t)=u_{B0}(t)-u_{C0}(t)$ 代入式(4-40)，整理后得到

$$\boldsymbol{u}_s=\boldsymbol{u}_{AB}(t)-\boldsymbol{u}_{BC}(t)e^{-j\gamma} \tag{4-41}$$

当逆变器中各功率开关处于不同状态时，线电压可取值为 U_d、0 或 $-U_d$，结合式(4-39) 得如下关系式

$$\begin{aligned}\boldsymbol{u}_s&=\frac{t_1}{T_0}U_d+\frac{t_2}{T_0}U_d e^{j\pi/3}=U_d\left(\frac{t_1}{T_0}+\frac{t_2}{T_0}e^{j\pi/3}\right)=U_d\left[\frac{t_1}{T_0}+\frac{t_2}{T_0}\left(\cos\frac{\pi}{3}+j\sin\frac{\pi}{3}\right)\right]\\&=U_d\left[\frac{t_1}{T_0}+\frac{t_2}{T_0}\left(\frac{1}{2}+j\frac{\sqrt{3}}{2}\right)\right]=U_d\left[\left(\frac{t_1}{T_0}+\frac{t_2}{2T_0}\right)+j\frac{\sqrt{3}t_2}{2T_0}\right]\end{aligned} \tag{4-42}$$

令式(4-39) 和式(4-42) 的实部与虚部分别相等，则

$$\boldsymbol{u}_s\cos\theta=\left(\frac{t_1}{T_0}+\frac{t_2}{2T_0}\right)U_d$$

$$\boldsymbol{u}_s\sin\theta=\frac{\sqrt{3}t_2}{2T_0}U_d$$

解得

$$\frac{t_1}{T_0}=\frac{\boldsymbol{u}_s\cos\theta}{U_d}-\frac{1}{\sqrt{3}}\times\frac{\boldsymbol{u}_s\sin\theta}{U_d} \tag{4-43}$$

$$\frac{t_2}{T_0}=\frac{2}{\sqrt{3}}\times\frac{\boldsymbol{u}_s\sin\theta}{U_d} \tag{4-44}$$

换相周期 T_0 由旋转磁场所需的频率决定，有时 T_0 与 t_1+t_2 未必相等，其间隙时间可用零矢量 $\boldsymbol{u}_7$ 或 $\boldsymbol{u}_8$ 来填补。为了减少功率器件的开关次数，应使 $\boldsymbol{u}_7$ 和 $\boldsymbol{u}_8$ 各占一半时间，因此

$$t_7=t_8=\frac{1}{2}(T_0-t_1-t_2)\geqslant 0 \tag{4-45}$$

为了便于分析，将 8 个基本电压空间矢量改画成图 4-36 所示的放射形式，这种矢量分布形式与图 4-31 中的正六边形电压空间矢量是等价的，把逆变器的一个工作周期用 6 个电压空间矢量划分成 6 个区域，称为扇区（Sector），即图中所示的Ⅰ、Ⅱ、……Ⅵ，每个扇区对应的时间均为 π/3，各扇区的工作状态都是对称的，分析一个扇区的方法可以推广到其他扇区。

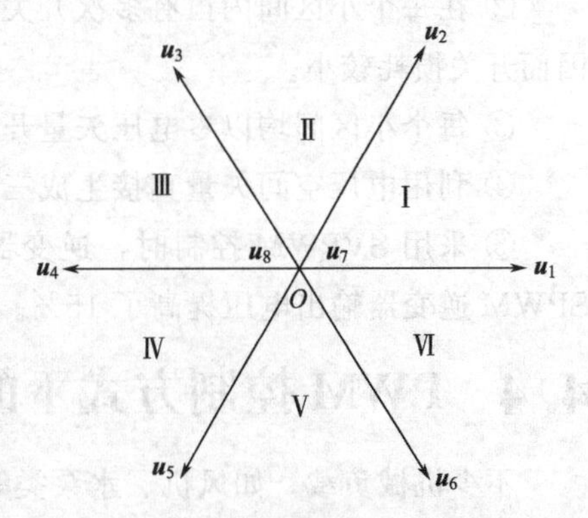

图 4-36　电压空间矢量的反射形式和 6 个扇区

对于常规六拍逆变器，一个扇区仅包含两个开关工作状态，实现 SVPWM 控制就是要把每一扇区再分成若干个对应于时间 T_0的小区间。再按照上述方法插入若干个线性组合的新电压空间矢量 $\boldsymbol{u}_s$，就可以获得优于正六边形的多边形（逼近圆形）旋转磁场。

把每一个 T_0看成是 PWM 电压波形中的一个脉冲波，以图 4-35 为例，由前面推导式(4-43)、式(4-44) 与式(4-45) 可知，

$$T_0=t_1+t_2+t_7+t_8$$

相应的电压空间矢量为 $\boldsymbol{u}_1$、$\boldsymbol{u}_2$、$\boldsymbol{u}_7$和 $\boldsymbol{u}_8$，对应着 4 种开关状态，即 100、110、111 和 000。为了使电压波形对称，把每种状态的作用时间都一分为二，因而形成电压空间矢量的作用序列为：12788721，其中 1 表示作用 $\boldsymbol{u}_1$，2 表示作用 $\boldsymbol{u}_2$，……，在这一个周期时间 T_0内，逆变器三相的开关状态序列为 100、110、111、000、000、111、110、100。在实际系统中，应该尽量减少开关状态变化时引起的开关损耗，因此不同开关状态的顺序必须遵守下述原则：每次切换开关状态时，只切换一个功率开关器件，以满足最小开关损耗。按照这个原则，应该把 4 种开关状态的切换顺序调整为 81277218，相应的开关状态序列为 000、100、110、111、111、110、100、000。如图 4-37 所示，在一个小区间 T_0内，按照开关损耗最小原则调整开关序列工作的逆变器输出三相相电压的波形，图中虚线间的每一小段表示一种工作状态，其时间长短可以调节。可见，一个扇区内所分的小区间越多，就越能逼近圆形旋转磁场。而功率器件的开关次数也相应更多，须选用高开关频率的功率器件。

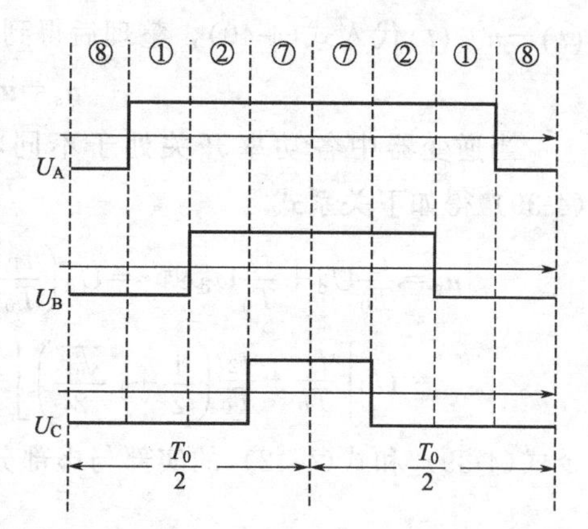

图 4-37　第Ⅰ扇区内一段 T_0 区间的开关序列与逆变器三相电压波形

归纳起来，SVPWM 控制模式有以下特点。

① 逆变器的一个工作周期分成 6 个扇区，每个扇区相当于常规六拍逆变器的一拍。为了使电动机旋转磁场逼近圆形，每个扇区再分成若干个小区间 T_0，T_0越短，旋转磁场越接近圆形，但 T_0 的缩短受到功率开关器件允许开关频率的制约。

② 在每个小区间内虽有多次开关状态的切换，但每次切换都只涉及一个功率开关器件，因而开关损耗较小。

③ 每个小区间均以零电压矢量开始，又以零矢量结束。

④ 利用电压空间矢量直接生成三相 PWM 波，计算简便。

⑤ 采用 SVPWM 控制时，逆变器输出线电压基波最大值为直流侧电压，这比一般的 SPWM 逆变器输出电压提高了 15%。

4.4　PWM 控制方式下的变压变频调速系统

不少机械负载，如风机、水泵类等，并不需要很高的动态性能，只要在一定范围内能实现高效率的调速即可，这种情况下可以根据电动机的稳态模型，采用转速开环恒压频比带低频电压补偿的控制方案，这就是常用的通用变频器控制系统。所谓“通用”，包含着两方面

的含义：一是可以和通用的笼型异步电动机配套使用；二是具有多种可供选择的功能，适用于各种不同性质的负载。

如果对调速范围和启制动性能要求高一些，可以采用转速闭环转差频率控制的方案。本节分别介绍基于 PWM 控制方式下的这两类变压变频调速系统。

4.4.1　转速开环恒压频比控制调速系统

这类调速系统也称为现代通用变频器-异步电动机调速系统。现代通用变频器大都是采用二极管整流和由快速全控开关器件 IGBT 或功率模块 IPM 组成的 PWM 逆变器，构成交-直-交电压源型变压变频器。图 4-38 绘出了一种典型的数字控制通用变频器-异步电动机调速系统原理图，该系统主要包括主回路、驱动回路、微机控制电路、保护信号采集与综合电路，图中未画出开关器件的吸收电路和其他辅助电路。

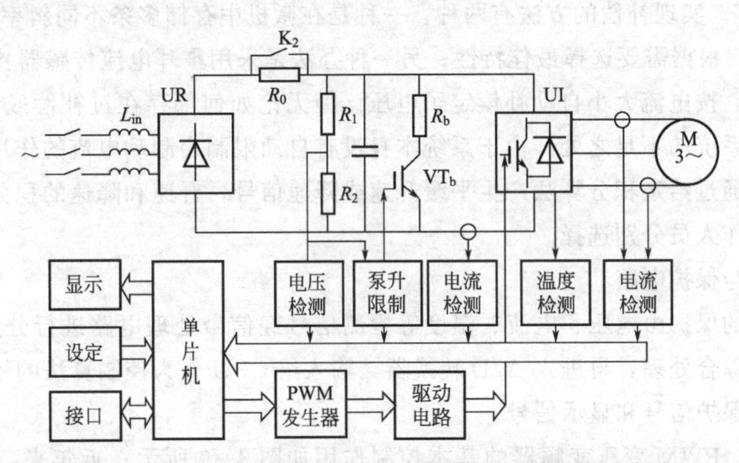

图 4-38　数字控制通用变频器-异步电动机调速系统原理图

(1) 主电路

现代 PWM 变频器的主回路由二极管整流器 UR、PWM 逆变器 UI 和中间直流电路三部分组成，采用大电容 C_1 和 C_2 滤波，同时兼有无功功率交换的作用。为了避免大电容在通电瞬间产生过大的充电电流，在整流器和滤波电容间的直流回路上串入限流电阻 R_0（或电抗），通上电源时，先限制充电电流，再延时用开关 K_2 将 R_0 短路，以免长期接入 R_0 时影响变频器的正常工作，并产生附加损耗。

由于二极管整流器不能为异步电动机的再生制动提供反向电流的通路，所以除特殊情况外，通用变频器一般都用电阻（即图 4-38 中的电阻 R_b）吸收制动能量。减速制动时，异步电动机进入发电状态，首先通过逆变器的续流二极管向两个大电容充电，当中间直流回路的电压（通称泵升电压）升高到一定的限制值时，通过泵升限制电路使开关器件 VT_b 导通，将电动机释放的动能消耗在制动电阻 R_b 上，因之制动电阻会生成较多的热量。为了便于散热，制动电阻器常作为附件单独装在变频器机箱外边。

二极管整流器虽然是全波整流装置，但由于其输出端有滤波电容存在，只有当交流电压幅值超过电容电压时，才有充电电流流通，而交流电压低于电容电压时，电流便终止，因此输入电流呈脉冲波形，这样的电流波形具有较大的谐波分量，使电源受到污染。为了抑制谐波电流，对于容量较大的 PWM 变频器，都应在输入端设有进线电抗器（即图 4-38 中的电

阻 L_{in}），有时也可以在整流器和电容器之间串接直流电抗器。

（2）控制电路

现代 PWM 变频器的控制电路大都是以微处理器为核心的数字电路（见图 4-38），其功能主要是接受各种设定信息和指令，再根据它们的要求形成驱动逆变器工作的 PWM 信号。微机芯片主要采用 8 位或 16 位的单片机，或用 32 位的 DSP，现在已有应用 RISC 的产品出现。PWM 信号可以由微机本身的软件产生，再由 PWM 端口输出，也可采用专用的 PWM 生成电路芯片。需要设定的控制信息主要有：U/f 特性、工作频率、频率升高时间、频率下降时间等，还可以有一系列特殊功能的设定。由于通用变频器-异步电动机系统是转速或频率开环、恒压频比控制系统，低频时，或者存在负载的性质和大小不同时，都得靠改变 U/f 函数发生器的特性来补偿，使系统的 E_g/ω_1 达到恒定，在通用产品中称作“电压补偿”或“转矩补偿”。实现补偿的方法有两种：一种是在微机中存储多条不同斜率和折线段的 U/f 函数，由用户根据需要选择最佳特性；另一种办法是采用霍耳电流传感器检测定子电流或直流回路电流，按电流大小自动补偿定子电压。但无论如何都存在过补偿或欠补偿的可能，这是开环控制系统的不足之处。由于系统本身没有自动限制启制动电流的作用，因此，频定设定信号必须通过给定积分算法产生平缓升速或降速信号，升速和降速的积分时间可以根据负载需要由操作人员分别选择。

（3）检测与保护电路

各种故障的保护由电压、电流、温度等检测信号经信号处理电路进行分压、光电隔离、滤波、放大等综合处理，再进入 A/D 转换器，输入给 CPU 作为控制算法的依据，或者作为开关电平产生保护信号和显示信号。

综上所述，PWM 变压变频器的基本控制作用如图 4-39 所示。近年来，许多企业不断推出具有更多自动控制功能的变频器，使产品性能更加完善，质量不断提高。

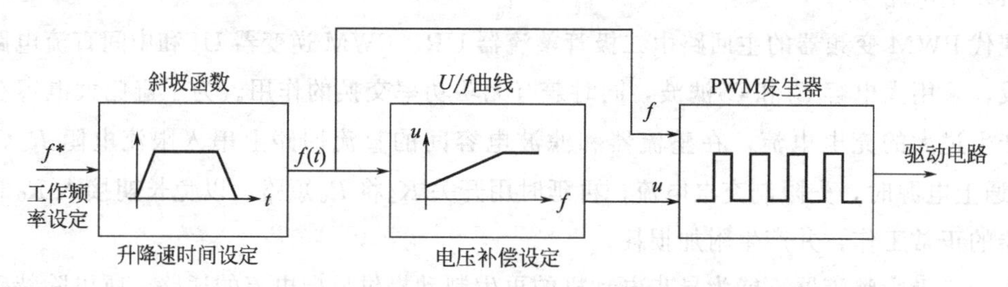

图 4-39　PWM 变压变频器的基本控制作用

4.4.2　转速闭环转差频率控制的变压变频调速系统

前面介绍的转速开环变频调速系统可以满足平滑调速的要求，但静、动态性能都有限，若采用转速反馈闭环控制就可以提高这些性能。这里主要介绍基于异步电动机稳态模型的变压变频调速系统。

提高调速系统动态性能主要依靠控制转速的变化率 $\mathrm{d}\omega/\mathrm{d}t$，从下面的电力拖动自动控制系统基本运动方程式可知

$$T_e - T_L = \frac{J}{n_p} \times \frac{\mathrm{d}\omega}{\mathrm{d}t}$$

控制电磁转矩就能控制 $\mathrm{d}\omega/\mathrm{d}t$，因此，归根结底，调速系统的动态性能就是控制转矩的能

力。而在前已介绍的异步电动机变压变频调速系统中，需要控制的是电压（或电流）和频率，所以就要求该调速系统能够通过控制电压（电流）和频率来控制电磁转矩，这是寻求高动态性能控制方法时需要解决的问题。

(1) 转差频率控制的基本概念

对转矩的控制，直流电动机实现起来相对简单一些，因为直流电动机的转矩与电枢电流成正比，控制电流就能控制转矩，可是在交流异步电动机中，影响转矩的因素较多，控制其转矩的问题也比较复杂。

按照前已述及的恒 E_g/ω_1 控制（即恒 Φ_m 控制）时，电磁转矩公式为式(4-20)，即

$$T_e=3n_p\left(\frac{E_g}{\omega_1}\right)^2\frac{s\omega_1R_r'}{R_r'^2+s^2\omega_1^2L_{lr}'^2}$$

将 $E_g=4.44f_1N_sk_{Ns}\Phi_m=4.44\dfrac{\omega_1}{2\pi}N_sk_{Ns}\Phi_m=\dfrac{1}{\sqrt{2}}\omega_1N_sk_{Ns}\Phi_m$ 代入上式，得

$$T_e=\frac{3}{2}n_pN_s^2k_{Ns}^2\Phi_m^2\frac{s\omega_1R_r'}{R_r'^2+s^2\omega_1^2L_{lr}'^2} \tag{4-46}$$

将 $\omega_s=s\omega_1$ 定义为转差角频率，$K_m=\dfrac{3}{2}n_pN_s^2k_{Ns}^2$ 定义为电机的结构常数，则转矩为

$$T_e=K_m\Phi_m^2\frac{\omega_sR_r'}{R_r'^2+(\omega_sL_{lr}')^2} \tag{4-47}$$

当电动机稳态运行时，s 值很小，ω_s 也跟着很小，只有 ω_1 的百分之几，可以认为 $\omega_sL_{lr}'\ll R_r'$，则转矩可近似表示为

$$T_e\approx K_m\Phi_m^2\frac{\omega_s}{R_r'} \tag{4-48}$$

上式表明，在 s 值很小的稳态运行范围内，如果能够保持气隙磁通 Φ_m 不变，异步电动机的转矩就近似与转差角频率 ω_s 成正比。所以，从控制转矩这个角度出发，异步电动机中的 ω_s 相当于直流电动机中的电流，控制转差频率 ω_s 就代表控制转矩，这就是转差频率控制的基本概念。

(2) 基于异步电动机稳态模型的转差频率控制规律

从式(4-48) 所得到的转差频率控制概念是在 ω_s 很小时得到的，当 ω_s 较大时，不得不采用精确转矩公式——式(4-20)，把这个转矩特性（即机械特性）用 $T_e=f(\omega_s)$ 来表达，画在图 4-40 中。从图中可以看出，在 ω_s 较小的稳态运行段，转矩 T_e 基本上与 ω_s 成正比，当 T_e 达到其最大值 T_{emax} 时，ω_s 达到 ω_{smax} 值，也称为临界值，当 ω_s 继续增大时，转矩反而减小，对于恒转矩负载为不稳定区域。对于式(4-20) 取 $dT_e/d\omega_s=0$，可得

$$\omega_{smax}=\frac{R_r'}{L_{lr}'}=\frac{R_r}{L_{lr}} \tag{4-49}$$

对应的最大转矩（临界转矩）

$$T_{emax}=\frac{K_m\Phi_m^2}{2L_{lr}'} \tag{4-50}$$

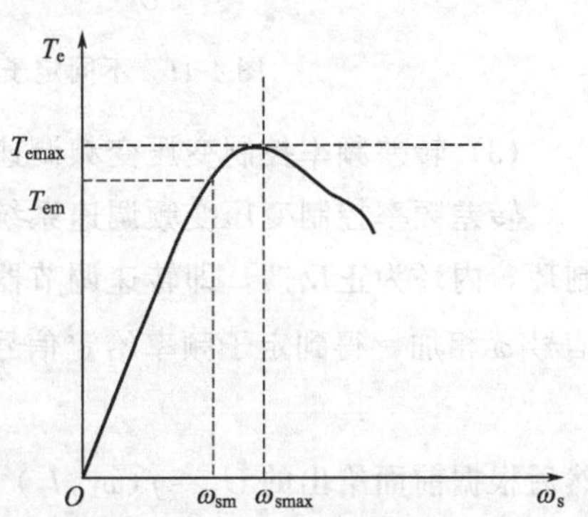

图 4-40　按恒 Φ_m 值控制的 $T_e=f(\omega_s)$ 特性

在转差频率控制系统中，必须给 ω_s 限幅，使其限幅

值为

$$\omega_{sm} < \omega_{smax} = \frac{R_r}{L_{lr}} \tag{4-51}$$

就可以基本保持 T_e 与 ω_s 的正比关系，也就可以用转差频率来控制转矩，这是转差频率控制的基本规律之一。

上述规律是在保持 Φ_m 恒定的前提下才成立的，于是又带来第二个问题，如何保持 Φ_m 恒定？由前面的分析已经知道，按恒 E_g/ω_1 控制时可保持 Φ_m 恒定。在图 4-1 所示的等效电路中可得：

$$\dot{U}_s = \dot{I}_s(R_s + j\omega_1 L_{ls}) + \dot{E}_g = \dot{I}_s(R_s + j\omega_1 L_{ls}) + \left(\frac{\dot{E}_g}{\omega_1}\right)\omega_1 \tag{4-52}$$

由此可见，要实现恒 E_g/ω_1 控制，须在 U_s/ω_1 = 恒值的基础上再提高电压 U_s 以补偿定子电流压降。如果忽略电流相量相位变化的影响，仅考虑幅值的补偿，不同定子电流时恒 E_g/ω_1 控制所需的电压-频率特性 $U_s = f(\omega_1, I_s)$ 如图 4-41 所示，高频时定子漏抗压降占主导地位，可忽略定子电阻，则电压-频率特性近似呈线性性质。低频时定子电阻 R_s 的影响不可忽略，曲线呈现非线性性质。因此保持 E_g/ω_1 恒定，也就是保持 Φ_m 恒定，这是转差频率控制的基本规律之二。

总结起来，转差频率控制的规律是：

① 在 $\omega_s \leqslant \omega_{sm}$ 的范围内，转矩 T_e 基本上与 ω_s 成正比，条件是气隙磁通不变。

② 在不同的定子电流值时，按图 4-41 的 $U_s = f(\omega_1, I_s)$ 函数关系控制定子电压和频率，就能保持气隙磁通 Φ_m 恒定。

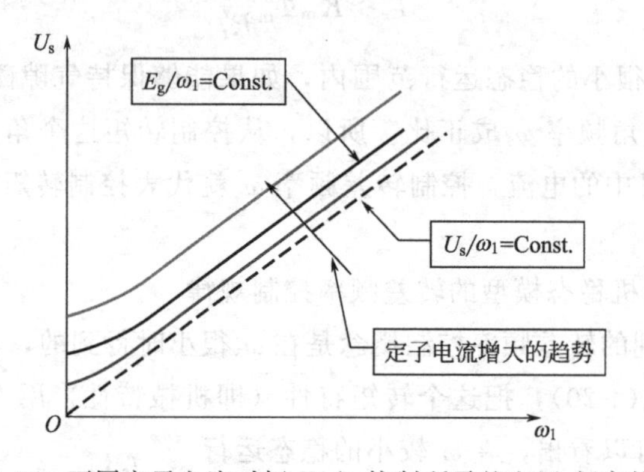

图 4-41 不同定子电流时恒 E_g/ω 控制所需的电压-频率特性

(3) 转差频率控制变压变频调速系统的实现

转差频率控制变压变频调速系统结构原理图如图 4-42 所示，图中的系统有两个反馈控制环，内环为正反馈，即转速调节器 ASR 的输出信号是转差频率给定 ω_s^*，ω_s^* 与实测转速信号 ω 相加，得到定子频率给定信号 ω_1^*：

$$\omega_s^* + \omega = \omega_1^* \tag{4-53}$$

然后根据前面给出的 $U_s = f(\omega_1, I_s)$ 函数关系，由 ω_1^* 和定子电流反馈信号 I_s 求得定子电压给定信号 $U_s^* = f(\omega_1^*, I_s)$，用 U_s^* 和 ω_1^* 控制 PWM 电压型逆变器，即得异步电动机调速所需的变压变频电源。实际转速通过速度传感器 FBS 测得，构成外环转速的负反馈。

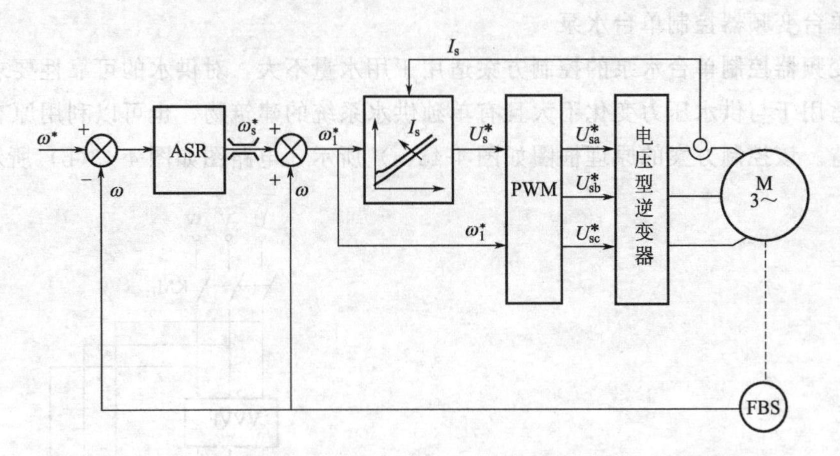

图 4-42　转差频率控制的转速闭环变压变频调速系统结构原理图

式(4-52) 表示转差角频率 ω_s^* 与实测转速信号 ω 相加后得到定子频率输入信号 ω_1^*，是转差频率控制系统突出的特点或优点。它表明，在调速过程中，实际频率 ω_1 随着实际转速 ω 同步地上升或下降，由此实现的加、减速平滑而且稳定。而且在动态过程中转速调节器 ASR 饱和，系统能用对应于 ω_{sm} 的限幅转矩 T_{em} 进行控制，保证了在允许条件下的快速性。由此可见，转速闭环转差频率控制的交流变压变频调速系统能够像直流电动机双闭环控制系统那样具有较好的静、动态性能，是一个比较优越的控制策略，结构也不算复杂。然而，它的静、动态性能还不能完全达到直流双闭环系统的水平，存在差距的原因有以下几个方面。

① 分析转差频率控制规律是由异步电动机稳态等效电路和稳态转矩公式推得的，所谓的"保持磁通 Φ_m 恒定"的结论也只在稳态情况下才能成立。

② 在 $U_s = f(\omega_1, I_s)$ 函数关系中只控制了定子电流的幅值，没有控制到电流的相位，而在动态中电流的相位也是影响转矩变化的因素。

③ 在频率控制环节中，取 $\omega_1 = \omega_s + \omega$，使频率 ω_1 得以与转速 ω 同步升降，这本是转差频率控制的优点。然而，如果转速检测信号不准确或存在干扰，也就会直接给频率造成误差，因为所有这些偏差和干扰都以正反馈的形式毫无衰减地传递到频率控制信号上来了。

要进一步提高异步电动机调速性能，必须从动态模型出发，总结出控制规律。

※4.5　变频调速在恒压供水系统中的应用

应用变频调速设备调节水量是一种完全匹配的供水方式，根据用水量的大小，通过改变水泵电机的供电频率，自动调节水泵电机的转速，以及增加或者减少投入运行的水泵数量，以保证供水压力的恒定。变频调速恒压供水系统一方面解决了老式屋顶水箱供水所带来的水质污染问题，另一方面能有效地降低能耗，据资料统计，变频调速恒压供水系统与老式气压供水系统相比，节约电能可达 14%左右。因此，在城市自来水管网系统、住宅小区生活消防水系统、楼宇中央空调冷却水系统中正越来越多地使用变频调速恒压供水系统。

变频调速恒压供水系统以保持出口管道水压恒定为控制目标，利用水压偏差信号的 PID 调节控制水泵的转速，达到恒压供水的目的。下面介绍几种变频调速恒压供水系统。

(1) 单台变频器控制单台水泵

单台变频器控制单台水泵的控制方案适用于用水量不大，对供水的可靠性要求不高的场合，尤其适用于与供水压力变化不大且有单独供水系统的建筑物。也可以利用原有管网及水泵进行改造。该控制方案的原理框图如图 4-43(a) 所示，电路图如图 4-43(b) 所示。

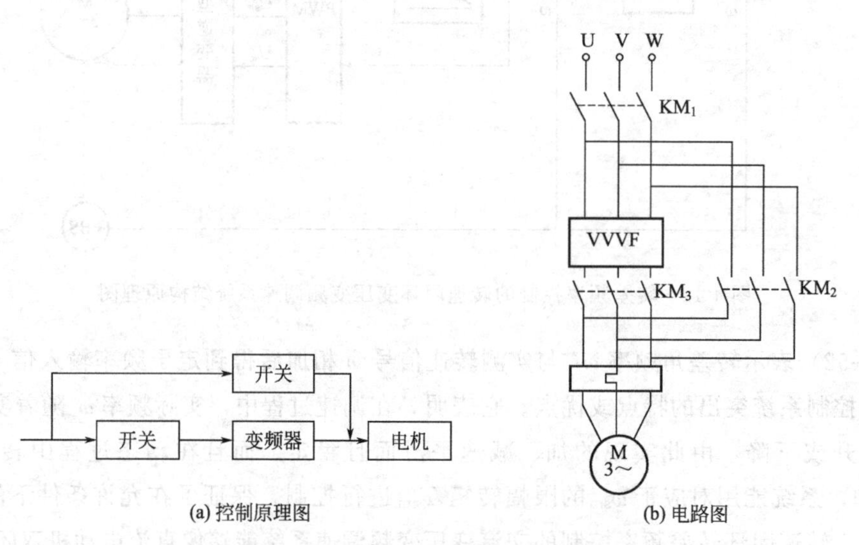

图 4-43 单台变频器控制单台水泵

(2) 单台变频器控制多台水泵

利用单台变频器控制多台水泵的控制方案适用于大多数供水系统，是目前应用比较先进的一种方案，所以用这样的方案来详细说明控制过程。该方案的原理如图 4-44 所示。

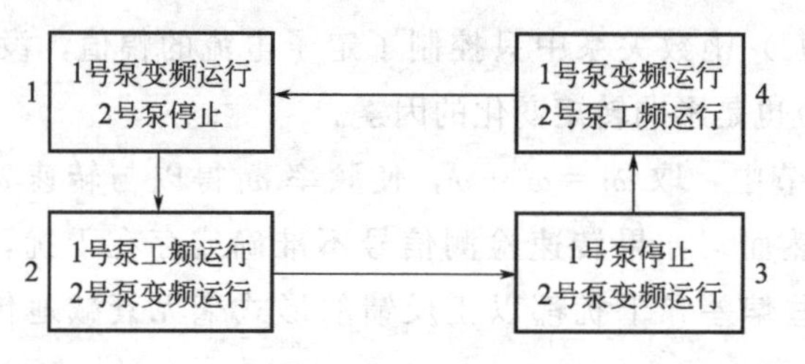

图 4-44 单台变频器控制多台水泵的控制原理图

控制系统的工作原理如下：根据系统用水量的变化，控制系统两台水泵按 1—2—3—4—1 的顺序运行，以保证正常供水。开始工作时，系统用水量不多，只有 1 号泵在变频器控制下运行，2 号泵处于停止状态，控制系统处于状态 1。当用水量增加，变频器输出频率增加，则 1 号泵电机的转速也增加，当变频器增加到最高输出频率时，表示只有一台水泵工作已不能满足系统用水的要求，此时通过控制系统，1 号泵从变频器电源转换到普通的交流电源，而变频器电源启动 2 号泵电机，控制系统处于状态 2。

当系统用水高峰过后，用水量减少时，表示一台水泵工作能满足系统用水的要求，此时，通过控制系统的控制，可将 1 号泵停止，2 号泵由变频器供电，控制系统处于状态 3。

当用水量又增加到最高频率时，通过控制系统的控制，2 号泵从变频器电源转换到普通交流电源，而变频器启动 1 号泵电机，控制系统处于状态 4。

当控制系统处于状态 4 时，用水量又减少，变频器输出频率减少，若减至设定频率时，表示只有一台水泵工作已能满足系统，此时，通过控制系统的控制，可将 2 号泵电机停运，1 号泵电机仍由变频器供电，此时系统又回到了状态 1。如此循环往复，以满足系统用水需求。

(3) 变频器同时控制单台水泵以及其他水泵

单台变频器控制单台水泵以及其他水泵启停的控制方案与单台变频器控制多台水泵的控制方案有许多相同之处，差别仅在于单台变频器控制多台水泵时变频器可在水泵电机间轮换工作，而本控制方案则不同，变频器只控制一台泵，不能去控制其他泵，下面以两台泵中的一台由变频器供电，另一台由普通交流电源供电的恒压供水系统来加以说明。

两台水泵中，一台是由变频器供电的变速泵，另外一台是由普通交流电压供电的定速泵。当系统用水量较小时，可以只用变频器供电的变速泵，当变频器供电的频率达到最大时，表明一台水泵已不能满足系统用水要求，此时需要启动定速泵，由变速泵与定速泵同时工作。当系统用水量减小到使变频器的输出频率低于某一设定值时，此时控制系统就将定速泵停运，只应用变速泵工作。这时又回到了原先的状态，如此循环往复，以满足系统用水的需要。

这种控制方式的优点是结构简单，安装调试方便。但在整个过程中由变频器供电的变速泵总在工作，该水泵一旦出现故障将会影响整个系统的供水。

练 习 题

4-1 为什么交流调速受到人们广泛重视并得到积极发展?

4-2 异步电动机从定子传入转子的电磁功率 P_m 中，有一部分是与转差成正比的转差功 P_s 率，根据对处理方式的不同，可把交流调速系统分成哪几类? 并举例说明。

4-3 采用二极管不可控整流器和功率开关器件脉宽调制（PWM）逆变器组成的交直交逆变器有什么优点?

4-4 简述恒压频比控制方式。

4-5 变频调速系统中，对交直交逆变电路的触发脉冲控制角是否限制 β_{min}? 对交-交变频器的触发脉冲控制角是否限制 β_{min}?

4-6 异步电动机变频调速时，为何要协调控制电压，在整个调速范围内，保持电压恒定是否可行? 为何在基频以下时，采用恒压频比控制，而在基频以上保持电压恒定?

4-7 简述异步电动机在下面 4 种不同的电压-频率协调控制时的机械特性并进行比较：

(1) 恒压恒频正弦波供电时异步电动机的机械特性；

(2) 基频以下电压-频率协调控制时异步电动机的机械特性；

(3) 基频以上恒压变频控制时异步电动机的机械特性；

(4) 恒流正弦波供电时异步电动机的机械特性。

4-8 电压源变频器输出电压是方波，输出电流是近似正弦波；电流源变频器输出电流是方波，输出电压是近似正弦波。能否据此得出电压源变频器输出电流波形中的谐波成分，比电流源变频器输出电流波形中的谐波成分小的结论? 在变频调速系统中，负载电动机希望得到的是正弦波电压还是正弦波电流?

4-9 常用的交流PWM有3种控制方式，分别为SPWM、CFPWM和SVPWM，论述它们的基本特征及各自的优缺点。

4-10 分析电流滞环跟踪PWM控制中，环宽h对电流波动与开关频率的影响。

4-11 交流PWM变换器和直流PWM变换器有什么异同？

4-12 采用SVPWM控制，用有效工作电压矢量合成期望的输出电压矢量，由于期望输出电压矢量是连续可调的，因此，定子磁链矢量轨迹可以是圆，这种说法是否正确？为什么？

4-13 在转差频率控制的变频调速系统中，当转差频率的测量值大于或小于实际值时，将给系统工作造成怎样的影响？

4-14 一台三相笼型异步电动机名牌数据为：额定电压$U_N=380V$，额定转速$n_N=960r/min$，额定频率$f_N=50Hz$，定子绕组Y连接。由实验测得定子电阻$R_s=0.35\Omega$，定子漏感$L_{1s}=0.006H$，定子每相绕组产生气隙主磁通的等效电感$L_m=0.26H$，转子电阻$R'_r=0.5\Omega$，转子漏感$L'_{1r}=0.007H$，转子参数已折合到定子侧，忽略铁芯损耗。若定子每相绕组匝数$N_s=125$，定子基波绕组系数$k_{N_s}=0.92$，定子电压和频率均为额定值。求：

(1) 忽略定子漏阻抗，每极气隙磁通量Φ_m和气隙磁通在定子每相中异步电动势的有效值E_g；

(2) 考虑定子漏阻抗，在理想空载和额定负载时的Φ_m和E_g；

(3) 比较上述2种情况下Φ_m和E_g的差异，并说明原因；

(4) 计算在理想空载和额定负载时的定子磁通Φ_{ms}和定子每相绕组感应电动势E_s；

(5) 计算转子磁通Φ_{mr}和转子绕组中的感应电动势（折合到定子边）E_r；

(6) 分析与比较在额定负载时，Φ_m、Φ_{ms}和Φ_{mr}的差异，E_g、E_s和E_r的差异，并说明原因。

4-15 异步电动机基频下调速时，气隙磁通量Φ_m、定子磁通Φ_{ms}和转子磁通Φ_{mr}受负载的变换而变化，要保持恒定需要采用电流补偿控制。写出保持3种磁通恒定的电流补偿控制的相量表达式；若仅采用幅值补偿是否可行？比较两者的差异。

4-16 忽略定子电阻的影响，讨论定子电压空间矢量$\boldsymbol{u}_s$与定子磁链$\boldsymbol{\Psi}_s$的关系，当三相电压u_{AO}、u_{BO}、u_{CO}为正弦对称时，写出电压空间矢量$\boldsymbol{u}_s$与定子磁链$\boldsymbol{\Psi}_s$的表达式，画出各自的运动轨迹。

4-17 在转速开环的交-直-交电压源和电流源变频调速系统中，为何要使用频率给定动态校正器，两者有何区别？

4-18 转速闭环、转差频率控制的变频调速系统，能否采用交-直-交电压源变频器？为什么？

第5章　基于动态模型的异步电动机调速系统

要获得良好的调速性能，必须从动态模型出发，分析异步电动机的转矩和磁链控制规律，研究高性能异步电动机的调速方案。本章5.1节首先推导出异步电动机三相原始的动态数学模型，并讨论其非线性、强耦合、多变量性质，然后利用坐标变换进行简化，得到两相旋转坐标系和两相静止坐标系上的数学模型。5.2节论述矢量控制系统，通过矢量变换和按转子磁链定向，对定子电流的励磁分量与转矩分量解耦，得到等效直流电动机模型，然后按照直流电动机模型设计控制系统，讨论矢量控制系统的多种实现方案。5.3节讨论直接转矩控制系统，利用定子电压矢量对转矩和定子磁链的控制作用以及转矩偏差和定子磁链幅值偏差的符号，根据当前定子磁链矢量所在的位置，直接选取合适的定子电压矢量，实施电磁转矩和定子磁链的控制。5.4节对上述两类高性能的异步电动机调速系统进行比较，分析了各自的优缺点。5.5节介绍直接转矩控制系统的应用实例。

5.1　异步电动机动态数学模型

基于稳态数学模型的异步电动机调速系统虽然能够在一定范围内实现平滑调速，但是，如果遇到轧钢机、数控机床、机器人、载客电梯等需要高动态性能的调速系统或伺服系统，就不能完全适用了。要实现高动态性能的系统，必须首先认真研究异步电动机的动态数学模型，并以此来设计系统。

5.1.1　异步电动机动态数学模型的性质

磁通是电动机进行机电能量转换的必要物理量，无论是直流电动机还是交流电动机，都存在着电流乘磁通产生转矩、转速乘磁通产生感应电动势的关系，但由于这两类电动机结构不同，磁通的建立及在动态过程中表现截然不同。

直流电动机的磁通由励磁绕组产生，有单独的电路，可以在电枢合上电源以前建立起来，若忽略电枢反应或通过补偿绕组抵消电枢反应，并保持励磁电流恒定，可以认为磁通不参与系统的动态过程（弱磁调速时除外），因此直流电动机的动态数学模型只是一个单输入——电枢电压和单输出——转速的简单模型，在工程上能够允许的一些假定条件下，可以描述成单变量（单输入单输出）的三阶线性系统。完全可以应用经典的线性控制理论和由它发展出来的工程设计方法进行分析与设计。

而交流电动机的数学模型和直流电动机有着本质上的区别，不能直接简单地使用同样的理论和方法来分析与设计交流调速系统，具体原因如下。

① 异步电动机变压变频调速时需要进行电压（或电流）和频率的协调控制，有电压（电流）和频率两种独立的输入变量。在输出变量中，除转速外，磁通也得算一个独立的输出变量。因为电动机只有一个三相输入电源，磁通的建立和转速的变化是同时进行的，为了获得良好的动态性能，也希望对磁通施加某种控制，使它在动态过程中尽量保持恒定，才能产生较大的动态转矩。这些因素放在一起，使得异步电动机是一个多变量（多输入多输出）

系统，而电压（电流）、频率、磁通、转速之间又互相都有影响，所以是强耦合的多变量系统。

② 在异步电动机中，电流乘磁通产生转矩，转速乘磁通得到感应电动势，由于它们都是同时变化的，在数学模型中就含有两个变量的乘积项，即使不考虑磁饱和等因素，数学模型也是非线性的。

③ 三相异步电动机定子有三个对称绕组，转子也可等效为三个绕组，除了各绕组间存在严重的交叉耦合外，每个绕组产生磁通时都有自己的电磁惯性，再考虑到运动系统的机电惯性，及转速与转角的积分关系，异步电动机的动态数学模型是一个高阶系统。

总之，异步电动机的动态数学模型是一个高阶、非线性、强耦合的多变量系统。

5.1.2 三相异步电动机的原始数学模型

在建立异步电动机的动态数学模型时，常作如下的假设：

① 忽略空间谐波，设三相绕组对称，在空间中互差120°电角度，所产生的磁动势沿气隙周围按正弦规律分布；

② 忽略磁路饱和，各绕组的自感和互感都是恒定的；

③ 忽略铁芯损耗；

④ 不考虑频率变化和温度变化对绕组电阻的影响。

对于感应式异步电动机，无论转子是绕线型还是笼型的，都可以等效成三相绕线式转子，并折算到定子侧，折算后的定子和转子绕组匝数都相等。这样处理后，三相异步电动机的物理模型如图5-1所示，定子三相绕组轴线 A、B、C 在空间是固定的，以 A 轴为参考坐标轴；转子绕组轴线 a、b、c 随转子旋转，转子 a 轴和定子 A 轴间的电角度 θ 为空间角位移变量。规定各绕组电压、电流、磁链的正方向符合电动机惯例和右手螺旋定则。

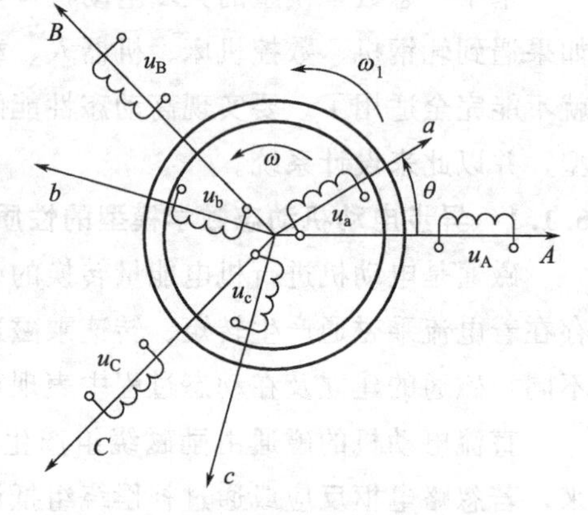

图5-1 三相异步电动机的物理模型

建立异步电动机的数学模型主要由下述电压方程、磁链方程、转矩方程和运动方程组成。

(1) 电压方程

三相定子绕组的电压平衡方程为

$$
\begin{aligned}
u_A &= i_A R_s + \frac{d\psi_A}{dt} \\
u_B &= i_B R_s + \frac{d\psi_B}{dt} \\
u_C &= i_C R_s + \frac{d\psi_C}{dt}
\end{aligned}
\tag{5-1}
$$

与此相应，三相转子绕组折算到定子侧后的电压方程为

$$
\begin{aligned}
u_a &= i_a R_r + \frac{d\psi_a}{dt} \\
u_b &= i_b R_r + \frac{d\psi_b}{dt}
\end{aligned}
\tag{5-2}
$$

$$u_c = i_c R_r + \frac{d\psi_c}{dt}$$

式中　u_A，u_B，u_C，u_a，u_b，u_c——定子和转子相电压的瞬时值；

i_A，i_B，i_C，i_a，i_b，i_c——定子和转子相电流的瞬时值；

ψ_A，ψ_B，ψ_C，ψ_a，ψ_b，ψ_c——各相绕组的全磁链；

R_s，R_r——定子和转子绕组电阻。

上述各量都已折算到定子侧，为了简单起见，表示折算的上角标“′”均省略。

将电压方程写成矩阵形式，并以微分算子 p 代替微分符号 d/dt

$$\begin{bmatrix} u_A \\ u_B \\ u_C \\ u_a \\ u_b \\ u_c \end{bmatrix} = \begin{bmatrix} R_s & 0 & 0 & 0 & 0 & 0 \\ 0 & R_s & 0 & 0 & 0 & 0 \\ 0 & 0 & R_s & 0 & 0 & 0 \\ 0 & 0 & 0 & R_r & 0 & 0 \\ 0 & 0 & 0 & 0 & R_r & 0 \\ 0 & 0 & 0 & 0 & 0 & R_r \end{bmatrix} \begin{bmatrix} i_A \\ i_B \\ i_C \\ i_a \\ i_b \\ i_c \end{bmatrix} + p \begin{bmatrix} \psi_A \\ \psi_B \\ \psi_C \\ \psi_a \\ \psi_b \\ \psi_c \end{bmatrix} \tag{5-3}$$

或写成

$$\boldsymbol{u} = \boldsymbol{R}\boldsymbol{i} + p\boldsymbol{\Psi} \tag{5-4}$$

(2) 磁链方程

每个绕组的磁链是它本身的自感磁链和其他绕组对它的互感磁链之和，因此，六个绕组的磁链可表达为

$$\begin{bmatrix} \psi_A \\ \psi_B \\ \psi_C \\ \psi_a \\ \psi_b \\ \psi_c \end{bmatrix} = \begin{bmatrix} L_{AA} & L_{AB} & L_{AC} & L_{Aa} & L_{Ab} & L_{Ac} \\ L_{BA} & L_{BB} & L_{BC} & L_{Ba} & L_{Bb} & L_{Bc} \\ L_{CA} & L_{CB} & L_{CC} & L_{Ca} & L_{Cb} & L_{Cc} \\ L_{aA} & L_{aB} & L_{aC} & L_{aa} & L_{ab} & L_{ac} \\ L_{bA} & L_{bB} & L_{bC} & L_{ba} & L_{bb} & L_{bc} \\ L_{cA} & L_{cB} & L_{cC} & L_{ca} & L_{cb} & L_{cc} \end{bmatrix} \begin{bmatrix} i_A \\ i_B \\ i_C \\ i_a \\ i_b \\ i_c \end{bmatrix} \tag{5-5}$$

或写成

$$\boldsymbol{\Psi} = \boldsymbol{L}\boldsymbol{i} \tag{5-6}$$

式中，$\boldsymbol{L}$ 是 6×6 电感矩阵，其中对角线元素 L_{AA}、L_{BB}、L_{CC}、L_{aa}、L_{bb}、L_{cc} 是各有关绕组的自感，其余各项则是绕组间的互感。

根据电机原理，与电机绕组交链的磁通主要有两类：一类是穿过气隙的相间互感磁通，又称为主磁通，另一类是只与一相绕组交链而不穿过气隙的漏磁通，前者是主要的。定子各相漏磁通所对应的电感称作定子漏感 L_{ls}，转子各相漏磁通则对应于转子漏感 L_{lr}。与定子一相绕组交链的最大互感磁通对应于定子互感 L_{ms}，与转子一相绕组交链的最大互感磁通对应于转子互感 L_{mr}。折算后定、转子绕组匝数相等，且各绕组间互感磁通都通过气隙，可以认为磁阻相同，故存在 $L_{ms} = L_{mr}$ 的关系。

就每一相绕组所处的位置而言，它所交链的磁通是互感磁通与漏感磁通之和，因此，定子、转子各相自感分别为

$$L_{AA} = L_{BB} = L_{CC} = L_{ms} + L_{ls} \tag{5-7}$$

$$L_{aa}=L_{bb}=L_{cc}=L_{mr}+L_{lr} \tag{5-8}$$

两相绕组之间只有互感，互感又分为两类：

① 定子三相之间和转子三相之间位置是固定的，互感为常值。三相绕组轴线在空间的相位差是±120°，在假定气隙磁通为正弦分布的条件下，互感值应为 $L_{ms}\cos 120°=L_{ms}\cos(-120°)=-\frac{1}{2}L_{ms}$，进而推出

$$L_{AB}=L_{BC}=L_{CA}=L_{BA}=L_{CB}=L_{AC}=-\frac{1}{2}L_{ms} \tag{5-9}$$

$$L_{ab}=L_{bc}=L_{ca}=L_{ba}=L_{cb}=L_{ac}=-\frac{1}{2}L_{mr}=-\frac{1}{2}L_{ms} \tag{5-10}$$

② 定子任一相与转子任一相之间的位置是变化的，互感是角位移 θ 的函数。从图 5-1 看出，由于转子的旋转，定转子绕组间互感随时间发生变化，可分别表示为

$$L_{Aa}=L_{aA}=L_{Bb}=L_{bB}=L_{Cc}=L_{cC}=L_{ms}\cos\theta \tag{5-11}$$

$$L_{Ab}=L_{bA}=L_{Bc}=L_{cB}=L_{Ca}=L_{aC}=L_{ms}\cos(\theta+120°) \tag{5-12}$$

$$L_{Ac}=L_{cA}=L_{Ba}=L_{aB}=L_{Cb}=L_{bC}=L_{ms}\cos(\theta-120°) \tag{5-13}$$

当定、转子两相绕组轴线重合时，两者之间的互感值最大，就是每相最大互感 L_{ms}。

将式(5-7)～式(5-13)都代入式(5-5)，即得完整的磁链方程，为了便于观察，可以将它写成分块矩阵的形式

$$\begin{bmatrix}\boldsymbol{\Psi}_s\\ \boldsymbol{\Psi}_r\end{bmatrix}=\begin{bmatrix}\boldsymbol{L}_{ss} & \boldsymbol{L}_{sr}\\ \boldsymbol{L}_{rs} & \boldsymbol{L}_{rr}\end{bmatrix}\begin{bmatrix}\boldsymbol{i}_s\\ \boldsymbol{i}_r\end{bmatrix} \tag{5-14}$$

式中，$\boldsymbol{\Psi}_s=[\psi_A\quad\psi_B\quad\psi_C]^T$；$\boldsymbol{\Psi}_r=[\psi_a\quad\psi_b\quad\psi_c]^T$；$\boldsymbol{i}_s=[i_A\quad i_B\quad i_C]^T$；$\boldsymbol{i}_r=[i_a\quad i_b\quad i_c]^T$

$$\boldsymbol{L}_{ss}=\begin{bmatrix}L_{ms}+L_{ls} & -\frac{1}{2}L_{ms} & -\frac{1}{2}L_{ms}\\ -\frac{1}{2}L_{ms} & L_{ms}+L_{ls} & -\frac{1}{2}L_{ms}\\ -\frac{1}{2}L_{ms} & -\frac{1}{2}L_{ms} & L_{ms}+L_{ls}\end{bmatrix} \tag{5-15}$$

$$\boldsymbol{L}_{rr}=\begin{bmatrix}L_{ms}+L_{lr} & -\frac{1}{2}L_{ms} & -\frac{1}{2}L_{ms}\\ -\frac{1}{2}L_{ms} & L_{ms}+L_{lr} & -\frac{1}{2}L_{ms}\\ -\frac{1}{2}L_{ms} & -\frac{1}{2}L_{ms} & L_{ms}+L_{lr}\end{bmatrix} \tag{5-16}$$

$$\boldsymbol{L}_{rs}=\boldsymbol{L}_{sr}^{T}=L_{ms}\begin{bmatrix}\cos\theta & \cos(\theta-120°) & \cos(\theta+120°)\\ \cos(\theta+120°) & \cos\theta & \cos(\theta-120°)\\ \cos(\theta-120°) & \cos(\theta+120°) & \cos\theta\end{bmatrix} \tag{5-17}$$

$\boldsymbol{L}_{rs}$和$\boldsymbol{L}_{sr}$两个分块矩阵互为转置，且均与转子位置 θ 有关，它们的元素都是变参数，这是导致系统呈非线性的一个原因。

把前面磁链方程的简写式(5-6) 代入电压方程的简写式(5-4)，得到展开后的电压方程

$$\boldsymbol{u}=\boldsymbol{Ri}+p(\boldsymbol{Li})=\boldsymbol{Ri}+\boldsymbol{L}\frac{d\boldsymbol{i}}{dt}+\frac{d\boldsymbol{L}}{dt}\boldsymbol{i}=\boldsymbol{Ri}+\boldsymbol{L}\frac{d\boldsymbol{i}}{dt}+\frac{d\boldsymbol{L}}{d\theta}\omega\boldsymbol{i} \tag{5-18}$$

式中，$\boldsymbol{L}\mathrm{d}\boldsymbol{i}/\mathrm{d}t$ 项属于电磁感应电动势中的脉变电动势（或称变压器电动势），$(\mathrm{d}\boldsymbol{L}/\mathrm{d}\theta)\omega\boldsymbol{i}$ 项属于电磁感应电动势中与转速 ω 成正比的旋转电动势。

（3）转矩方程

根据机电能量转换原理，在多绕组电机中，在线性电感的条件下，磁场的储能和磁共能为

$$W_{\mathrm{m}}=W_{\mathrm{m}}'=\frac{1}{2}\boldsymbol{i}^{\mathrm{T}}\boldsymbol{\psi}=\frac{1}{2}\boldsymbol{i}^{\mathrm{T}}\boldsymbol{L}\boldsymbol{i} \tag{5-19}$$

再结合力学知识，电磁转矩等于机械角位移变化时磁共能的变化率 $\frac{\partial W_{\mathrm{m}}'}{\partial\theta_{\mathrm{m}}}$（电流约束为常值），且机械角位移 $\theta_{\mathrm{m}}=\theta/n_{\mathrm{p}}$，于是

$$T_{\mathrm{e}}=\left.\frac{\partial W_{\mathrm{m}}'}{\partial\theta_{\mathrm{m}}}\right|_{i=\mathrm{const.}}=n_{\mathrm{p}}\left.\frac{\partial W_{\mathrm{m}}'}{\partial\theta}\right|_{i=\mathrm{const.}} \tag{5-20}$$

将式(5-19) 代入式(5-20)，并考虑到电感的分块矩阵关系式(5-15)～式(5-17)，得

$$T_{\mathrm{e}}=\frac{1}{2}n_{\mathrm{p}}\boldsymbol{i}^{\mathrm{T}}\frac{\partial\boldsymbol{L}}{\partial\theta}\boldsymbol{i}=\frac{1}{2}n_{\mathrm{p}}\boldsymbol{i}^{\mathrm{T}}\begin{bmatrix}0 & \frac{\partial\boldsymbol{L}_{\mathrm{sr}}}{\partial\theta}\\ \frac{\partial\boldsymbol{L}_{\mathrm{rs}}}{\partial\theta} & 0\end{bmatrix}\boldsymbol{i} \tag{5-21}$$

再将 $\boldsymbol{i}^{\mathrm{T}}=[\boldsymbol{i}_{\mathrm{s}}^{\mathrm{T}}\quad \boldsymbol{i}_{\mathrm{r}}^{\mathrm{T}}]=[i_{\mathrm{A}}\quad i_{\mathrm{B}}\quad i_{\mathrm{C}}\quad i_{\mathrm{a}}\quad i_{\mathrm{b}}\quad i_{\mathrm{c}}]$ 代入上式得到

$$T_{\mathrm{e}}=\frac{1}{2}n_{\mathrm{p}}\left(\boldsymbol{i}_{\mathrm{r}}^{\mathrm{T}}\frac{\partial\boldsymbol{L}_{\mathrm{rs}}}{\partial\theta}\boldsymbol{i}_{\mathrm{s}}+\boldsymbol{i}_{\mathrm{s}}^{\mathrm{T}}\frac{\partial\boldsymbol{L}_{\mathrm{sr}}}{\partial\theta}\boldsymbol{i}_{r}\right) \tag{5-22}$$

将式(5-22) 中的互感用式(5-17) 替换并展开，并规定电磁转矩的正方向为使 θ 减小的方向，舍去其中的负号，得到

$$T_{\mathrm{e}}=n_{\mathrm{p}}L_{\mathrm{ms}}[(i_{\mathrm{A}}i_{\mathrm{a}}+i_{\mathrm{B}}i_{\mathrm{b}}+i_{\mathrm{C}}i_{\mathrm{c}})\sin\theta+(i_{\mathrm{A}}i_{\mathrm{b}}+i_{\mathrm{B}}i_{\mathrm{c}}+i_{\mathrm{C}}i_{\mathrm{a}})\sin(\theta+120^{\circ})+(i_{\mathrm{A}}i_{\mathrm{c}}+i_{\mathrm{B}}i_{\mathrm{a}}+i_{\mathrm{C}}i_{\mathrm{b}})\sin(\theta-120^{\circ})] \tag{5-23}$$

上述公式是在线性磁路、磁动势在空间按正弦分布的假定条件下得出来的，但对定、转子电流随时间变化的波形未作任何假定，而且式中的 i 都是瞬时值。因此，上述电磁转矩公式完全适用于变压变频器供电的含有电流谐波的三相异步电动机调速系统。

（4）电力拖动系统运动方程

电力拖动系统的运动方程式为

$$T_{\mathrm{e}}=T_{\mathrm{L}}+\frac{J}{n_{\mathrm{p}}}\times\frac{\mathrm{d}\omega}{\mathrm{d}t} \tag{5-24}$$

式中　T_{L}——包括摩擦阻转矩和弹性扭矩的负载转矩；

J——机组的转动惯量。

（5）异步电动机动态数学模型

异步电动机角速度方程为：

$$\omega=\frac{\mathrm{d}\theta}{\mathrm{d}t} \tag{5-25}$$

再结合式(5-14)、式(5-18)、式(5-23) 和式(5-24)，构成在恒转矩负载下三相异步电动机的多变量非线性的数学模型。可见，异步电动机数学模型体现出下列性质。

① 异步电动机可以看作一个双输入双输出的系统，输入量是电压向量和定子输入角频

率，输出量是磁链向量和转子角速度。

② 非线性因素存在于产生旋转电动势 e_r 和电磁转矩 T_e 两个环节上，还包含在电感矩阵 $\boldsymbol{L}$ 中。

③ 多变量之间的耦合关系也主要体现在产生旋转电动势 e_r 和电磁转矩 T_e 两个环节上，特别是后者对系统内部的影响最大。

鉴于异步电动机动态模型是在线性磁路、磁动势在空间按正弦分布的假定条件下得出来的，而对定、转子电压和电流未作任何假定，因此，上述动态模型完全可以用来分析含有高次谐波的三相异步电动机调速系统的动态过程。

5.1.3　坐标变换和变换矩阵

从异步电动机动态数学模型的推导结果来看，要分析和求解这组非线性方程显然是十分困难的。在实际应用中必须设法予以简化，简化的基本方法是坐标变换。从这个模型的整个推导过程中可以看出，它之所以求解困难，关键是因为有一个复杂的 6×6 电感矩阵，它体现了影响磁链和受磁链影响的复杂关系。因此，要简化数学模型，需从简化磁链关系入手。

(1) 坐标变换的基本思路

由电机学理论可知，电机中的磁场分布与绕组密切相关。这样的物理模型绘于图 5-2(a) 中。交流电动机三相对称的静止绕组 A、B、C，通以三相平衡的正弦电流，产生的合成磁动势是旋转磁动势 F，在空间呈正弦分布，以同步转速 ω_1（即电流的角频率）旋转，方向为顺着 A—B—C 相序的方向，如图 5-2(a) 所示的物理模型。而旋转磁动势并不一定非要三相才能产生，除单相以外，两相、三相、四相等任意对称的多相绕组，通以平衡的多相电流，都能产生旋转磁动势，当然以两相最为简单。另外，三相电路变量中只有两相为独立变量，完全可以用两相来表示三相。图 5-2(b) 中绘出了两相静止对称绕组 α 和 β，空间互差 90°，通入时间上互差 90°的两相平衡交流电流，也能产生旋转磁动势 F。当图 5-2(a) 和 (b) 的两个旋转磁动势大小和转速都相等时，即认为图 5-2(b) 的两相绕组与图 5-2(a) 的三相绕组等效。

接下来分析另一种情况，图 5-2(c) 中的两个匝数相等且互相垂直的绕组 M 和 T，其中分别通以直流电流 i_m 和 i_t，产生合成磁动势 F，其位置相对于绕组来说是固定的。如果让

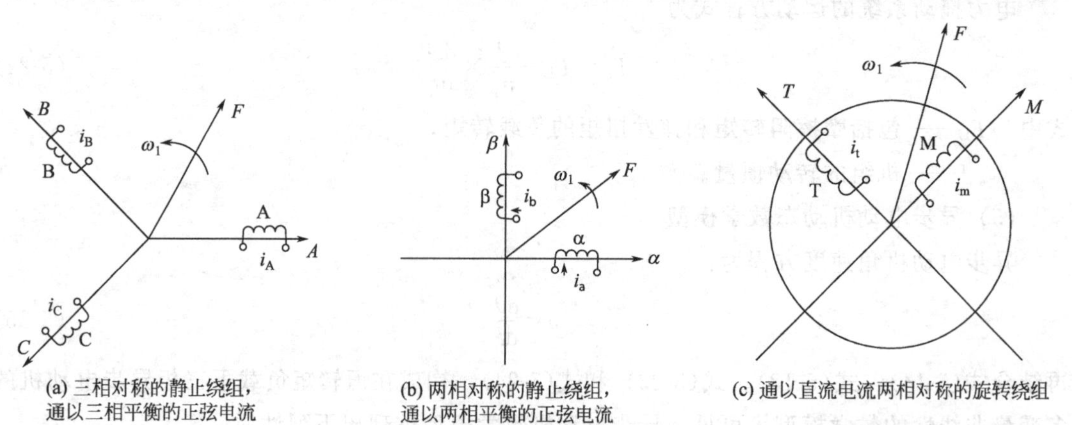

图 5-2　磁场分布与绕组密切关系物理模型

包含两个绕组在内的整个系统以同步转速旋转，则磁动势 F 自然也随之旋转起来，这又是一种旋转磁动势。把这个旋转磁动势的大小和转速也控制成与图（a）和图（b）中的磁动势一样，那么这套旋转的直流绕组也就和前面两套固定的交流绕组都等效了。

众所周知，直流电动机的数学模型比较简单，而且控制容易实现，效果好。直流电动机的磁链由均通以直流的励磁绕组与电枢绕组产生，这两套绕组位置上相互垂直。如果磁通 Φ 的位置在 M 轴上，那么图 5-2(c) 中的 M 绕组相当于励磁绕组，T 绕组相当于电枢绕组，这就和直流电动机物理模型没有本质上的区别了。

综上所述，交流电动机的物理模型可以利用磁链关系的坐标变换等效成类似直流电动机的模式，分析和控制异步电动机就可以得到大大简化。不同电动机模型彼此等效的原则是：在不同坐标下所产生的磁动势完全一致。

(2) 三相-两相变换（3/2 变换）

首先在三相静止绕组 A、B、C 和两相静止绕组 α、β 之间的变换，或称三相静止坐标系和两相静止坐标系间的变换，简称 3/2 变换。

图 5-3 中绘出了 A、B、C 和 α、β 两个原点并在一起的坐标系及磁动势矢量分布，为方便起见，取 A 轴和 α 轴重合。设三相绕组每相有效匝数为 N_3，两相绕组每相有效匝数为 N_2，各相磁动势为有效匝数与电流的乘积，其空间矢量均位于相关相的坐标轴上。

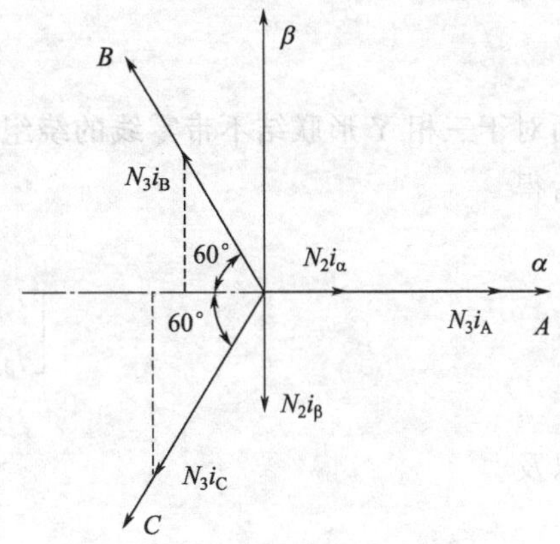

图 5-3　三相静止坐标系和两相静止坐标系间的磁动势等效

按照等效变换的原则，当三相总磁动势与两相总磁动势相等时，两套绕组瞬时磁动势在 α、β 轴上的投影都应相等，因此

$$N_2 i_\alpha = N_3 i_A - N_3 i_B \cos 60^\circ - N_3 i_C \cos 60^\circ = N_3\left(i_A - \frac{1}{2} i_B - \frac{1}{2} i_C\right)$$

$$N_2 i_\beta = N_3 i_B \sin 60^\circ - N_3 i_C \sin 60^\circ = \frac{\sqrt{3}}{2} N_3 (i_B - i_C)$$

写成矩阵形式，得

$$\begin{bmatrix} i_\alpha \\ i_\beta \end{bmatrix} = \frac{N_3}{N_2} \begin{bmatrix} 1 & -\frac{1}{2} & -\frac{1}{2} \\ 0 & \frac{\sqrt{3}}{2} & -\frac{\sqrt{3}}{2} \end{bmatrix} \begin{bmatrix} i_A \\ i_B \\ i_C \end{bmatrix} \tag{5-26}$$

考虑变换前后总功率不变，可以证明（参看附录 3），匝数比应为

$$\frac{N_3}{N_2} = \sqrt{\frac{2}{3}} \tag{5-27}$$

代入式(5-26)，得到

$$\begin{bmatrix} i_\alpha \\ i_\beta \end{bmatrix} = \sqrt{\frac{2}{3}} \begin{bmatrix} 1 & -\frac{1}{2} & -\frac{1}{2} \\ 0 & \frac{\sqrt{3}}{2} & -\frac{\sqrt{3}}{2} \end{bmatrix} \begin{bmatrix} i_A \\ i_B \\ i_C \end{bmatrix} \tag{5-28}$$

用符号 $C_{3/2}$ 表示从三相坐标系变换到两相坐标系的变换矩阵，则

$$C_{3/2}=\sqrt{\frac{2}{3}}\begin{bmatrix}1 & -\frac{1}{2} & -\frac{1}{2}\\ 0 & \frac{\sqrt{3}}{2} & -\frac{\sqrt{3}}{2}\end{bmatrix} \tag{5-29}$$

如果要从两相坐标变换到三相坐标系（简称 2/3 变换），可利用增广矩阵的方法把 $C_{3/2}$ 扩成方阵，求其逆矩阵后，再除去增加的一列，得到

$$C_{2/3}=\sqrt{\frac{2}{3}}\begin{bmatrix}1 & 0\\ -\frac{1}{2} & \frac{\sqrt{3}}{2}\\ -\frac{1}{2} & -\frac{\sqrt{3}}{2}\end{bmatrix} \tag{5-30}$$

而对于三相 Y 形联结不带零线的绕组，则有 $i_A+i_B+i_C=0$，代入矩阵 $C_{3/2}$ 与 $C_{2/3}$ 中，整理后得

$$\begin{bmatrix}i_\alpha\\ i_\beta\end{bmatrix}=\begin{bmatrix}\sqrt{\frac{3}{2}} & 0\\ \frac{1}{\sqrt{2}} & \sqrt{2}\end{bmatrix}\begin{bmatrix}i_A\\ i_B\end{bmatrix} \tag{5-31}$$

以及

$$\begin{bmatrix}i_A\\ i_B\end{bmatrix}=\begin{bmatrix}\sqrt{\frac{2}{3}} & 0\\ -\frac{1}{\sqrt{6}} & \frac{1}{\sqrt{2}}\end{bmatrix}\begin{bmatrix}i_\alpha\\ i_\beta\end{bmatrix} \tag{5-32}$$

还可以证明，电流变换阵与电压变换阵和磁链变换阵相同。

(3) 两相静止-两相旋转变换（2s/2r 变换）

图 5-2(b) 到图 (c) 表示了从两相静止坐标系 α、β 到两相旋转坐标系 M、T 的变换，称作两相静止-两相旋转变换，简称 2s/2r 变换，其中 s 表示静止，r 表示旋转。为了便于推导，将这两个坐标系画在一起，即得图 5-4。图中设定两相交流电流 i_α、i_β 和两个直流电流 i_m、i_t 产生同样以同步转速 ω_1 旋转的合成磁动势 F_s。由于规定各绕组匝数都相等，可以消去磁动势中的匝数，直接用电流表示，例如 F_s 可以直接标成 i_s，因为有旋转量，这里的电流都是空间矢量，而不是时间相量。其中 M、T 轴和矢量 $F_s(i_s)$ 都以转速 ω_1 旋转，电流矢量 i_m、i_t 的长短不变，相当于 M、T 绕组的直流磁动势。但 α、β 轴是静止的，α 轴与 M 轴的夹角 φ 随时间而变化，所以 i_s 在 α、β 轴上投影的长短也随时间变化，相当于

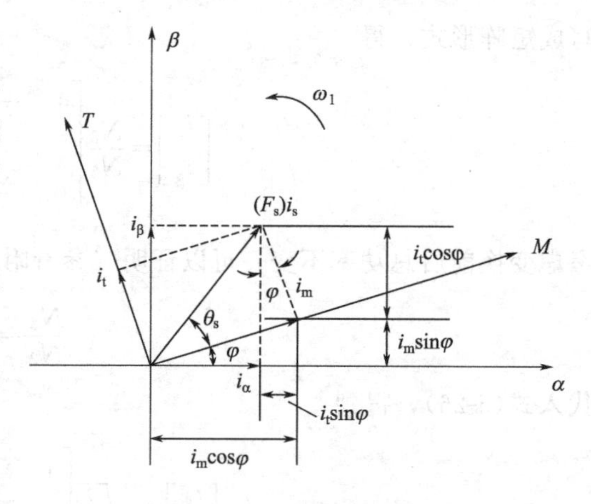

图 5-4 两相静止坐标系变换到两相旋转坐标系磁动势等效

绕组交流磁动势的瞬时值。

从图 5-4 中可以得到 i_α、i_β和 i_m、i_t之间存在下列关系：

$$i_\alpha = i_m\cos\varphi - i_t\sin\varphi$$

$$i_\beta = i_m\sin\varphi + i_t\cos\varphi$$

写成矩阵形式，得

$$\begin{bmatrix} i_\alpha \\ i_\beta \end{bmatrix} = \begin{bmatrix} \cos\varphi & -\sin\varphi \\ \sin\varphi & \cos\varphi \end{bmatrix} \begin{bmatrix} i_m \\ i_t \end{bmatrix} = C_{2r/2s} \begin{bmatrix} i_m \\ i_t \end{bmatrix} \tag{5-33}$$

从中得到两相旋转坐标系到两相静止坐标系的变换阵

$$C_{2r/2s} = \begin{bmatrix} \cos\varphi & -\sin\varphi \\ \sin\varphi & \cos\varphi \end{bmatrix} \tag{5-34}$$

对式(5-33) 两边都左乘以变换阵的逆矩阵，即得

$$\begin{bmatrix} i_m \\ i_t \end{bmatrix} = \begin{bmatrix} \cos\varphi & -\sin\varphi \\ \sin\varphi & \cos\varphi \end{bmatrix}^{-1} \begin{bmatrix} i_\alpha \\ i_\beta \end{bmatrix} = \begin{bmatrix} \cos\varphi & \sin\varphi \\ -\sin\varphi & \cos\varphi \end{bmatrix} \begin{bmatrix} i_\alpha \\ i_\beta \end{bmatrix} \tag{5-35}$$

则两相静止坐标系到两相旋转坐标系的变换阵是

$$C_{2s/2r} = \begin{bmatrix} \cos\varphi & \sin\varphi \\ -\sin\varphi & \cos\varphi \end{bmatrix} \tag{5-36}$$

电压和磁链的旋转变换阵也与电流（磁动势）旋转变换阵相同。

5.1.4　三相异步电动机在两相坐标系上的数学模型

异步电动机的数学模型比较复杂，坐标变换的目的就是要简化数学模型。由于两相坐标轴互相垂直，两相绕组之间没有磁的耦合，一定会使数学模型简单。

(1) 异步电动机在两相任意旋转坐标系（dq 坐标系）上的数学模型

两相坐标系可以是静止的，也可以是旋转的，而任意转速旋转的坐标系为最一般的情况，可以以此为基础，求出更具体的两相坐标系上的数学模型。为了与前面同样是旋转的 M、T 坐标系加以区分，这里采用另一组坐标符号 d 与 q 来表示以任意转速旋转的两相坐标系。设两相坐标中的 d 轴与三相坐标 A 轴的夹角为 θ_s，相当于图 5-4 中的 M 轴，并设 $p\theta_s = \omega_{dqs}$ 为 d、q 坐标系相对于定子的角转速，ω_{dqr} 为 d、q 坐标系相对于转子的角转速。在后面的论述中，下标 s 表示定子，下标 r 表示转子。

尽管转子绕组是旋转的，但是在推导异步电动机原始动态数学模型时已经将其折算至定子侧，所以描述定、转子三相的电压方程式(5-4)、磁链方程式(5-6) 和转矩方程式(5-23) 是建立在静止的三相坐标系上。那么将这些方程都变换到两相旋转坐标系上时，可以先利用 3/2 变换将方程式中定子和转子的电压、电流、磁链和转矩都变换到两相静止坐标系 α、β 上，然后再用旋转变换阵 $C_{2s/2r}$ 将这些变量变换到两相旋转坐标系 d、q 上。具体的变换运算比较复杂，见附录 4，下面直接给出数学模型的推导结果。

① 磁链方程　dq 坐标系上的磁链方程［附录式(4-8)］为

$$\begin{bmatrix} \psi_{sd} \\ \psi_{sq} \\ \psi_{rd} \\ \psi_{rq} \end{bmatrix} = \begin{bmatrix} L_s & 0 & L_m & 0 \\ 0 & L_s & 0 & L_m \\ L_m & 0 & L_r & 0 \\ 0 & L_m & 0 & L_r \end{bmatrix} \begin{bmatrix} i_{sd} \\ i_{sq} \\ i_{rd} \\ i_{rq} \end{bmatrix} \tag{5-37}$$

式中　$L_s=\frac{3}{2}L_{ms}+L_{ls}=L_m+L_{ls}$——$dq$ 坐标系定子等效两相绕组的自感；

$L_r=\frac{3}{2}L_{ms}+L_{lr}=L_m+L_{lr}$——$dq$ 坐标系转子等效两相绕组的自感；

$L_m=\frac{3}{2}L_{ms}$——dq 坐标系定子与转子同轴等效绕组间的互感。

相应的方程表达式为

$$\left.\begin{aligned}\psi_{sd}&=L_s i_{sd}+L_m i_{rd}\\\psi_{sq}&=L_s i_{sq}+L_m i_{rq}\\\psi_{rd}&=L_m i_{sd}+L_r i_{rd}\\\psi_{rq}&=L_m i_{sq}+L_r i_{rq}\end{aligned}\right\}\tag{5-38}$$

从中可见，用两相绕组等效地取代三相绕组后，其互感是原三相绕组中任意两相间最大互感（当轴线重合时）的 3/2 倍。

经过坐标变化，异步电动机在 dq 坐标系上的物理模型如图 5-5 所示，定子和转子的等效绕组都落在同样的两根轴 d 和 q 上，两轴互相垂直，它们之间没有耦合关系，互感磁链只在同轴绕组间存在，所以式(5-38) 中每个磁链分量只剩下两项，电感矩阵比原三相坐标系的 6×6 矩阵明显简单。

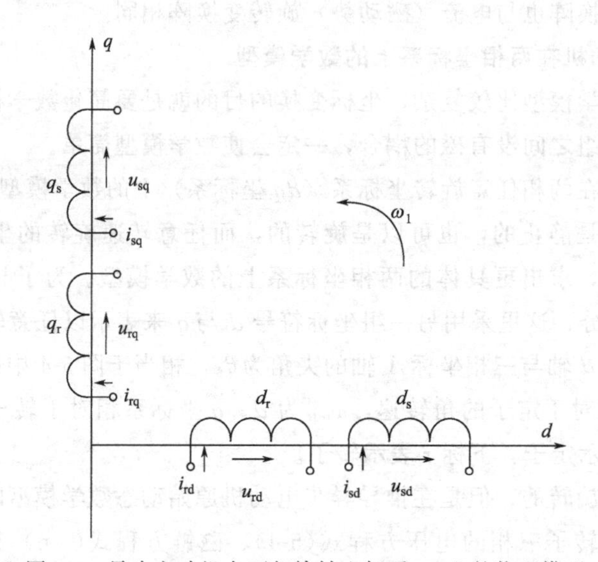

图 5-5　异步电动机在两相旋转坐标系 dq 上的物理模型

② 电压方程　略去在推导过程所使用的零轴分量后，dq 坐标系上的电压方程式［附录式(4-3) 和附录式(4-4)］可写成

$$\left.\begin{aligned}u_{sd}&=R_s i_{sd}+p\psi_{sd}-\omega_{dqs}\psi_{sq}\\u_{sq}&=R_s i_{sq}+p\psi_{sq}+\omega_{dqs}\psi_{sd}\\u_{rd}&=R_r i_{rd}+p\psi_{rd}-\omega_{dqr}\psi_{rq}\\u_{rq}&=R_r i_{rq}+p\psi_{rq}+\omega_{dqr}\psi_{rd}\end{aligned}\right\}\tag{5-39}$$

将上面得到的磁链方程式(5-38) 代入式(5-39) 中，得到如下在 dq 坐标系上的电压矩阵方程式：

$$\begin{bmatrix} u_{sd} \\ u_{sq} \\ u_{rd} \\ u_{rq} \end{bmatrix} = \begin{bmatrix} R_s + L_s p & -\omega_{dqs} L_s & L_m p & -\omega_{dqs} L_m \\ \omega_{dqs} L_s & R_s + L_s p & \omega_{dqs} L_m & L_m p \\ L_m p & -\omega_{dqr} L_m & R_r + L_r p & -\omega_{dqr} L_r \\ \omega_{dqr} L_m & L_m p & \omega_{dqr} L_r & R_r + L_r p \end{bmatrix} \begin{bmatrix} i_{sd} \\ i_{sq} \\ i_{rd} \\ i_{rq} \end{bmatrix} \tag{5-40}$$

同样的，两相坐标系上的电压方程是 4 维的，它比三相坐标系上的 6 维电压方程降低了 2 维。另外，在电压方程式(5-40) 等号右侧的系数矩阵中，含 R 项表示电阻压降，含 Lp 项表示电感压降，即脉变电动势，含 ω 项表示旋转电动势。为了使物理概念更清楚，可以把它们分开写，即

$$\begin{bmatrix} u_{sd} \\ u_{sq} \\ u_{rd} \\ u_{rq} \end{bmatrix} = \begin{bmatrix} R_s & 0 & 0 & 0 \\ 0 & R_s & 0 & 0 \\ 0 & 0 & R_r & 0 \\ 0 & 0 & 0 & R_r \end{bmatrix} \begin{bmatrix} i_{sd} \\ i_{sq} \\ i_{rd} \\ i_{rq} \end{bmatrix} + \begin{bmatrix} L_s p & 0 & L_m p & 0 \\ 0 & L_s p & 0 & L_m p \\ L_m p & 0 & L_r p & 0 \\ 0 & L_m p & 0 & L_r p \end{bmatrix} \begin{bmatrix} i_{sd} \\ i_{sq} \\ i_{rd} \\ i_{rq} \end{bmatrix} + \begin{bmatrix} 0 & -\omega_{dqs} & 0 & 0 \\ \omega_{dqs} & 0 & 0 & 0 \\ 0 & 0 & 0 & -\omega_{dqr} \\ 0 & 0 & \omega_{dqr} & 0 \end{bmatrix} \begin{bmatrix} \psi_{sd} \\ \psi_{sq} \\ \psi_{rd} \\ \psi_{rq} \end{bmatrix} \tag{5-41}$$

③ 转矩和运动方程　dq 坐标系上的转矩方程为

$$T_e = n_p L_m (i_{sq} i_{rd} - i_{sd} i_{rq}) \tag{5-42}$$

而运动方程与坐标变换无关，仍然维持原来的形式：

$$T_e = T_L + \frac{J}{n_p} \times \frac{d\omega}{dt} \tag{5-43}$$

式中　$\omega = \omega_{dqs} - \omega_{dqr}$——电机转子角速度。

式(5-43) 与式(5-37)、式(5-40)、式(5-42) 构成了异步电动机在以任意转速旋转的两相 dq 坐标系上的数学模型。它比原三相坐标系上的数学模型简单了一些，主要体现在阶次降低了，但是变量的数量及其相互间的影响并没有减少，从电压方程式(5-40) 中可以看出，d 轴与 q 轴之间靠 4 个旋转电动势相互耦合，所以，经过坐标变化后，异步电动机动态数学模型的非线性、多变量、强耦合的性质并未改变。

(2) 异步电动机在两相静止坐标系（$\alpha\beta$ 坐标系）上的数学模型

完全任意的旋转坐标系无实际使用意义，需要将转速具体化。比如，在静止坐标系 α、β 上的数学模型是任意旋转坐标系数学模型当坐标转速等于零时的特例。在这种情况下，$\omega_{dqs}=0$，$\omega_{dqr}=-\omega$，即转子角转速是负值，同时将下角标 d、q 改成 α、β，则式(5-37) 的磁链方程成为

$$\begin{bmatrix} \psi_{s\alpha} \\ \psi_{s\beta} \\ \psi_{r\alpha} \\ \psi_{r\beta} \end{bmatrix} = \begin{bmatrix} L_s & 0 & L_m & 0 \\ 0 & L_s & 0 & L_m \\ L_m & 0 & L_r & 0 \\ 0 & L_m & 0 & L_r \end{bmatrix} \begin{bmatrix} i_{s\alpha} \\ i_{s\beta} \\ i_{r\alpha} \\ i_{r\beta} \end{bmatrix} \tag{5-44}$$

而电压矩阵方程式(5-40) 变成

$$\begin{bmatrix} u_{s\alpha} \\ u_{s\beta} \\ u_{r\alpha} \\ u_{r\beta} \end{bmatrix} = \begin{bmatrix} R_s + L_s p & 0 & L_m p & 0 \\ 0 & R_s + L_s p & 0 & L_m p \\ L_m p & \omega L_m & R_r + L_r p & \omega L_r \\ -\omega L_m & L_m p & -\omega L_r & R_r + L_r p \end{bmatrix} \begin{bmatrix} i_{s\alpha} \\ i_{s\beta} \\ i_{r\alpha} \\ i_{r\beta} \end{bmatrix} \tag{5-45}$$

再利用两相旋转变换阵 $C_{2s/2r}$，对电流进行坐标变换可得

$$\begin{aligned} i_{sd} &= i_{s\alpha}\cos\theta + i_{s\beta}\sin\theta \\ i_{sq} &= -i_{s\alpha}\sin\theta + i_{s\beta}\cos\theta \\ i_{rd} &= i_{r\alpha}\cos\theta + i_{r\beta}\sin\theta \\ i_{rq} &= -i_{r\alpha}\sin\theta + i_{r\beta}\cos\theta \end{aligned} \tag{5-46}$$

将其代入式(5-42)，整理后即得 $\alpha\beta$ 坐标上的电磁转矩

$$T_e = n_p L_m (i_{s\beta} i_{r\alpha} - i_{s\alpha} i_{r\beta}) \tag{5-47}$$

式(5-44)、式(5-45)、式(5-47) 再加上运动方程式便成为 $\alpha\beta$ 坐标系上的异步电动机数学模型，又称作 Kron 的异步电动机方程式或双轴原型电机（Two Axis Primitive Machine）的基本方程式。

(3) 异步电动机在两相同步旋转坐标系上的数学模型

两相同步旋转坐标系是一种很常用的坐标系，如前已提到的 M、T 坐标系。下面推导同步旋转坐标系上的数学模型时，坐标轴仍用 d、q 表示，只是坐标轴的旋转速度 ω_{dqs} 等于定子频率的同步角转速 ω_1。若设转子的转速为 ω，则 dq 轴相对于转子的角转速 $\omega_{dqr}=\omega_1-\omega$，即异步电动机的转差速度。将这些速度代入式(5-40)，得到同步旋转坐标系上的电压方程

$$\begin{bmatrix} u_{sd} \\ u_{sq} \\ u_{rd} \\ u_{rq} \end{bmatrix} = \begin{bmatrix} R_s + L_s p & -\omega_1 L_s & L_m p & -\omega_1 L_m \\ \omega_1 L_s & R_s + L_s p & \omega_1 L_m & L_m p \\ L_m p & -\omega_s L_m & R_r + L_r p & -\omega_s L_r \\ \omega_s L_m & L_m p & \omega_s L_r & R_r + L_r p \end{bmatrix} \begin{bmatrix} i_{sd} \\ i_{sq} \\ i_{rd} \\ i_{rq} \end{bmatrix} \tag{5-48}$$

磁链方程、转矩方程和运动方程均不变。

两相同步旋转坐标系的突出特点是，当三相 ABC 坐标系中的电压和电流是正弦交流波时，变换到 dq 坐标系上就成为直流。

5.1.5 三相异步电动机在两相坐标系上的状态方程

现在越来越多地采用状态方程研究和分析异步电动机控制系统的数学模型，因此很有必要建立其相应的状态方程。为了简单起见，这里只讨论两相同步旋转 dq 坐标系上的状态方程，如果需要其他类型的两相坐标，只需稍加变换，就可以得到。

从前面得到的矩阵方程可知，在两相坐标系上的异步电动机具有 4 阶电压方程和 1 阶运动方程，因此其状态方程也应该是 5 阶的，须选取 5 个状态变量。而可选的变量共有 9 个，即转子转速、4 个电流变量和 4 个磁链变量，转速作为输出值必须要选，转子电流是不可测的，不宜用作状态变量，因此只能选定子电流 i_{sd}、i_{sq}，还缺两个，必须选用磁链，要么是转子磁链 ψ_{rd}、ψ_{rq}，要么是定子磁链 ψ_{sd}、ψ_{sq}，所以可以列出以下两种状态方程。

(1) ω-ψ_r-i_s 状态方程

式(5-38) 表示 dq 坐标系上的磁链方程：

$$\begin{aligned}\psi_{sd}&=L_s i_{sd}+L_m i_{rd}\\\psi_{sq}&=L_s i_{sq}+L_m i_{rq}\\\psi_{rd}&=L_m i_{sd}+L_r i_{rd}\\\psi_{rq}&=L_m i_{sq}+L_r i_{rq}\end{aligned}$$

式(5-39) 为任意旋转坐标系上的电压方程：

$$\begin{aligned}u_{sd}&=R_s i_{sd}+p\psi_{sd}-\omega_{dqs}\psi_{sq}\\u_{sq}&=R_s i_{sq}+p\psi_{sq}+\omega_{dqs}\psi_{sd}\\u_{rd}&=R_r i_{rd}+p\psi_{rd}-\omega_{dqr}\psi_{rq}\\u_{rq}&=R_r i_{rq}+p\psi_{rq}+\omega_{dqr}\psi_{rd}\end{aligned}$$

对于同步旋转坐标系：$\omega_{dqs}=\omega_1$、$\omega_{dqr}=\omega_1-\omega=\omega_s$，并且笼型转子内部是短路的，则 $u_{rd}=u_{rq}=0$，于是，上述电压方程可写成

$$\begin{aligned}u_{sd}&=R_s i_{sd}+p\psi_{sd}-\omega_1\psi_{sq}\\u_{sq}&=R_s i_{sq}+p\psi_{sq}+\omega_1\psi_{sd}\\0&=R_r i_{rd}+p\psi_{rd}-(\omega_1-\omega)\ \psi_{rq}\\0&=R_r i_{rq}+p\psi_{rq}+(\omega_1-\omega)\ \psi_{rd}\end{aligned}\tag{5-49}$$

从上面列出的磁链方程第 3、4 两式可以解出

$$i_{rd}=\frac{1}{L_r}(\psi_{rd}-L_m i_{sd})$$

$$i_{rq}=\frac{1}{L_r}(\psi_{rq}-L_m i_{sq})$$

代入式(5-42) 的转矩公式，得

$$T_e=\frac{n_p L_m}{L_r}(i_{sq}\psi_{rd}-L_m i_{sd}i_{sq}-i_{sd}\psi_{rq}+L_m i_{sd}i_{sq})=\frac{n_p L_m}{L_r}(i_{sq}\psi_{rd}-i_{sd}\psi_{rq})\tag{5-50}$$

再将磁链方程式(5-38) 代入式(5-49)，消去 i_{rd}、i_{rq}、ψ_{sd}、ψ_{sq}，同时将式(5-50) 代入运动方程式(5-24)，经整理后即得如下的 ω-ψ_r-i_s 状态方程：

$$\frac{d\omega}{dt}=\frac{n_p^2 L_m}{JL_r}(i_{sq}\psi_{rd}-i_{sd}\psi_{rq})-\frac{n_p}{J}T_L\tag{5-51}$$

$$\frac{d\psi_{rd}}{dt}=-\frac{1}{T_r}\psi_{rd}+(\omega_1-\omega)\psi_{rq}+\frac{L_m}{T_r}i_{sd}\tag{5-52}$$

$$\frac{d\psi_{rq}}{dt}=-\frac{1}{T_r}\psi_{rq}-(\omega_1-\omega)\psi_{rd}+\frac{L_m}{T_r}i_{sq}\tag{5-53}$$

$$\frac{di_{sd}}{dt}=\frac{L_m}{\sigma L_s L_r T_r}\psi_{rd}+\frac{L_m}{\sigma L_s L_r}\omega\psi_{rq}-\frac{R_s L_r^2+R_r L_m^2}{\sigma L_s L_r^2}i_{sd}+\omega_1 i_{sq}+\frac{u_{sd}}{\sigma L_s}\tag{5-54}$$

$$\frac{di_{sq}}{dt}=\frac{L_m}{\sigma L_s L_r T_r}\psi_{rq}-\frac{L_m}{\sigma L_s L_r}\omega\psi_{rd}-\frac{R_s L_r^2+R_r L_m^2}{\sigma L_s L_r^2}i_{sq}-\omega_1 i_{sd}+\frac{u_{sq}}{\sigma L_s}\tag{5-55}$$

式中，$\sigma=1-\dfrac{L_m^2}{L_s L_r}$——电机漏磁系数；

$T_r=\dfrac{L_r}{R_r}$——转子电磁时间常数。

在推导出的状态方程式(5-51)～式(5-55) 中，状态变量为：

$$\boldsymbol{X}=[\omega \quad \psi_{rd} \quad \psi_{rq} \quad i_{sd} \quad i_{sq}]^{T} \tag{5-56}$$

输入变量为

$$\boldsymbol{U}=[u_{sd} \quad u_{sq} \quad \omega_1 \quad T_L]^{T} \tag{5-57}$$

（2）ω-ψ_s-i_s状态方程

这种状态方程的推导过程与前一种相同，只是在把磁链方程式(5-38）代入式(5-49）时，消去的变量是i_{rd}、i_{rq}、ψ_{rd}、ψ_{rq}，整理后得到的ω-ψ_s-i_s状态方程为

$$\frac{d\omega}{dt}=\frac{n_p^2}{J}(i_{sq}\psi_{sd}-i_{sd}\psi_{sq})-\frac{n_p}{J}T_L \tag{5-58}$$

$$\frac{d\psi_{sd}}{dt}=-R_s i_{sd}+\omega_1\psi_{sq}+u_{sd} \tag{5-59}$$

$$\frac{d\psi_{sq}}{dt}=-R_s i_{sq}-\omega_1\psi_{sd}+u_{sq} \tag{5-60}$$

$$\frac{di_{sd}}{dt}=\frac{1}{\sigma L_s T_r}\psi_{sd}+\frac{1}{\sigma L_s}\omega\psi_{sq}-\frac{R_s L_r+R_r L_s}{\sigma L_s L_r}i_{sd}+(\omega_1-\omega)i_{sq}+\frac{u_{sd}}{\sigma L_s} \tag{5-61}$$

$$\frac{di_{sq}}{dt}=\frac{1}{\sigma L_s T_r}\psi_{sq}-\frac{1}{\sigma L_s}\omega\psi_{sd}-\frac{R_s L_r+R_r L_s}{\sigma L_s L_r}i_{sq}-(\omega_1-\omega)i_{sd}+\frac{u_{sq}}{\sigma L_s} \tag{5-62}$$

式中，状态变量为

$$\boldsymbol{X}=[\omega\psi_{sd} \quad \psi_{sq} \quad i_{sd} \quad i_{sq}]^{T} \tag{5-63}$$

输入变量为

$$\boldsymbol{U}=[u_{sd} \quad u_{sq} \quad \omega_1 \quad T_L]^{T} \tag{5-64}$$

5.2 按转子磁链定向的矢量控制系统

对于异步电动机的动态数学模型，虽然通过坐标变换可以使之降阶并化简，但并没有改变其非线性、多变量的本质。如果能实现按直流电动机方法来控制，就能建立起高动态性能的异步电动机调速系统，这正是按转子磁链定向的矢量控制的出发点。

5.2.1 矢量控制的基本思路

本章开始时已经阐明，在工程设计上直流电动机的动态数学模型是线性、非耦合、单变量，进行坐标变换的目的就是希望能像直流电动机那样来控制交流异步电动机。所以以产生同样的旋转磁动势为准则，在三相坐标系上的定子交流电流i_A、i_B、i_C，通过三相/两相变换可以等效成两相静止坐标系上的交流电流i_α、i_β，再通过同步旋转变换，等效成同步旋转坐标系上的直流电流i_m和i_t。如果此时通过合适的控制，使交流电动机的转子总磁通Φ_r就是等效直流电动机的磁通，则M绕组相当于直流电动机的励磁绕组，i_m相当于励磁电流，T绕组相当于直流电动机的电枢绕组，i_t相当于与转矩成正比的电枢电流，那么交流异步电动机就相当于一台在同步旋转坐标系上与坐标轴一起同步旋转的直流电动机。

上述等效过程可以用图5-6所示的结构图表示出来。从整体上看，输入为A、B、C三相电压，输出为转速ω，是一台异步电动机。而从内部看，经过3/2变换和同步旋转变换，变成一台由i_m和i_t输入，ω为输出的直流电动机。

异步电动机经过坐标变换等效成直流电动机后，完全可以模仿直流电动机的控制策略来设计调速系统，得到直流电动机的控制量后，再经过相应的坐标反变换，就能够控制异步电

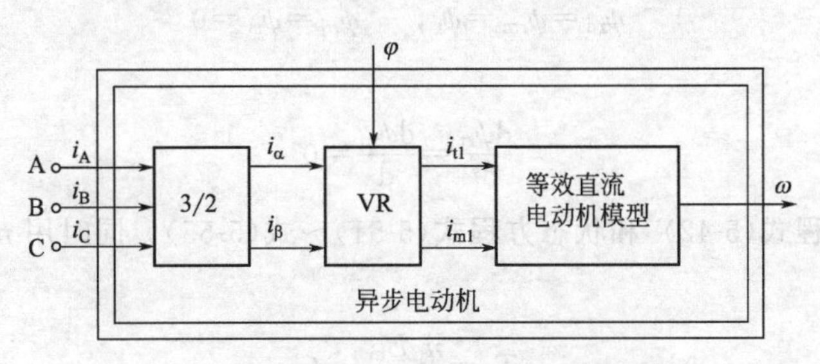

图 5-6　异步电动机的坐标变换结构图

3/2—三相/两相变换；VR—同步旋转变换；φ—M 轴与 α 轴（A 轴）的夹角

动机。整个坐标变换的核心量是电流空间矢量，因而称这种通过坐标变换实现的控制系统为矢量控制系统（Vector Control System），简称 VC 系统。如图 5-7 所示的 VC 系统的结构图，给定和反馈信号经过控制器产生励磁电流的给定信号 i_m^* 和电枢电流的给定信号 i_t^*，经过反旋转变换 VR^{-1} 得到 i_α^* 和 i_β^*，再经过 2/3 变换得到 i_A^*、i_B^*、i_C^*。然后再将这三相电流的给定控制信号与频率控制信号 ω_1 一起输入给电流控制的变频器，就可以产生控制异步电动机转速的三相变频电流。

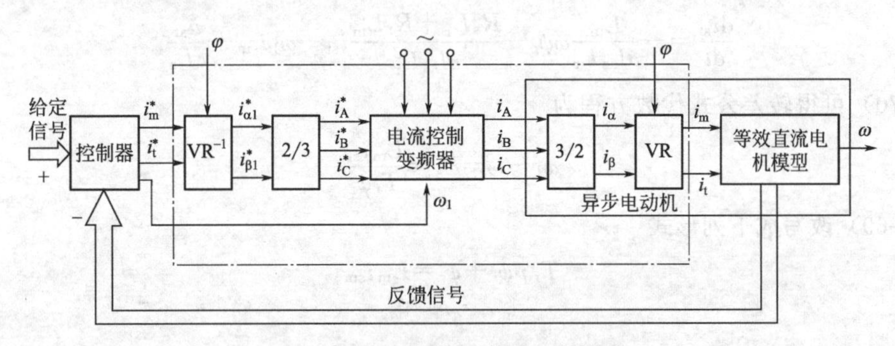

图 5-7　矢量控制系统原理结构图

在设计 VC 系统时，如果忽略变频器可能产生的滞后，可以将控制器后面引入的反旋转变换器 VR^{-1} 与电动机内部的旋转变换环节 VR 抵消，2/3 变换器与电动机内部的 3/2 变换环节抵消，则图 5-7 中虚线框内的部分可以删去，仅剩下直流调速系统。可见，这样构成的矢量控制交流变压变频调速系统在静、动态性能上完全能够达到直流调速系统的水平。

5.2.2　按转子磁链定向的状态方程

根据前一节所述的内容，按转子磁链定向的矢量控制，必须经过两相静止到两相同步旋转的变换，而前面得到的两相同步旋转坐标系上的数学模型仍然是非线性、多变量、强耦合的，这是因为变换时只规定了 d、q 两轴的相互垂直关系和与定子频率同步的旋转速度，并未规定两轴与电机旋转磁场的相对位置。如果固定取 d 轴沿着转子总磁链矢量 ψ_r 的方向，称之为 M（Magnetization）轴，而 q 轴为逆时针转 90°，垂直于矢量 ψ_r，称之为 T（Torque）轴，那么就会更显著地减少变量及其非线性，实现完全解耦的目的。这样的两相同步旋转坐标系就具体规定为 M、T 坐标系，即按转子磁链定向（Field Orientation）的旋转坐标系。

当两相同步旋转坐标系按转子磁链定向时，M 轴与转子磁链矢量始终重合，应有

$$\psi_{rd}=\psi_{rm}=\psi_r, \quad \psi_{rq}=\psi_{rt}=0 \tag{5-65}$$

且必须使

$$\frac{d\psi_{rt}}{dt}=\frac{d\psi_{rq}}{d}=0 \tag{5-66}$$

将上式代入转矩方程式(5-42) 和状态方程式(5-51)～式(5-55)，同时用 m、t 替代 d、q，得到下列各式

$$T_e=\frac{n_p L_m}{L_r} i_{st}\psi_r \tag{5-67}$$

$$\frac{d\omega}{dt}=\frac{n_p^2 L_m}{JL_r} i_{st}\psi_r-\frac{n_p}{J}T_L \tag{5-68}$$

$$\frac{d\psi_r}{dt}=-\frac{1}{T_r}\psi_r+\frac{L_m}{T_r}i_{sm} \tag{5-69}$$

$$0=-(\omega_1-\omega)\psi_r+\frac{L_m}{T_r}i_{st} \tag{5-70}$$

$$\frac{di_{sm}}{dt}=\frac{L_m}{\sigma L_s L_r T_r}\psi_r-\frac{R_s L_r^2+R_r L_m^2}{\sigma L_s L_r^2}i_{sm}+\omega_1 i_{st}+\frac{u_{sm}}{\sigma L_s} \tag{5-71}$$

$$\frac{di_{st}}{dt}=-\frac{L_m}{\sigma L_s L_r}\omega\psi_r-\frac{R_s L_r^2+R_r L_m^2}{\sigma L_s L_r^2}i_{st}-\omega_1 i_{sm}+\frac{u_{st}}{\sigma L_s} \tag{5-72}$$

由式(5-70) 可得转差公式代数方程为

$$\omega_1-\omega=\omega_s=\frac{L_m i_{st}}{T_r\psi_r} \tag{5-73}$$

将式 (5-69) 改写成下列形式

$$T_r p\psi_r+\psi_r=L_m i_{sm}$$

则

$$\psi_r=\frac{L_m}{T_r p+1}i_{sm} \tag{5-74}$$

或

$$i_{sm}=\frac{T_r p+1}{L_m}\psi_r \tag{5-75}$$

式(5-74) 或式(5-75) 表明，转子磁链 ψ_r 仅由定子电流励磁分量 i_{sm} 产生，与转矩分量 i_{st} 无关，从而实现了定子电流的励磁分量与转矩分量解耦。不仅如此，ψ_r 与 i_{sm} 之间的传递函数是一阶惯性环节，其时间常数 T_r 为转子磁链励磁时间常数，当励磁电流分量 i_{sm} 突变时，ψ_r 的变化要受到励磁惯性的阻挠而不能突变，这和直流电动机励磁绕组的惯性作用是一致的。

按照上述这些关系可将异步电动机的数学模型绘成图 5-8 中的结构形式，图中前已述及的等效直流电动机模型（见图 5-6）被分解成 ω 和 ψ_r 两个子系统，虽然通过矢量变换，将定子电流解耦成 i_{sm} 和 i_{st} 两个分量，但是，从 ω 和 ψ_r 两个子系统来看，由于 T_e 同时受到来自 ω 子系统一侧的 i_{st} 和 ψ_r 的影响，两个子系统仍旧是耦合着的。

对此可以模仿直流调速系统的控制，设置磁链调节器 AψR 和转速调节器 ASR 分别控制 ψ_r 和 ω，把 ASR 的输出信号除以 ψ_r，如图 5-9 所示。当控制器的坐标反变换与电动机中的

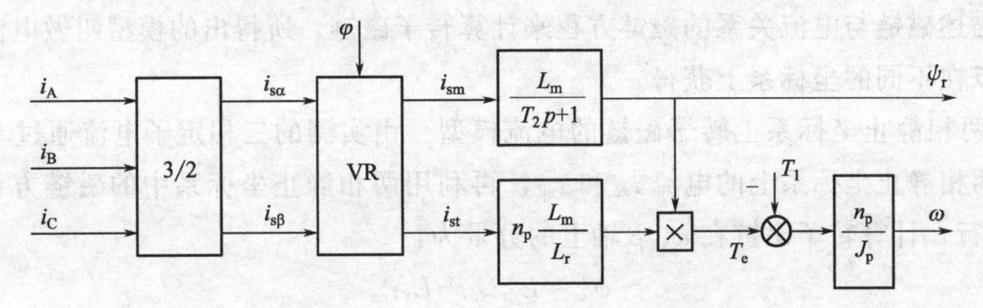

图 5-8　异步电动机矢量变换与电流解耦数学模型

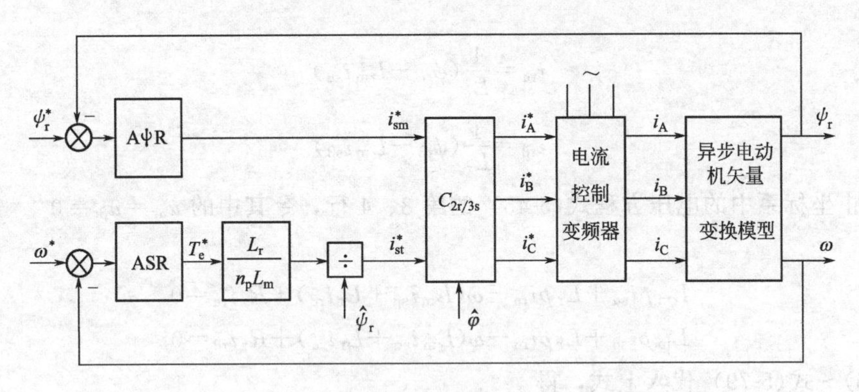

图 5-9　带除法环节解耦的矢量控制系统

AψR—磁通调节器；ASR—转速调节器

坐标变换对消，且变频器的滞后作用可以忽略时，此处的（$\div\psi_r$）便可与电动机模型中的（$\times\psi_r$）对消，两个子系统就完全解耦了。这样带除法环节的矢量控制系统可以看成是两个独立的线性子系统，可以采用经典控制理论的单变量线性系统综合方法或相应的工程设计方法来设计两个调节器 AψR 和 ASR。

异步电动机矢量变换中用到的转子磁链 ψ_r和它的定向相位角 φ，都是在电动机中实际存在的物理量，但是对于控制器而言，这两个量却很难用合适的仪器检测到，在提出 VC 系统的初期，曾尝试过两种直接检测磁链的方法，一种是在电动机槽内埋设探测线圈，另一种是利用贴在定子内表面的霍尔元件或其他磁敏元件，但是检测的信号中含有较大的脉动分量，越到低速时影响越严重。对此多采用间接计算的方法来解决。也就是利用容易测得的电压、电流和转速等信号，建立合适的磁链模型计算出转子磁链的幅值与空间位置，所以在图 5-9 中这两个量上冠以符号“ˆ”以表示是计算值。可见，上述两个子系统的完全解耦只有在下面三个假定条件下才能成立：①转子磁链的计算值 $\hat{\psi}_r$等于其实际值 ψ_r；②转子磁链定向角的计算值 $\hat{\varphi}$ 等于其实际值 φ；③忽略电流控制变频器的滞后作用。

5.2.3　转子磁链模型

从前面的推导可知，要实现按转子磁链定向的 VC 系统，关键的因素是要获得转子磁链的准确信号，才能构成磁链反馈并满足图 5-9 中除法环节的需要，所以，实时计算磁链的幅值与相位对于 VC 系统而言十分重要。在现有的计算模型中，根据实测信号的不同，又分成电流模型和电压模型两种。

（1）计算转子磁链的电流模型

根据描述磁链与电流关系的磁链方程来计算转子磁链，所得出的模型叫做电流模型。电流模型可以在不同的坐标系上获得。

① 在两相静止坐标系上转子磁链的电流模型　由实测的三相定子电流通过3/2变换很容易得到两相静止坐标系上的电流 $i_{s\alpha}$ 和 $i_{s\beta}$，再利用两相静止坐标系中的磁链方程式(5-44)的第3、4行，计算转子磁链在 α、β 轴上的分量为：

$$\psi_{r\alpha}=L_m i_{s\alpha}+L_r i_{r\alpha} \tag{5-76}$$

$$\psi_{r\beta}=L_m i_{s\beta}+L_r i_{r\beta} \tag{5-77}$$

从中解出

$$i_{r\alpha}=\frac{1}{L_r}(\psi_{r\alpha}-L_m i_{s\alpha}) \tag{5-78}$$

$$i_{r\beta}=\frac{1}{L_r}(\psi_{r\beta}-L_m i_{s\beta}) \tag{5-79}$$

在两相静止坐标系中的电压方程式(5-45)的第3、4行，令其中的 $u_{\alpha r}=u_{\beta r}=0$
则得到

$$L_m p i_{s\alpha}+L_r p i_{r\alpha}-\omega(L_m i_{s\beta}+L_r i_{r\beta})+R_r i_{r\alpha}=0$$

$$L_m p i_{s\beta}+L_r p i_{r\beta}-\omega(L_m i_{s\alpha}+L_r i_{r\alpha})+R_r i_{r\beta}=0$$

将式(5-76)～式(5-79)代入上式，得

$$p\psi_{r\alpha}+\omega\psi_{r\beta}+\frac{1}{T_r}(\psi_{r\alpha}-L_m i_{s\alpha})=0$$

$$p\psi_{r\beta}-\omega\psi_{r\alpha}+\frac{1}{T_r}(\psi_{r\beta}-L_m i_{s\beta})=0$$

整理后得到转子磁链的电流模型为

$$\psi_{r\alpha}=\frac{1}{T_r p+1}(L_m i_{s\alpha}-\omega T_r\psi_{r\beta}) \tag{5-80}$$

$$\psi_{r\beta}=\frac{1}{T_r p+1}(L_m i_{s\beta}+\omega T_r\psi_{r\alpha}) \tag{5-81}$$

图5-10为按式(5-80)、式(5-81)计算转子磁链分量的运算框图。

有了 $\psi_{r\alpha}$ 和 $\psi_{r\beta}$，要计算 ψ_r 的幅值和相位就很容易了，即

$$\psi_r=\sqrt{\psi_{r\alpha}^2+\psi_{r\beta}^2}$$

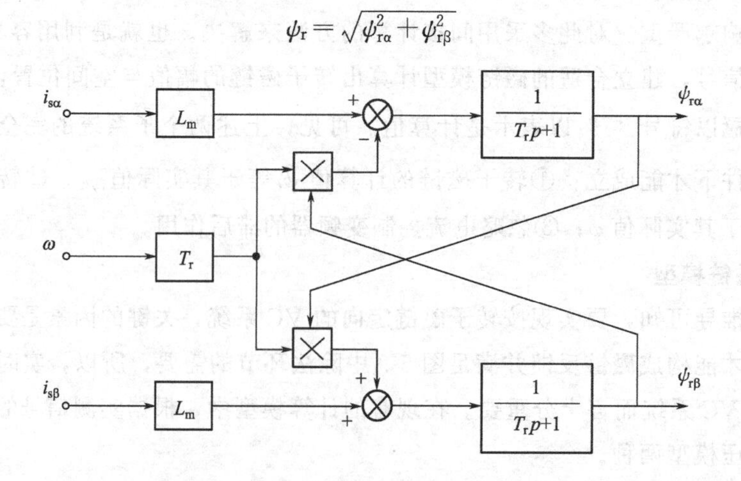

图5-10　在两相静止坐标系上计算转子磁链的电流模型

$$\tan\varphi=\frac{\psi_{r\beta}}{\psi_{r\alpha}}$$

这种转子磁链模型比较适合于模拟控制，用运算放大器和乘法器就可以实现。可是采用微机数字控制时，由于 $\psi_{r\alpha}$ 与 $\psi_{r\beta}$ 之间有交叉反馈关系，进行离散计算可能会不收敛。

② 在按磁场定向两相旋转坐标系上转子磁链的电流模型　图 5-11 是另一种转子磁链电流模型的运算框图。三相定子电流 i_A、i_B、i_C 经 3/2 变换变成两相静止坐标系电流 $i_{s\alpha}$、$i_{s\beta}$，再经同步旋转变换并按转子磁链定向，得到 M、T 坐标系上的电流 i_{sm}、i_{st}，利用矢量控制方程式(5-73) 和式(5-74) 获得 ψ_r 和 ω_s 信号，由 ω_s 与实测转速 ω 相加得到定子频率信号 ω_1，再经积分即为转子磁链的相位角 φ，它也就是同步旋转变换的旋转相位角。经过使用比较，这种模型更适合于微机实时计算，容易收敛，也比较准确。

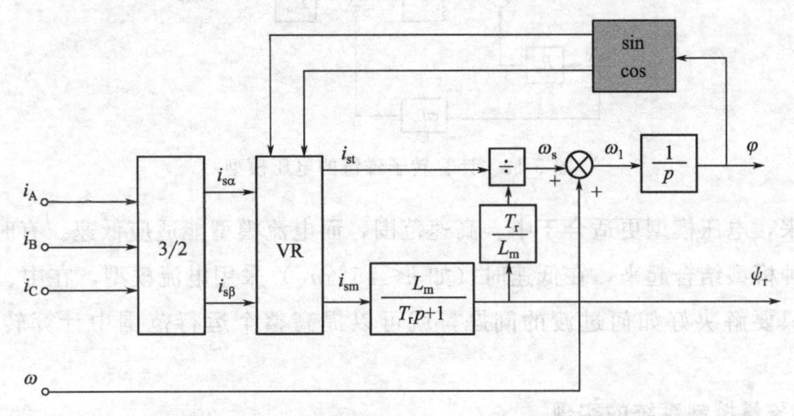

图 5-11　在按转子磁链定向两相旋转坐标系上计算转子磁链的电流模型

上述两种计算转子磁链的电流模型都需要实测的电流和转速信号，不论转速高低都能适用，但都受电动机参数变化的影响。例如电动机温升和频率变化都会影响转子电阻 R_r，磁饱和程度将影响电感 L_m 和 L_r。这些影响都将导致磁链幅值与相位信号失真，而反馈信号的失真必然使磁链闭环控制系统的性能降低，这是电流模型的不足之处。

(2) 计算转子磁链的电压模型

根据电压方程中感应电动势等于磁链变化率的关系，取电动势的积分就可以得到磁链，这样的模型叫做电压模型。

由静止两相坐标系上的电压方程式(5-45) 第 1、2 行可得

$$u_{s\alpha}=R_s i_{s\alpha}+L_s\frac{di_{s\alpha}}{dt}+L_m\frac{di_{r\alpha}}{dt}$$

$$u_{s\beta}=R_s i_{s\beta}+L_s\frac{di_{s\beta}}{dt}+L_m\frac{di_{r\beta}}{dt}$$

再将式(5-78)、式(5-79) 代入上两式中，整理后得

$$\frac{L_m}{L_r}\times\frac{d\psi_{r\alpha}}{dt}=u_{s\alpha}-R_s i_{s\alpha}-\left(L_s-\frac{L_m^2}{L_r}\right)\frac{di_{s\alpha}}{dt}$$

$$\frac{L_m}{L_r}\times\frac{d\psi_{r\beta}}{dt}=u_{s\beta}-R_s i_{s\beta}-\left(L_s-\frac{L_m^2}{L_r}\right)\frac{di_{s\beta}}{dt}$$

对以上等式两侧取积分，并将漏磁系数 $\sigma=1-\frac{L_m^2}{L_sL_r}$，即得转子磁链的电压模型

$$\psi_{r\alpha}=\frac{L_r}{L_m}\left[\int(u_{s\alpha}-R_s i_{s\alpha})\mathrm{d}t-\sigma L_s i_{s\alpha}\right] \tag{5-82}$$

$$\psi_{r\beta}=\frac{L_r}{L_m}\left[\int(u_{s\beta}-R_s i_{s\beta})\mathrm{d}t-\sigma L_s i_{s\beta}\right] \tag{5-83}$$

由式(5-82)、式(5-83) 构成的电压模型如图 5-12 所示，其物理意义是：根据实测的电压和电流信号，以及定子电阻值，不需要转速信号，就可以计算出转子磁链。与电流模型相比，电压模型受电动机参数变化的影响较小，算法简单易用。但是，由于电压模型包含纯积分项，积分的初始值和累积误差都影响计算结果，在低速时，定子电阻电压降变化的影响也较大。

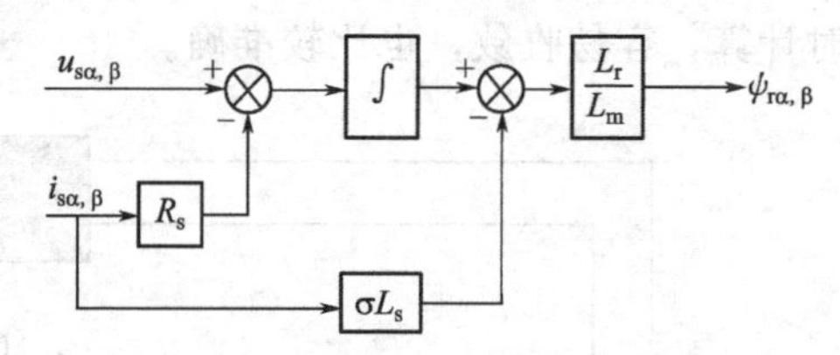

图 5-12　计算转子磁链的电压模型

比较起来，电压模型更适合于中、高速范围，而电流模型能适应低速。有时为了提高准确度，把两种模型结合起来，在低速时（如 $n\leqslant 15\% n_N$）采用电流模型，在中、高速时采用电压模型，只要解决好如何过渡的问题，就可以提高整个运行范围中计算转子磁链的准确度。

5.2.4　直接矢量控制系统的实现

有了转子磁链模型，为转速、磁链闭环控制提供了必要条件，这种转速、磁链均闭环的矢量控制系统就是直接矢量控制系统。

在图 5-9 中的系统其实就是一种典型的转速、磁链闭环控制的矢量控制系统，只不过转子磁链 ψ_r 模型在图中略去未画。为了能采用与直流调速系统相似的方法设计两个调节器，在转速调节器输出设置了“$\div\psi_r$”的除法环节，使系统可以在三个假定条件下（在 5.2.2 节中最后指出的）简化成完全解耦的 ψ_r 与 ω 两个子系统。电流控制变频器可以采用图 5-13(a) 所示的电流滞环跟踪控制的 CHBPWM 变频器，或者采用图 5-13(b) 所示的带电流内环控制的电压源型 PWM 变频器。

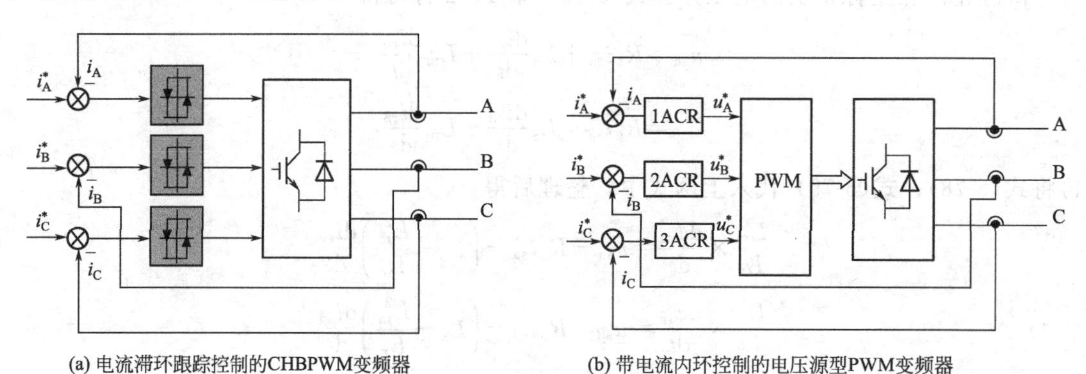

图 5-13　电流控制的变频器

另外一种提高转速和磁链闭环控制系统解耦性能的办法是在转速环内增设转矩控制内环，如图 5-14 所示，它将磁链对控制对象的影响当作一种扰动作用，而转矩内环可以抑制这个扰动，从而改造转速子系统，使之少受磁链变化的影响。图中作为一个示例，主电路采用了电流滞环跟踪控制的 CHBPWM 变频器，也可以采用图 5-13(b) 中的电压源型变频器。系统中还包括转速正、反向和弱磁升速环节，磁链给定信号由函数发生程序获得。转速调节器 ASR 的输出作为转矩给定信号，弱磁时它也受到磁链给定信号的控制。

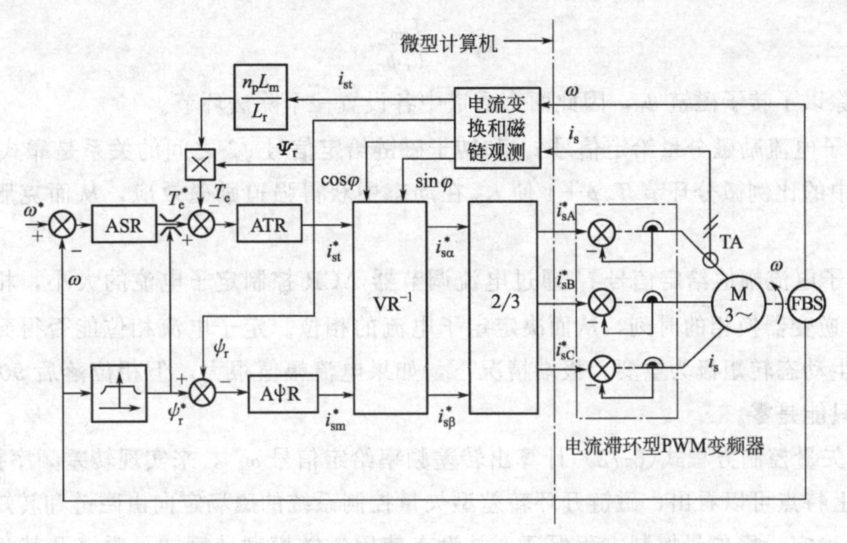

图 5-14　带转矩内环的转速、磁链闭环矢量控制系统

5.2.5　间接矢量控制系统

在磁链闭环控制的矢量控制系统中，转子磁链反馈信号是由磁链模型获得的，其幅值和相位都受到电动机参数 T_r 和 L_m 变化的影响，造成控制的不准确性。在这种情况下，不如采用磁链开环控制，系统反而会简单一些。磁链开环后，可以利用矢量控制方程中的转差公式(5-73)，构成转差型的矢量控制系统，又称间接矢量控制系统。图 5-15 绘出了转差型矢量控制系统的原理图，其中主电路采用了交-直-交电流源型变频器，适用于数千千瓦的大容

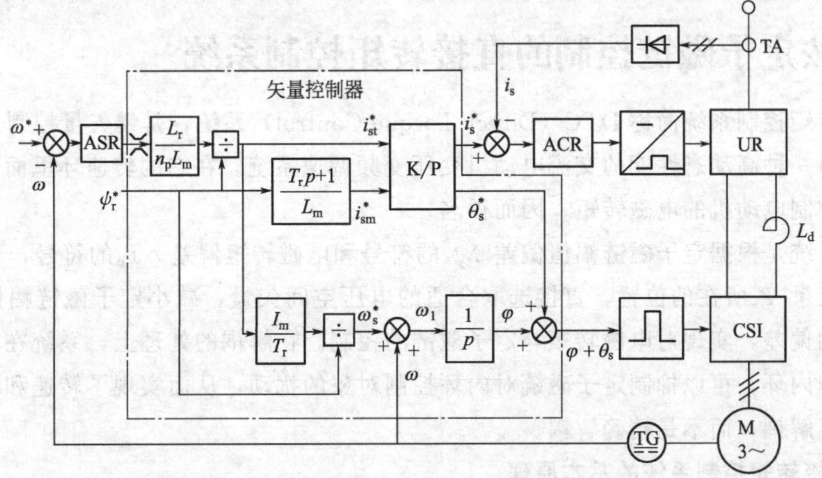

图 5-15　磁链开环转差型矢量控制系统原理图

量装置，而在中、小容量装置中多采用带电流控制内环的电压源型 PWM 变压变频器。

该系统的主要特点归纳如下。

① 转速调节器 ASR 的输出正比于转矩给定信号，实际上是$\frac{L_r}{n_p L_m}T_e^*$，由矢量控制方程式可求出定子电流转矩分量给定信号 i_{st}^* 和转差频率给定信号 ω_s^*，即

$$i_{st}^* = \frac{L_r}{n_p L_m \psi_r} T_e^*$$

$$\omega_s^* = \frac{L_m}{T_r \psi_r} i_{st}^*$$

两式中都除以了转子磁链 ψ_r，因此两个通道中各设置一个除法环节。

② 定子电流励磁分量给定信号 i_{sm}^* 和转子磁链给定信号 ψ_r^* 之间的关系是靠式(5-75) 建立的，其中的比例微分环节 $T_r p+1$ 使 i_{sm} 在动态中获得强迫励磁效应，从而克服实际磁通的滞后。

③ 定子电流幅值给定信号 i_s^* 通过电流调节器 ACR 控制定子电流的大小，相角给定信号 θ_s^* 控制逆变器换相的时刻，从而决定定子电流的相位。定子电流相位能否得到及时的控制对于产生动态转矩极为重要。极端情况下，如果电流幅值很大，但相位落后 90°，所产生的转矩仍只能是零。

④ 由矢量控制方程式(5-73) 计算出转差频率给定信号 ω_s^*，来实现转差频率控制。

由以上特点可以看出，磁链开环转差型矢量控制系统的磁场定向由磁链和转矩给定信号（即电流）确定，靠矢量控制方程保证，并没有使用磁链模型计算转子磁链及其相位，所以属于间接矢量控制。但由于矢量控制方程中包含电动机转子参数，定向精度仍受到这些参数变化的影响。

无论是直接矢量控制还是间接矢量控制，都具有良好动态性能、较宽调速范围的优点，采用光电码盘转速传感器时，一般可以达到的调速范围为 $D=100$，在实践中已经获得普遍的应用。动态性能受电动机参数变化的影响是其主要的不足之处。为了解决这个问题，科研人员在参数辨识和自适应控制等方面都做过很多研究工作，获得了不少成果，但迄今尚未得到实际应用。

5.3 按定子磁链控制的直接转矩控制系统

直接转矩控制系统简称 DTC（Direct Torque Control）系统，是继矢量控制系统之后发展起来的另一种高动态性能的交流电动机变压变频调速系统。在它的转速环里面，利用转矩反馈直接控制电动机的电磁转矩，因而得名。

这种系统是根据定子磁链幅值偏差 $\Delta\psi_s$ 的符号和电磁转矩偏差 ΔT_e 的符号，再根据当前定子磁链矢量 Ψ_s 所在的位置，直接选取合适的电压空间矢量，减小定子磁链幅值的偏差和电磁转矩的偏差，实现对电磁转矩与定子磁链的控制。在解耦的处理上，系统在转速环里面设置了转矩内环，可以抑制定子磁链对内环控制对象的扰动，从而实现了转速和磁链子系统之间的近似解耦，而不是精确解耦。

5.3.1 直接转矩控制系统的基本原理

如图 5-16 所示，为按定子磁链控制的直接转矩控制系统（间称 DTC），转速调节器

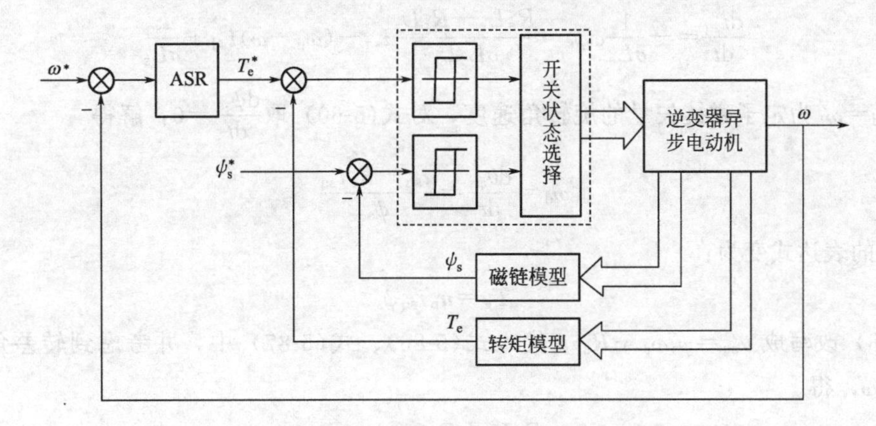

图 5-16 按定子磁链控制的直接转矩控制系统

ASR 的输出作为电磁转矩的给定信号 T_e^*，紧随其后设置的是转矩控制内环，这种结构安排与前面的 VC 系统基本一致，也是分别控制异步电动机的转速和磁链。但在具体控制方法上，DTC 系统与 VC 系统不同的特点如下。

① 转矩和磁链的控制采用双位式砰-砰控制器（见图 5-16 中虚线框起部分，是一种非线性的控制器），并在 PWM 逆变器中直接用这两个控制信号产生电压的 SVPWM 波形，从而避开了将定子电流分解成转矩和磁链分量，省去了旋转变换和电流控制，简化了控制器的结构。

② 选择定子磁链作为被控量，计算磁链的模型可以不受转子参数变化的影响，提高了控制系统的鲁棒性。虽然按定子磁链控制的规律要比按转子磁链定向时复杂，但是，若采用了砰-砰控制，这种复杂性对控制器并没有影响。

③ 由于采用了直接转矩控制，在加减速或负载变化的动态过程中，可以获得快速的转矩响应，但必须注意限制过大的冲击电流，以免损坏功率开关器件，因此实际的转矩响应的快速性也是有限的。

从总体控制结构上看，直接转矩控制（DTC）系统和矢量控制（VC）系统是一致的，都能获得较高的静、动态性能。

5.3.2 定子电压矢量对定子磁链与电磁转矩的控制作用

从图 5-16 所示的系统可以看出，DTC 系统的核心问题就是：转矩和定子磁链信号的计算模型。实际上直接转矩控制系统不需要按定子磁链定向，为了分析电压空间矢量对定子磁链与电磁转矩的控制作用，先推导按定子磁链定向的数学模型。

所谓按定子磁链定向，是让 d 轴与定子磁链矢量重合，于是 $\psi_{sd}=\psi_s$，$\psi_{sq}=0$，则以定子电流 i_s、定子磁链 ψ_s和转速为状态变量的动态数学模型变为：

$$\frac{\mathrm{d}\omega}{\mathrm{d}t}=\frac{n_p^2}{J}i_{sq}\psi_s-\frac{n_p}{J}T_L \tag{5-84}$$

$$\frac{\mathrm{d}\psi_s}{\mathrm{d}t}=-R_s i_{sd}+u_{sd} \tag{5-85}$$

$$\frac{\mathrm{d}i_{sd}}{\mathrm{d}t}=\frac{1}{\sigma L_s T_r}\psi_s-\frac{R_s L_r+R_r L_s}{\sigma L_s L_r}i_{sd}+(\omega_d-\omega)i_{sq}+\frac{u_{sd}}{\sigma L_s} \tag{5-86}$$

$$\frac{\mathrm{d}i_{sq}}{\mathrm{d}t}=-\frac{1}{\sigma L_s}\omega\psi_s-\frac{R_sL_r+R_rL_s}{\sigma L_sL_r}i_{sq}-(\omega_d-\omega)i_{sd}+\frac{u_{sq}}{\sigma L_s} \tag{5-87}$$

式中令 $\omega_d=\omega_1$ 为定子磁链矢量的旋转角速度，对式(5-60) 取$\frac{\mathrm{d}\psi_{sq}}{\mathrm{d}t}=0$，解得

$$\omega_d=\frac{\mathrm{d}\theta_{\psi s}}{\mathrm{d}t}=\frac{u_{sq}-R_si_{sq}}{\psi_s} \tag{5-88}$$

电磁转矩的表达式变为：

$$T_e=n_pi_{sq}\psi_s \tag{5-89}$$

将式(5-88) 改写成 $u_{sq}=\psi_s\omega_d+R_si_{sq}$ 代入式(5-86)、式(5-87) 中，并考虑到转差角频率为 $\omega_s=\omega_d-\omega$，得

$$\begin{aligned}\frac{\mathrm{d}i_{sd}}{\mathrm{d}t}&=\frac{1}{\sigma L_sT_r}\psi_s-\frac{R_sL_r+R_rL_s}{\sigma L_sL_r}i_{sd}+(\omega_d-\omega)i_{sq}+\frac{u_{sd}}{\sigma L_s}\\&=\frac{1}{\sigma L_sT_r}\psi_s-\frac{R_sL_r+R_rL_s}{\sigma L_sL_r}i_{sd}+\omega_si_{sq}+\frac{u_{sd}}{\sigma L_s}\end{aligned} \tag{5-90}$$

$$\begin{aligned}\frac{\mathrm{d}i_{sq}}{\mathrm{d}t}&=-\frac{1}{\sigma T_r}i_{sq}+\frac{1}{\sigma L_s}(\omega_d-\omega)(\psi_s-\sigma L_si_{sd})\\&=-\frac{1}{\sigma T_r}i_{sq}+\frac{1}{\sigma L_s}\omega_s(\psi_s-\sigma L_si_{sd})\end{aligned} \tag{5-91}$$

对式(5-85) 积分得到定子磁链幅值：

$$\psi_s=\int(-R_si_{sd}+u_{sd})\mathrm{d}t \tag{5-92}$$

再由式(5-91) 可得：

$$i_{sq}=\frac{T_r/L_s}{\sigma T_rp+1}\omega_s(\psi_s-\sigma L_si_{sd}) \tag{5-93}$$

通常 $\psi_s-\sigma L_si_{sd}>0$，因此，当转差频率 $\omega_s>0$ 时，决定转矩的电流分量增加，转矩随之加大；反之，则减小。所以，可以利用定子电压矢量 u_{sq} 通过式(5-88) 控制定子磁链的旋转角速度 ω_d，进而控制电磁转矩。

根据推导出的式(5-88) 与式(5-92) 可以看出，按定子磁链定向的数学模型将定子电压分解为 u_{sd} 和 u_{sq} 两个分量，u_{sd} 控制定子磁链幅值的变化率，u_{sq} 控制定子磁链矢量旋转角速度，再利用转差频率控制定子电流的转矩分量来控制转矩。因为要使用定子电流的两个分量 i_{sd} 和 i_{sq}，所以按定子磁链定向的数学模型仍是受电流扰动的电压控制型，不符合直接转矩控制的思路，但是从中可以推断出定子电压空间矢量对定子磁链与电磁转矩具有直接的控制作用。

5.3.3 直接转矩控制系统的控制模型

清楚了电压空间矢量的控制作用，接下来就是要建立适合于 DTC 系统的控制模型，针对转矩和磁链砰-砰控制，找到转矩和定子磁链反馈信号的计算模型，根据两个砰-砰控制器的输出信号来选择电压空间矢量和逆变器的开关状态。

(1) 定子磁链反馈计算模型

为了简化数学模型，DTC 系统采用的是两相静止坐标（$\alpha\beta$ 坐标），由三相坐标变换到两相坐标是必要的，所避开的仅仅是旋转变换。由式(5-44) 和式(5-45) 可知

$$u_{s\alpha}=R_s i_{s\alpha}+L_s p i_{s\alpha}+L_m p i_{r\alpha}=R_s i_{s\alpha}+p\psi_{s\alpha}$$

$$u_{s\beta}=R_s i_{s\beta}+L_s p i_{s\beta}+L_m p i_{r\beta}=R_s i_{s\beta}+p\psi_{s\beta}$$

移项并积分后得定子磁链计算公式为

$$\psi_{s\alpha}=\int(u_{s\alpha}-R_s i_{s\alpha})\mathrm{d}t \tag{5-94}$$

$$\psi_{s\beta}=\int(u_{s\beta}-R_s i_{s\beta})\mathrm{d}t \tag{5-95}$$

其结构框图如图 5-17 所示。

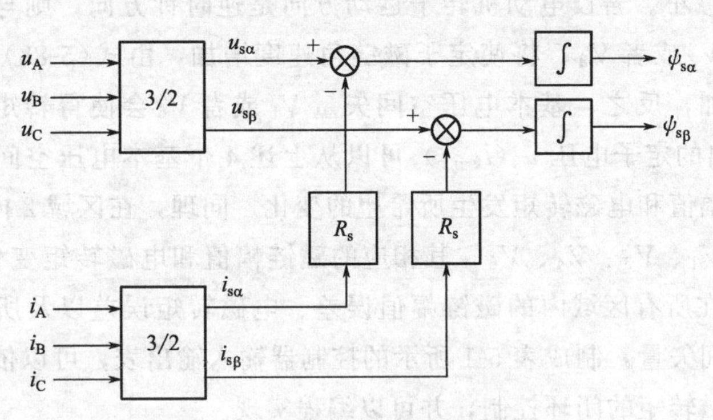

图 5-17　定子磁链模型结构框图

图 5-17 所示也是一个电压模型，它适合于以中、高速运行的系统，在低速时误差较大，甚至无法应用。必要时，只好在低速时切换到电流模型，即式(5-80) 与式(5-81)，这时上述 DTC 系统能提高鲁棒性的优点就不具备了。

(2) 转矩反馈计算模型

式(5-47) 已经推出，在静止两相坐标系上的电磁转矩表达式为

$$T_e=n_p L_m(i_{s\beta}i_{r\alpha}-i_{s\alpha}i_{r\beta})$$

又由式(5-44) 可知

$$i_{r\alpha}=\frac{1}{L_m}(\psi_{s\alpha}-L_s i_{s\alpha})$$

$$i_{r\beta}=\frac{1}{L_m}(\psi_{s\beta}-L_s i_{s\beta})$$

代入式(5-47) 并整理后得电磁转矩方程

$$T_e=n_p(i_{s\beta}\psi_{s\alpha}-i_{s\alpha}\psi_{s\beta}) \tag{5-96}$$

其结构框图示于图 5-18。

(3) 电压空间矢量与逆变器开关状态的选择

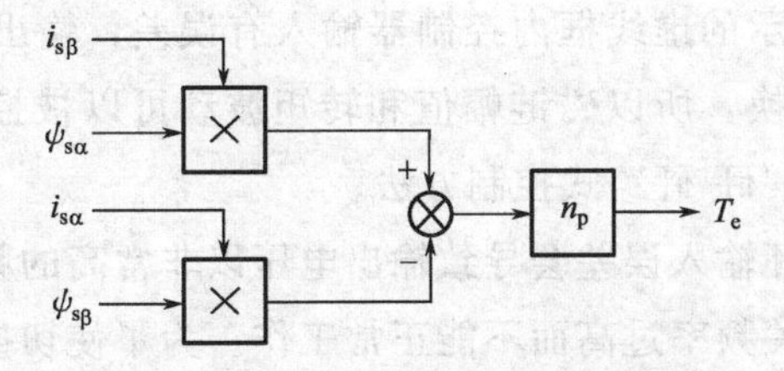

图 5-18　转矩模型结构框图

在图 5-16 所示的 DTC 系统中，根据定子磁链给定和反馈信号进行砰-砰控制，按控制程序选取电压空间矢量的作用顺序和持续时间。

从 4.3.3 节叙述的内容可知，由 6 个功率开关器件构成的电压型逆变器输出的电压是如图 4-36 所示的 6 个非零基本电压矢量和 2 个零电压矢量，可以用一个平面表示定子磁链的空间，并定义在 $\alpha\beta$ 静止坐标系上，如图 5-19(a) 所示，将该空间按图 5-19(b) 划分为 6 个区域。设第 t_k 时刻定子磁链 $\psi_s(t_k)$ 在区域 1，基本电压空间矢量 V_1 起作用，如果在第 t_{k+1} 时刻，向电动机施加基本电压矢量 V_2 或者 V_6，将使磁链幅值增加，如果施加的是 V_3 或者 V_5，将使磁链幅值减小。若设电动机转子运动方向是逆时针方向，则与该运动方向一致的基本电压空间矢量 V_2 或者 V_3，将使定子磁链角速度增加，由式(5-88) 与式(5-93) 可知，电磁转矩也随之增加，反之，基本电压空间矢量 V_5 或者 V_6 会使得转矩减小。据此，在第 t_{k+1} 时刻逆变器输出的定子电压 $u_s(t_{k+1})$ 可以从上述 4 个基本电压空间矢量之中唯一选取一个，以使得磁链幅值和电磁转矩发生所希望的变化。同理，在区域 2 内可以选择的 4 个基本电压空间矢量为 V_1、V_3、V_4、V_6，其相应的磁链幅值和电磁转矩变化趋势见表 5-1。枚举定子磁链 $\psi_s(t_k)$ 在所有区域内的磁链幅值误差、电磁转矩误差以及所对应的第 t_{k+1} 时刻发出的基本电压空间矢量，制成表 5-1 所示的控制器输入输出表，可以依据表中的逻辑实现定子磁链幅值和电磁转矩的闭环控制，并可以编程实现。

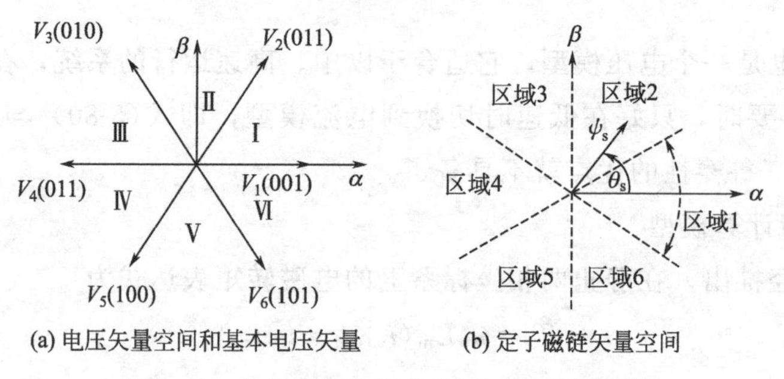

(a) 电压矢量空间和基本电压矢量　　(b) 定子磁链矢量空间

图 5-19　电压空间矢量和定子磁链矢量空间

表 5-1　t_{k+1} 时刻发出的基本电压空间矢量表

		$\psi_s(t_k)$ 所在区域(由定子磁链角判定)			
		1	2	3	…
dψ	dT	$u_s(t_{k+1})$			
增加	增加	V_2	V_3	V_4	…
	减小	V_6	V_1	V_2	
减小	增加	V_3	V_4	V_5	…
	减小	V_5	V_6	V_1	

因为只要图 5-16 中所示的虚线框内控制器输入有误差，输出电压就在各个基本电压空间矢量之间“砰-砰”式切换，所以磁链幅值和转矩波动可以被控制在允许的范围内，这就是直接转矩控制系统中的“砰-砰”式控制方法。

事实上，若要消除闭环输入误差会导致输出电压以非常高的频率在各个基本矢量之间切换，从而造成逆变器的开关频率过高而不能正常工作。为了使切换不要过于频繁，工程实现中需要采用图 5-16 所示的滞环比较器，设定一个合理的滞环宽度。设磁链和转矩滞环的宽

度分别为 $\Delta\psi_s$ 和 ΔT_e，则误差在滞环 $\{|d\psi_s|<\Delta\psi_s\}$ 或 $\{|dT_e|<\Delta T_e\}$ 范围内时控制器的输出电压将维持不变。如果超过了滞环的宽度，输出电压将切换至相应的基本电压矢量，带动相应的逆变器开关动作。由此可以制作出“砰-砰”控制器的开关表，如表 5-2 所示。表中还引入了零电压矢量，用于使 dT_e 在允许误差之内时输出零电压矢量，详细推导可以参考文献［28］。

表 5-2　电压开关矢量表

$d\psi$	dT	$\psi_s(t_k)$ 所在区域(由定子磁链角判定)					
		1	2	3	4	5	6
1	1	V_2	V_3	V_4	V_5	V_6	V_1
	0	V_7	V_0	V_7	V_0	V_7	V_0
	−1	V_6	V_1	V_2	V_3	V_4	V_5
0	1	V_3	V_4	V_5	V_6	V_1	V_2
	0	V_0	V_7	V_0	V_7	V_0	V_7
	−1	V_5	V_6	V_1	V_2	V_3	V_4

DTC 系统存在的问题如下。

① 由于采用砰-砰控制，实际转矩必然在上下限内脉动，而不是完全恒定的。

② 由于磁链计算采用了带积分环节的电压模型，积分初值、累积误差和定子电阻的变化都会影响磁链计算的准确度。

这两个问题的影响在低速时都比较显著，因而使 DTC 系统的调速范围受到限制。为了解决这些问题，许多学者做过不少的研究工作，使它们得到一定程度的改善，但并不能完全消除。

※5.4　直接转矩控制系统与矢量控制系统的比较

DTC 系统和 VC 系统都是已获实际应用的高性能交流调速系统。两者都采用转矩（转速）和磁链分别控制，这是符合异步电动机动态数学模型的需要的。但两者在控制性能上却各有千秋。VC 系统强调 T_e 与 ψ_r 的解耦，有利于分别设计转速与磁链调节器；实行连续控制，可获得较宽的调速范围；但按 ψ_r 定向受电动机转子参数变化的影响，降低了系统的鲁棒性。DTC 系统则实行 T_e 与 ψ_s 砰-砰控制，避开了旋转坐标变换，简化了控制结构；控制定子磁链而不是转子磁链，不受转子参数变化的影响；但不可避免地产生转矩脉动，低速性能较差，调速范围受到限制。表 5-3 列出了两种系统的特点与性能的比较。

表 5-3　直接转矩控制系统和矢量控制系统特点与性能比较

性能与特点	直接转矩控制系统	矢量控制系统
磁链控制	定子磁链	转子磁链
转矩控制	砰-砰控制，有转矩脉动	连续控制，比较平滑
坐标变换	静止坐标变换，较简单	旋转坐标变换，较复杂
转子参数变化影响	无①	有
调速范围	不够宽	比较宽

① 有时为了提高调速范围，在低速时改用电流模型计算磁链，则转子参数变化对 DTC 系统也有影响。

从表 5-3 可以看出，如果在现有的 DTC 系统和 VC 系统之间取长补短，构成新的控制系统，应该能够获得更为优越的控制性能，这是一个很有意义的研究方向。

※5.5　矢量控制在空调设备节能上的应用

大型建筑物中所使用的中央空调耗电量很大。中央空调设备一般是按工作最大负荷来配置，而实际上由于季节、昼夜及一天中的各个不同时间段变换，其工作状态在很多时间都工作在非最大负荷状态，一般是在 50%～60%的负荷率上工作，而系统却仍按最大负荷出力，故大容量的中央空调系统电能浪费是一个严重现象。但是目前对中央空调系统进行变频调速改造的工程实例相对较少，主要是改造投资大，使用拖动电机容量大。仅对局部小范围或某一个环节进行调速改造，节能效果有限。如果使用节能型矢量控制变频器，能使电动机运行在最佳转差率，为使电动机保持运行效率，将中央空调的压缩机从原来的定流量控制方式改为变流量控制方式，根据冷却水出入口温差和冷水流量来控制空调压缩机工作在高效率状态。综合采用上述措施后，节能效果明显。

(1) 异步电动机的频率和最低转差率关系

对异步电动机实施变频调速，当频率改变，会出现一个最低转差率点，使异步电动机的效率达最优值。异步电动机在最大效率 $\eta_{\max}$ 处时，对应的转差率 $s_{\eta\max}$ 为

$$s_{\eta\max}=\frac{R_r\sqrt{g_0^2/(R_s+R_r)^2+X^2/g_0(R_s+R_r)^2-g_0R_r^2}}{g_0/(R_r+R_s)^2+X^2-R_r^2} \tag{5-97}$$

式中　X——异步电动机等值电路的漏抗；

g_0——异步电动机等值电路的励磁电导。

其他参数符号与前面章节的相同。

从式(5-97) 可知，最佳转差率可由异步电动机参数和电源频率决定，对于一台具体的电动机，实际上运行最大效率对应的转差率 $s_{\eta\max}$ 仅由电源频率决定。如果对 $s_{\eta\max}$ 进行恒定控制，就可以让电动机高效运行，实现节能目的。再考虑以下几个因素：①电动机运行时，参数往往变化；②对现有电动机的某些参数无法确切知道；③用微处理器控制时，须对公式进行相关的运算，若涉及因素多，运算时间长就会直接影响控制的实时性和控制精度。因此需要在工程使用的基础上对相关参数进行简化，使最大效率处的转差率公式简化成仅取决于电源频率 f 的原函数式(5-98)。

$$s_{\eta\max}=\frac{R_r}{L_m}\sqrt{\frac{R_m}{2\pi(\eta+R_r)}}\times\frac{1}{\sqrt{f}}=\frac{K_0}{\sqrt{f}} \tag{5-98}$$

式中　L_m——励磁电感；

R_m——与定子铁芯损耗对应的等值电阻；

$K_0=\dfrac{R_r}{L_m}\sqrt{\dfrac{r_m}{2\pi(R_s+R_r)}}$——常系数。

式(5-98) 很明显地反映出最大效率处的最佳转差率与频率之间的关系，设额定频率 f_n 时的额定转差率为 s_{fn}，则任意频率 f 时的最佳转差率为

$$s_f=s_{fn}\sqrt{\frac{f_n}{f}} \tag{5-99}$$

依据式(5-99)所概括的 f_n、s_{fn}、f 之间的协调关系进行控制，可得到较高的节能效果。矢量控制变频器就是按照此关系构成的，如图5-20所示的矢量控制变频器节能控制框图。

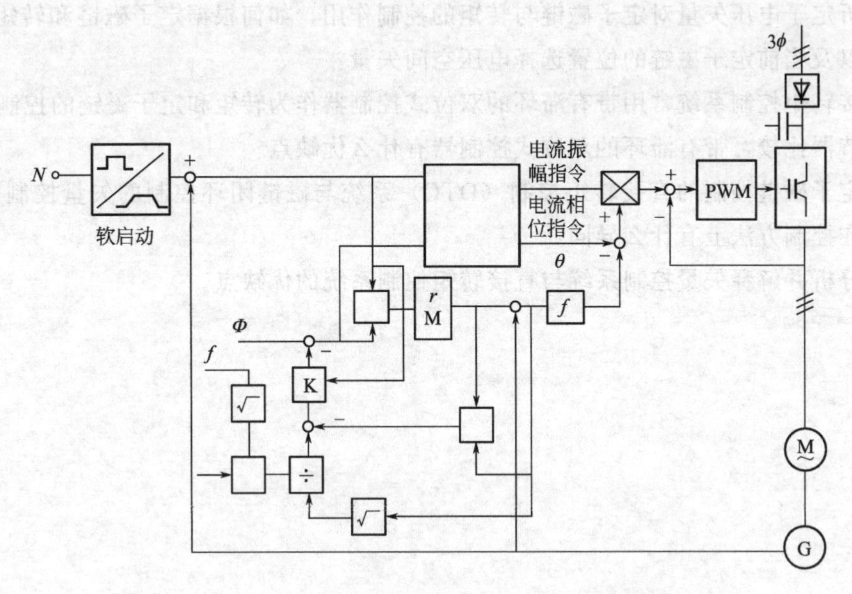

图5-20　矢量控制变频器的节能控制框图

粗线—增设的节能控制环节框图；细线—原相量控制变频器控制框图

(2) 实际节能效果

对某企业的三层建筑中的空调设备实施“矢量控制变频器应用改造”，建筑面积3200m²，经过一年供暖、制冷的正常运行，并与使用电网直接供电方式相比较，采用调速的系统节电率达22%。

练　习　题

5-1　结合异步电动机三相原始动态模型，讨论异步电动机非线性、强耦合和多变量的性质，并说明具体体现在哪些方面?

5-2　3/2坐标变换的等效原则是什么? 功率相等是坐标变换的必要条件吗? 是否可以采用匝数相等的变换原则? 如可以，变换前后的功率是否相等?

5-3　坐标变换（3/2变换和旋转变换）的优点是什么? 能否改变或减弱异步电动机非线性、强耦合和多变量的性质?

5-4　请说明矢量控制如何使得定子电流解耦成为励磁分量和转矩分量? 又如何使得电磁转矩与转矩电流分量成为线性关系?

5-5　分别简述直接矢量控制系统和间接矢量控制系统的工作原理；磁链定向的精度受哪些参数的影响?

5-6　转子磁链计算模型有电压型和电流型两种，分析两种模型的基本原理，比较各自的优缺点。

5-7　分析与比较按转子磁链定向和按定子磁链定向异步电动机动态数学模型的特征，指出它们相同与不同之处。

5-8 从控制电磁转矩和转子磁链的角度，说明式$|\psi_r|=\text{Const}$的意义。

5-9 直接转矩控制（DTC）的基本出发点是什么？

5-10 分析定子电压矢量对定子磁链与转矩的控制作用，如何根据定子磁链和转矩偏差的符号以及当前定子磁链的位置选择电压空间矢量？

5-11 直接转矩控制系统常用带有滞环的双位式控制器作为转矩和定子磁链的控制器，与PI调节器比较，带有滞环的双位式控制器有什么优缺点？

5-12 按定子磁链控制的直接转矩控制（DTC）系统与磁链闭环控制的矢量控制（VC）系统在控制方法上有什么异同？

5-13 试分析并解释矢量控制系统与直接转矩控制系统的优缺点。

第6章 同步电动机变压变频调速系统

同步电动机曾一度因为失步与启动问题而在应用上受到制约。采用电力电子装置实现电压-频率协调控制，改变了同步电动机历来只能恒速运行而不能调速的状况，同时也解决了失步与启动的问题。随着变频调速技术的发展，同步电动机调速系统的应用日益广泛。同步电动机的调速可分为自控式与他控式两种，适用于不同的应用场合。6.1节概述同步电动机变压变频调速的基本类型与特点；6.2节介绍他控式同步电动机调速系统；6.3节介绍自控式同步电动机调速系统的原理，并详细分析梯形波永磁同步电动机调速系统；6.4节推导同步电动机的动态数学模型，分析同步电动机按气隙磁场定向和正弦波永磁同步电动机按转子磁链定向的矢量控制系统；6.5节简要介绍同步电动机调速在三维电脑雕刻机中的应用。

6.1 同步电动机调速的基本类型与特点

同步电动机的转速与电源频率保持严格同步，只要电源频率保持恒定，同步电动机的转速就绝对不变，保持稳定，这是同步电动机拖动的优势所在。同步电动机另一个突出的优点是，可以通过调节其自身的励磁电流来调节功率因数。但是由于其本身启动困难，重载时有振荡，甚至存在失步危险，导致同步电动机的应用受到限制，曾有相当长的时期，在一般的工业用电力拖动设备不采用同步电动机拖动

随着电力电子技术的发展，采用电力电子装置实现电压-频率协调控制，改变了同步电动机只能恒速运行不能调速的面貌。启动与失步等问题也已不再是同步电动机广泛应用的障碍，可以通过变频电源频率的平滑调节，使同步电动机转速逐渐上升，实现软启动；对于振荡和失步问题，主要根源在于供电电源频率固定不变，当电动机转子落后的角度太大时，会造成震荡甚至失步，采用频率闭环控制，同步转速可以跟着频率改变，这样就不会出现振荡和失步。因此，现阶段的同步电动机应用得到了迅猛发展。

同步电动机没有转差率，其转子转速就是与旋转磁场同步的转速，所以，按照第4章所列的分类方法，同步电动机的变压变频调速属于转差功率不变型的调速系统。根据对频率控制方法的区别，同步电动机变压变频调速系统可以分为两种，用独立的变压变频装置给同步电动机供电的系统称作他控变频调速系统，用电动机本身轴上所带转子位置检测器或电动机反电动势波形提供的转子位置信号来控制变压变频装置换相时刻的系统为自控变频调速系统。

从调速原理与调速装置而言，同步电动机的变压变频与异步电动机基本相同，只不过在具体实现上有些各自的特点。

① 交流电动机旋转磁场的同步转速 ω_1 与定子电源频率 f_1 有确定的关系

$$\omega_1=\frac{2\pi f_1}{n_p} \tag{6-1}$$

异步电动机的稳态转速总是低于同步转速的，两者之差叫做转差 ω_s；同步电动机的稳态转

速等于同步转速，转差 $\omega_s=0$。

② 异步电动机的磁场仅靠定子供电产生，而同步电动机除定子磁动势外，转子侧还有独立的直流励磁，或者用永久磁钢励磁。

③ 同步电动机和异步电动机的定子都有同样的交流绕组，一般都是三相的，而转子绕组则不同，同步电动机转子除直流励磁绕组（或永久磁钢）外，还可能有自身短路的阻尼绕组。

④ 异步电动机的气隙是均匀的，而同步电动机则有隐极与凸极之分，隐极式电动机气隙均匀，凸极式则不均匀，两轴的电感系数不等，造成数学模型上的复杂性。但凸极效应能产生平均转矩，单靠凸极效应运行的同步电动机称作磁阻式同步电动机。

⑤ 异步电动机由于励磁的需要，必须从电源吸取滞后的无功电流，空载时功率因数很低。同步电动机则可通过调节转子的直流励磁电流，改变输入功率因数，可以滞后，也可以超前。当 $\cos\varphi=1$ 时，电枢铜损最小，还可以节约变压变频装置的容量。

⑥ 由于同步电动机转子有独立励磁，在极低的电源频率下也能运行，因此，在同样条件下，同步电动机的调速范围比异步电动机更宽。

⑦ 异步电动机要靠加大转差才能提高转矩，而同步电动机只需加大功角就能增大转矩，同步电动机比异步电动机对转矩扰动具有更强的承受能力，能作出更快的动态响应。

6.2 他控变频同步电动机调速系统

6.2.1 转速开环恒压频比控制的同步电动机群调速系统

转速开环恒压频比控制的同步电动机群调速系统，是一种最简单的他控变频调速系统，多用于化纺工业小容量多电动机拖动系统中，如图 6-1 所示。这种系统采用多台永磁或磁阻同步电动机并联接在公共的变频器上，由统一的频率给定信号 f^* 同时调节各台电动机的转速。图 6-1 中的变频器采用电压源型 PWM 变压变频器。

因为是开环系统，结构比较简单，控制也很方便，只需一台变频器供电即可，成本低廉。在 PWM 变压变频器中，带定子压降补偿的恒压频比控制保证了同步电动机气隙磁通恒定，缓慢地调节频率给定 f^* 可以逐渐地同时改变各台电动机的转速。同样也由于采用开环调速方式，该系统存在一个明显的缺点，就是转子振荡和失步问题并未解决，因此各台同步电动机的负载不能太大。

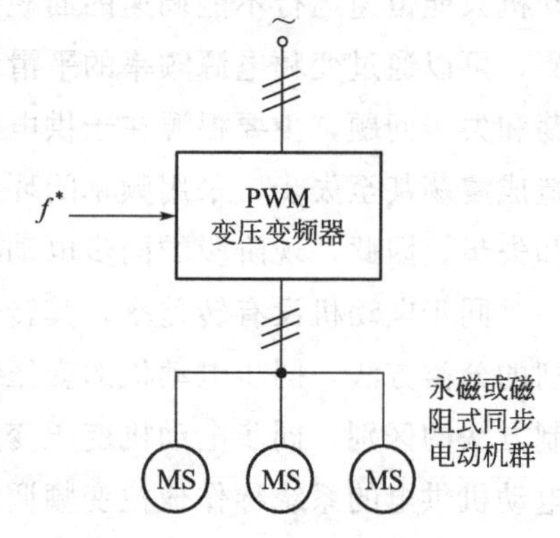

图 6-1 多台同步电动机的恒压频比控制调速系统

6.2.2 电流型变频器-同步电动机调速系统

大型同步电动机转子上一般都具有励磁绕组，通过滑环由直流励磁电源供电，或者由交流励磁发电机经过随转子一起旋转的整流器供电。对于经常在高速运行的机械设备，定子常用交-直-交电流型变压变频器供电，其电动机侧变换器（即逆变器）比给异步电动机供电时更简单，可以省去强迫换流电路，而利用同步电动机定子中的感应电动势实现换相。这样的逆变器称作负载换流逆变器（Load-Commutated Inverter，简称 LCI），如图6-2所示。

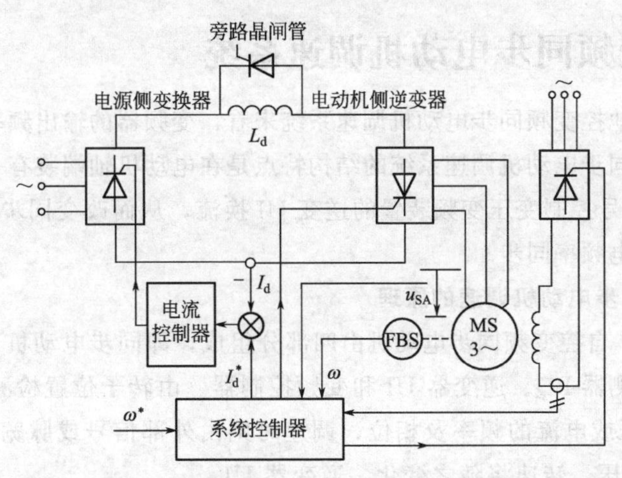

图 6-2　由交-直-交电流型负载换流变压变频器供电的同步电动机调速系统

图 6-2 中，系统控制器的程序包括转速调节、转差控制、负载换流控制和励磁电流控制，FBS 是测速反馈环节，构成转速闭环控制。由于变压变频装置是电流型的，需要在图中设置电流控制器（包括电流调节和电源侧变换器的触发控制）。这种 LCI 同步调速系统在启动和低速时还存在换流问题，低速时同步电动机感应电动势不够大，不足以保证可靠换流，尤其是当电动机静止时，感应电动势为零，不能换流。这时，需采用“直流侧电流断续”的特殊方法，使中间直流环节电抗器的旁路晶闸管导通，让电抗器放电，同时切断直流电流，允许逆变器换相，换相后再关断旁路晶闸管，使电流恢复正常。用这种换流方式可使电动机转速升到额定值的 3%～5%，然后再切换到负载电动势换流。需要说明的是，“电流断续”换流时转矩会产生较大的脉动，所以，它只适合于启动过程而不能用于稳态运行。

6.2.3　交-交变压变频器-同步电动机调速系统

对于像无齿轮传动的可逆轧机、矿井提升机、水泥转窑等低速的电力拖动，也可以采用同步电动机调速来完成。与上述其他系统有所不同的是，这类系统由交-交变压变频器（又称周波变换器）供电，其输出频率可以达到 20～25Hz（当电网频率为 50Hz 时），对于一台 20 极的同步电动机而言，同步转速为 120～150r/min，直接用来拖动轧钢机等设备是很合适的，可以省去庞大的齿轮传动装置。这类调速系统的基本结构如图 6-3 所示，可以实现四象限运行。

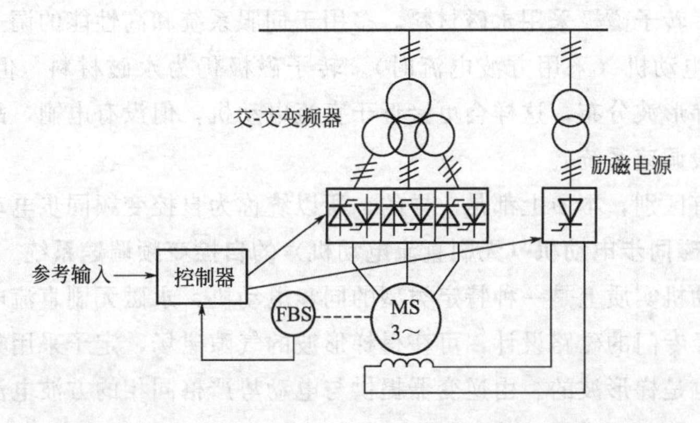

图 6-3　由交-交变压变频器供电的大型低速同步电动机调速系统

6.3 自控变频同步电动机调速系统

从上节介绍的他控变频同步电动机调速系统来看，变频器的输出频率与转子位置无直接关系，而自控变频同步电动机调速系统的结构特点是在电动机轴端装有一台转子位置检测器BQ，由它发出的信号控制变压变频装置的逆变UI换流，从而改变同步电动机的供电频率，保证转子转速与供电频率同步。

6.3.1 自控变频同步电动机调速的原理

如图6-4所示，自控变频同步电动机由四部分组成，即同步电动机MS、与电动机同轴安装的转子位置检测器BQ、逆变器UI和变频控制器。由转子位置检测器发出的信号控制逆变器UI输出电压或电流的频率及相位，调速时则由外部信号或脉宽调制（PWM）控制UI输入侧的直流电压，转速将随之变化，逆变器UI的输出频率自动跟踪转速。虽然在表面上逆变器只控制了电压，实际上也自动控制了频率，故仍属于同步电动机的变压变频调速。

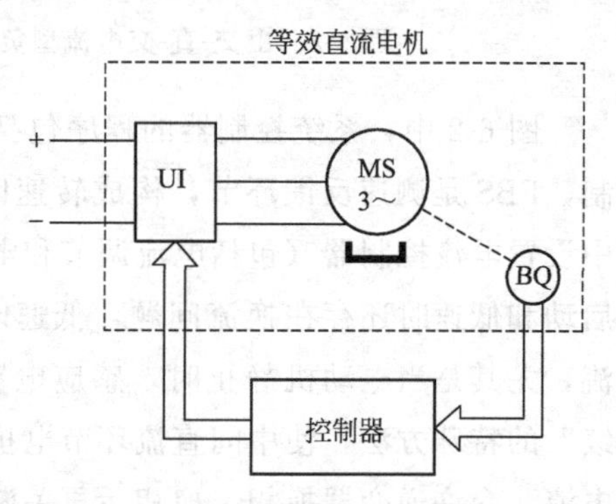

图6-4 自控变频同步电动机调速系统结构原理图

从电动机本身看，自控变频同步电动机是一台同步电动机，可以是永磁式的或者是励磁式的，但是如果把它和逆变器UI、转子位置检测器BQ合起来看，就像是一台直流电动机，见图6-4中虚线框起的部分。这时，逆变器UI相当于直流电动机的机械式换向器，转子位置检测器则相当于直流电动机的电刷。稍有不同的是，直流电动机的磁极在定子上，电枢是旋转的，而同步电动机的磁极一般都在转子上，电枢却是静止的，这只是相对运动不同，没有本质上的区别。

自控变频同步电动机在其开发与发展的过程中曾以多种名称出现，有的至今仍习惯性地使用着，分别如下。

① 无换向器电动机。由于采用电子换相器取代了机械式换相器，因而得名，多用于带直流励磁绕组的同步电动机。

② 三相永磁同步电动机（输入正弦波电流时）。输入的是三相正弦波电流，建立的气隙磁场为正弦分布，转子磁极采用永磁材料，多用于伺服系统和高性能的调速系统。

③ 无刷直流电动机（采用方波电流时）。转子磁极仍为永磁材料，但输入的是方波电流，气隙磁场呈梯形波分布，这样会更接近于直流电动机，但没有电刷，故称为无刷直流电动机，多用于一般调速系统。

尽管名称上有区别，本质上都是一样的，所以统称为自控变频同步电动机。

6.3.2 梯形波永磁同步电动机（无刷直流电动机）的自控变频调速系统

无刷直流电动机实质上是一种特定类型的同步电动机，永磁无刷直流电动机的转子磁极采用瓦形磁钢，经专门的磁路设计，可获得梯形波的气隙磁场，定子采用集中整距绕组，因而感应的电动势也是梯形波的。由逆变器提供与电动势严格同相的方波电流，同一相（例如A相）的电动势 e_A 和电流 i_A 的波形如图6-5所示。

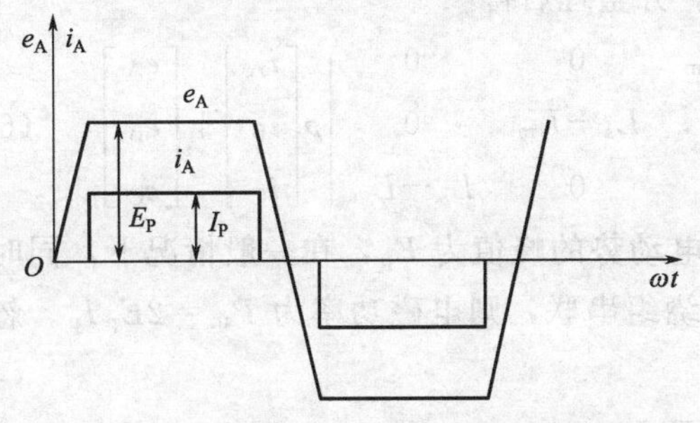

图 6-5　梯形波永磁同步电动机的电动势与电流波形图

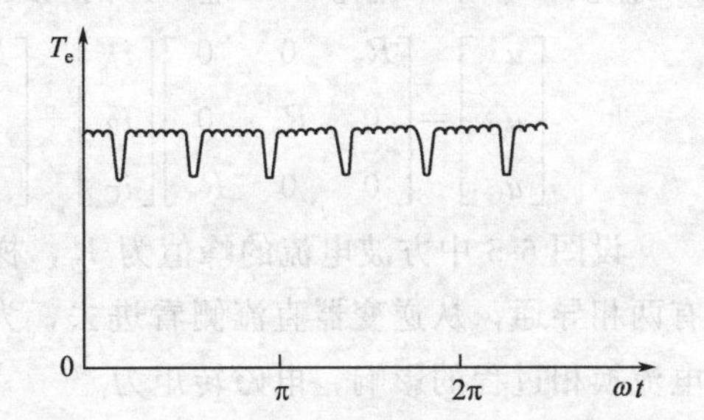

图 6-6　梯形波永磁同步电动机的转矩脉动

由于三相电流都是方波，逆变器的电压只需按直流 PWM 的方法进行控制，比各种交流 PWM 控制都要简单得多，这是设计梯形波永磁同步电动机的初衷。然而由于绕组电感的作用，换相时电流波形不可能突跳，其波形实际上只能是近似梯形的，因而通过气隙传送到转子的电磁功率也是梯形波。而实际的转矩波形每隔 60°都出现一个缺口，如图 6-6 所示，而且用直流 PWM 调压调速又使平顶部分出现纹波，这样的转矩脉动使梯形波永磁同步电动机的调速性能低于正弦波的永磁同步电动机。

由三相桥式逆变器供电的 Y 连接梯形波永磁同步电动机的等效电路及逆变器主电路如图 6-7 所示，逆变器通常采用 120°导通型的，即当两相导通时，另一相断开，换相顺序与三相桥式晶闸管可控整流电路相同。对于梯形波的电动势和电流，不能简单地用矢量表示，因而旋转坐标变换也不适用，只好在静止的 ABC 坐标上建立电动机的数学模型。当电动机中点与直流母线负极共地时，电动机的电压方程可以用下式表示

$$\begin{bmatrix} u_A \\ u_B \\ u_C \end{bmatrix} = \begin{bmatrix} R_s & 0 & 0 \\ 0 & R_s & 0 \\ 0 & 0 & R_s \end{bmatrix} \begin{bmatrix} i_A \\ i_B \\ i_C \end{bmatrix} + \begin{bmatrix} L_s & L_m & L_m \\ L_m & L_s & L_m \\ L_m & L_m & L_s \end{bmatrix} p \begin{bmatrix} i_A \\ i_B \\ i_C \end{bmatrix} + \begin{bmatrix} e_A \\ e_B \\ e_C \end{bmatrix} \tag{6-2}$$

式中　u_A，u_B，u_C——三相输入对地电压；

i_A，i_B，i_C——三相电流；

e_A，e_B，e_C——三相电动势；

R_s——定子每相电阻；

L_s——定子每相绕组的自感；

L_m——定子任意两相绕组间的互感。

由于三相定子绕组对称，故有 $i_A+i_B+i_C=0$，则 $L_m i_B+L_m i_C=-L_m i_A$，$L_m i_C+L_m i_A=$

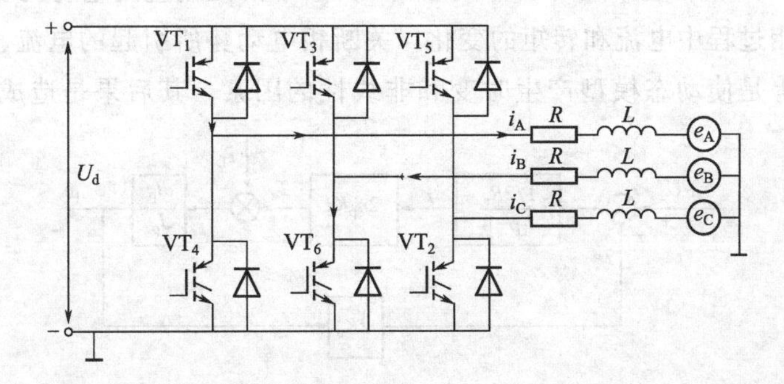

图 6-7　梯形波永磁同步电动机的等效电路及逆变器主电路原理图

$-L_m i_B$，$L_m i_A + L_m i_B = -L_m i_C$，代入式(6-2)，并整理后得

$$\begin{bmatrix} u_A \\ u_B \\ u_C \end{bmatrix} = \begin{bmatrix} R_s & 0 & 0 \\ 0 & R_s & 0 \\ 0 & 0 & R_s \end{bmatrix} \begin{bmatrix} i_A \\ i_B \\ i_C \end{bmatrix} + \begin{bmatrix} L_s - L_m & 0 & 0 \\ 0 & L_s - L_m & 0 \\ 0 & 0 & L_s - L_m \end{bmatrix} p \begin{bmatrix} i_A \\ i_B \\ i_C \end{bmatrix} + \begin{bmatrix} e_A \\ e_B \\ e_C \end{bmatrix} \tag{6-3}$$

设图 6-5 中方波电流的峰值为 I_p，梯形波电动势的峰值为 E_p，在一般情况下，同时只有两相导通，从逆变器直流侧看进去，为两相绕组串联，则电磁功率为 $P_m = 2E_p I_p$。忽略电流换相过程的影响，电磁转矩为

$$T_e = \frac{P_m}{\omega_1 / n_p} = \frac{2n_p E_p I_p}{\omega_1} = 2n_p \psi_p I_p \tag{6-4}$$

式中　ψ_p——梯形波励磁磁链的峰值，是恒定值。

由此可见，梯形波永磁同步电动机（即无刷直流电动机）的转矩与电流成正比，和一般的直流电动机相当。这样，其控制系统也和直流调速系统一样，要求不高时，可采用开环调速，对于动态性能要求较高的负载，可采用双闭环控制系统。无论是开环还是闭环系统，都必须具备转子位置检测，根据转子位置发出换相信号，并且要具备调速时对直流电压的 PWM 控制等功能。

不考虑换相过程及 PWM 波等因素的影响，当图 6-7 中的 VT_1 和 VT_6 导通时，A、B 两相导通而 C 相关断，则 $i_A = -i_B = I_p$、$i_c = 0$，且 $e_A = -e_B$，由式(6-3) 可得无刷直流电动机的动态电压方程为

$$u_A - u_B = 2R_s i_A + 2(L_s - L_m) p i_A + 2e_A \tag{6-5}$$

在式(6-5) 中，$(u_A - u_B)$是 A、B 两相之间输入的平均线电压，采用 PWM 控制时，设占空比为 ρ，则 $u_A - u_B = \rho U_d$，于是，式(6-5) 可改写成

$$\rho U_d - 2e_A = 2R_s (T_1 p + 1) i_A \tag{6-6}$$

式中，$T_1 = \dfrac{L_s - L_m}{R_s}$为电枢漏磁时间常数。

根据电机和电力拖动系统基本理论，可知

$$e_A = -e_B = k_e \omega \tag{6-7}$$

$$T_e = \frac{n_p}{\omega}(e_A i_A + e_B i_B) = 2n_p k_e i_A \tag{6-8}$$

$$T_e - T_L = \frac{J}{n_p} p\omega \tag{6-9}$$

将式(6-6)～式(6-7) 结合起来，可以得到如图 6-8 所示的无刷直流电动机动态结构框图。

实际上，换相过程中电流和转矩的变化、关断相电动势所引起的电流、PWM 调压对电流和转矩的影响等是使动态模型产生时变和非线性的因素，其后果是造成转矩和转速的脉

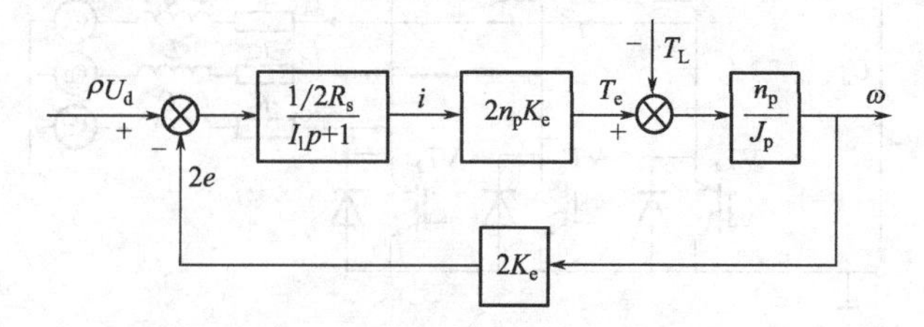

图 6-8　无刷直流电动机的动态结构框图

动，严重时会使电动机无法正常运行，必须设法抑制或消除。此外，图 6-4 中的转子位置传感器 BQ 是构成自控变频同步电动机调速系统必要的环节，但是在某些场合，在电动机轴上安装传感器会很不方便，进而诞生出无位置传感器的技术。前已指出，在 120°导通型的逆变器中，在任何时刻，三相中总有一相是被关断的，但该相绕组仍在切割转子磁场并产生电动势，如果能够检测出关断相电动势波形的过零点，就可以准确得到转子位置的信息，从而代替位置传感器。

※6.4　同步电动机矢量控制系统

为了获得高动态性能，同步电动机变压变频调速系统也可以采用矢量控制，其基本原理和异步电动机矢量控制相似，也是通过坐标变换，把同步电动机等效成直流电动机，再模仿直流电动机的控制方法进行控制。但由于同步电动机的转子结构与异步电动机不同，分为直流励磁或者永磁体两种结构，其矢量坐标变换也有自己的特色。

6.4.1　同步电动机的多变量动态数学模型

研究同步电动机数学模型的假设条件和研究异步电动机时相同，见 5.1.2 中的内容。以某二极同步电动机为例，其物理模型如图 6-9 所示。图中，定子三相绕组轴线 A、B、C 是静止的，三相电压 u_A、u_B、u_C 和三相电流 i_A、i_B、i_C 都是对称平衡的，转子以同步转速 ω_1 旋转，转子上的励磁绕组在励磁电压 U_f 供电下流过励磁电流 I_f。沿励磁磁极的轴线为 d 轴，与 d 轴正交的是 q 轴，d-q 坐标在空间也以同步转速 ω_1 旋转，d 轴与 A 轴之间的夹角 θ 为变量。并考虑同步电动机的凸极效应、阻尼绕组和定子电阻与漏抗，则同步电动机的动态电压方程式可写成

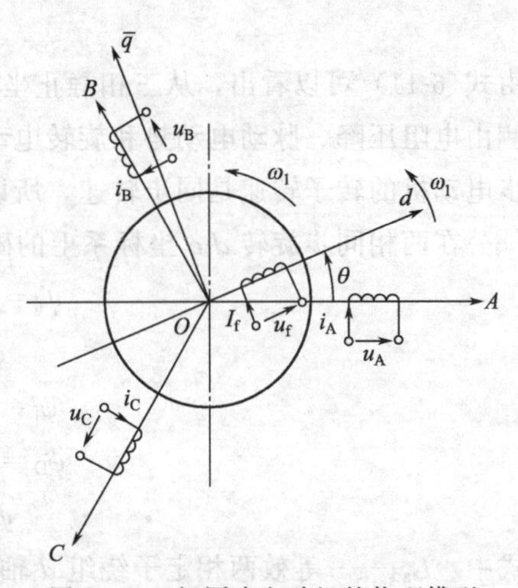

图 6-9　二极同步电动机的物理模型

$$u_A = R_s i_A + \frac{d\psi_A}{dt}$$

$$u_B = R_s i_B + \frac{d\psi_B}{dt}$$

$$u_C = R_s i_C + \frac{d\psi_C}{dt}$$

$$U_f = R_f I_f + \frac{d\psi_f}{dt} \tag{6-10}$$

$$0 = R_D i_D + \frac{d\psi_D}{dt}$$

$$0 = R_Q i_Q + \frac{d\psi_Q}{dt}$$

式中前三个方程是定子 A、B、C 三相的电压方程，第四个方程是励磁绕组直流电压方程，若为永磁同步电动机，无此方程，最后两个方程是阻尼绕组的等效电压方程。实际阻尼绕组是类似笼型结构的多导条的绕组，这里把它等效成在 d 轴和 q 轴各自短路的两个独立绕

组，i_D、i_Q分别为阻尼绕组的 d 轴和 q 轴电流，R_D、R_Q分别为阻尼绕组的 d 轴和 q 轴电阻，对于隐极式同步电动机，$R_D=R_Q$。所有符号的意义及其正方向都和分析异步电动机时一致。

按照坐标变换原理，将定子电压方程从 A-B-C 坐标系变换到 d-q 同步旋转坐标系，并用 p 表示微分算子，略去变换的具体过程，则三个定子电压方程变换成以下形式

$$
\begin{aligned}
u_d &= R_s i_d + p\psi_d - \omega_1 \psi_q \\
u_q &= R_s i_q + p\psi_q + \omega_1 \psi_d
\end{aligned} \tag{6-11}
$$

三个转子电压方程不变，因为它们已经在 d-q 轴上了，可以用 p 微分算子改写成

$$
\begin{aligned}
U_f &= R_f I_f + p\psi_f \\
0 &= R_D i_D + p\psi_D \\
0 &= R_Q i_Q + p\psi_Q
\end{aligned} \tag{6-12}
$$

由式(6-11) 可以看出，从三相静止坐标系变换到两相旋转坐标系后，d-q 轴电压方程等号右侧由电阻压降、脉动电动势和旋转电动势三项构成，其物理意义与异步电动机中相同。而同步电动机的转子转速是同步转速，所以在电压方程式(6-12) 中没有旋转电动势。

在两相同步旋转 d-q 坐标系上的磁链方程为

$$
\begin{aligned}
\psi_d &= L_{sd} i_d + L_{md} I_f + L_{md} i_D \\
\psi_q &= L_{sq} i_q + L_{mq} i_Q \\
\psi_f &= L_{md} i_d + L_{rf} I_f + L_{md} i_D \\
\psi_D &= L_{md} i_d + L_{md} I_f + L_{rD} i_D \\
\psi_Q &= L_{mq} i_q + L_{rQ} i_Q
\end{aligned} \tag{6-13}
$$

式中 L_{sd}——等效两相定子绕组 d 轴自感，$L_{sd}=L_{ls}+L_{md}$；

L_{sq}——等效两相定子绕组 q 轴自感，$L_{sq}=L_{ls}+L_{mq}$；

L_{ls}——等效两相定子绕组漏感；

L_{md}——d 轴定子与转子绕组间的互感，相当于同步电动机原理中的 d 轴电枢反应电感；

L_{mq}——q 轴定子与转子绕组间的互感，相当于 q 轴电枢反应电感；

L_{rf}——励磁绕组自感，$L_{rf}=L_{lf}+L_{md}$；

L_{rD}——d 轴阻尼绕组自感，$L_{rD}=L_{lD}+L_{md}$；

L_{rQ}——q 轴阻尼绕组自感，$L_{rQ}=L_{lQ}+L_{mq}$。

由于有凸极效应，d 轴和 q 轴上的电感不一样。将式(6-13) 代入式(6-11) 和式(6-12)，整理后可得同步电动机的电压矩阵方程式

$$
\begin{bmatrix} u_d \\ u_q \\ U_f \\ 0 \\ 0 \end{bmatrix} =
\begin{bmatrix}
R_s + L_{sd}p & -\omega_1 L_{sq} & L_{md}p & L_{md}p & -\omega_1 L_{mq} \\
\omega_1 L_{sd} & R_s + L_{sq}p & \omega_1 L_{md} & \omega_1 L_{md} & L_{mq}p \\
L_{md}p & 0 & R_f + L_{rf}p & L_{md}p & 0 \\
L_{md}p & 0 & L_{md}p & R_D + L_{rD}p & 0 \\
0 & L_{mq}p & 0 & 0 & R_Q + L_{rQ}p
\end{bmatrix}
\begin{bmatrix} i_d \\ i_q \\ I_f \\ i_D \\ i_Q \end{bmatrix} \tag{6-14}
$$

与前已推出的异步电动机在 d-q 轴上的转矩式(5-42) 相似，同步电动机在 d-q 轴上的转矩

和运动方程为

$$T_e = n_p(\psi_d i_q - \psi_q i_d) = \frac{J}{n_p} \times \frac{d\omega}{dt} + T_L \tag{6-15}$$

把式(6-13) 中的 ψ_D 和 ψ_Q 表达式代入式(6-15) 的转矩方程并整理后得

$$T_e = n_p L_{md} I_f i_q + n_p (L_{sd} - L_{sq}) i_d i_q + n_p (L_{md} i_D i_q - L_{mq} i_Q i_d) \tag{6-16}$$

式(6-16) 中各项的物理意义解释如下，第一项 $n_p L_{md} I_{fiq}$ 是转子励磁磁动势和定子电枢反应磁动势转矩分量相互作用所产生的转矩，是同步电动机主要的电磁转矩。第二项 $n_p(L_{sd} - L_{sq}) i_d i_q$ 是由凸极效应造成的磁阻变化在电枢反应磁动势作用下产生的转矩，称作反应转矩或磁阻转矩，这是凸极电动机特有的转矩，在隐极电动机中，$L_{sd} = L_{sq}$，该项为 0。第三项 $n_p(L_{md} i_D i_q - L_{mq} i_Q i_d)$ 是电枢反应磁动势与阻尼绕组磁动势相互作用的转矩，只有在动态中，产生阻尼电流，才有阻尼转矩，帮助同步电动机尽快达到新的稳态。如果没有阻尼绕组，或者在稳态运行时阻尼绕组中没有感应电流，该项都是零。

6.4.2　按气隙磁场定向的同步电动机矢量控制系统

根据前一节所述的同步电动机数学模型，可以求出他控式变频同步电动机矢量控制算法，得到相应的同步电动机矢量控制系统。在建立系统模型之前先列出以下的假定条件：

① 假设是隐极电动机，或者说忽略凸极的磁阻变化；

② 忽略阻尼绕组的效应；

③ 忽略磁化曲线的饱和非线性因素；

④ 暂先忽略定子电阻和漏抗的影响。

在同步电动机中，除转子直流励磁外，定子磁动势还产生电枢反应，直流励磁与电枢反应合成起来产生气隙磁通，合成磁通在定子中感应的电动势与外加电压基本平衡。同步电动机磁动势与磁通的空间矢量图示于图 6-10(a)。

正常运行时应保持同步电动机的气隙磁通 Φ_R 恒定，因而采用按气隙磁场定向的矢量控制，这时，令沿 F_R 和 Φ_R 的方向为 M 轴，与 M 轴正交的是 T 轴。将定子磁动势 F_s 除以相应的匝数即为定子三相电流合成空间矢量 i_s，可将它沿 M、T 轴分解为励磁分量 i_{sm} 和转矩分量 i_{st}。同样，与转子磁动势 F_f 相当的励磁电流矢量 I_f 也可分解成 i_{fm} 和 i_{ft}。

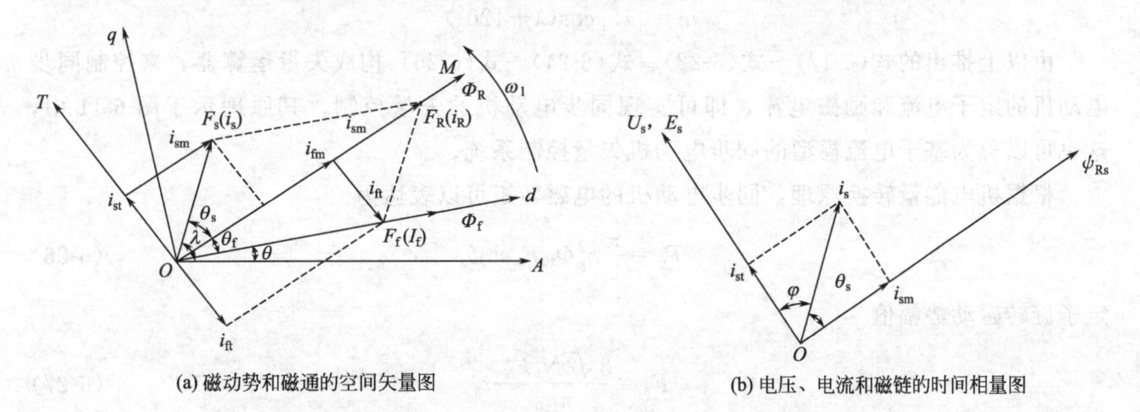

图 6-10　同步电动机近似的空间矢量图和时间相量图

F_f，Φ_f—转子励磁磁动势和磁通，沿励磁方向为 d 轴；F_s—定子三相合成磁动势；F_R，Φ_R—合成的气隙磁动势和总磁通；θ_s—F_s 与 F_R 间的夹角；θ_f—F_f 与 F_R 间的夹角

由图 6-10(a) 不难得出下列关系式

$$i_s=\sqrt{i_{sm}^2+i_{st}^2} \tag{6-17}$$

$$I_f=\sqrt{i_{fm}^2+i_{ft}^2} \tag{6-18}$$

$$i_R=i_{sm}+i_{fm} \tag{6-19}$$

$$i_{st}=-i_{ft} \tag{6-20}$$

$$i_{sm}=i_s\cos\theta_s \tag{6-21}$$

$$i_{fm}=I_f\cos\theta_f \tag{6-22}$$

为了简化问题，下面用定子一相绕组的电压、电流与磁链的时间相量图来说明，如图 6-10(b) 所示。气隙合成磁通 Φ_R 空间矢量，Φ_R 对该相绕组的磁链 Ψ_{Rs} 则是时间相量，Ψ_{Rs} 在绕组中感应的电动势 E_s 领先于 ψ_{Rs} 90°。按照假设条件④，忽略定子电阻和漏抗，则 E_s 与相电压 U_s 近似相等，于是

$$U_s\approx E_s=4.44f_1\psi_{Rs} \tag{6-23}$$

在图 6-10(b) 中，i_s 是该相电流相量，它落后于 U_s 的相角 φ 就是同步电动机的功率因数角。根据电机学原理，Φ_R 与 F_s 空间矢量的空间角差 θ_s 也就是磁链 ψ_{Rs} 与电流 i_s 在时间上的相角差，因此 $\varphi=90°-\theta_s$，而且 i_{sm} 和 i_{st} 也是 i_s 相量在时间相量图上的分量。由此可知：定子电流的励磁分量 i_{sm} 可以从定子电流 i_s 和调速系统期望的功率因数值求出。最简单的情况是希望 $\cos\varphi=1$，此时 $i_{sm}=0$。这样，由期望功率因数确定的 i_{sm} 可作为矢量控制系统的一个给定值。

图 6-10(a) 中，以 A 轴为参考坐标轴，则 d 轴的位置角为 $\theta=\int\omega_1\mathrm{d}t$，可以通过电机轴上的位置传感器 BQ 测得（见图 6-11）。于是，定子电流空间矢量 i_s 与 A 轴的夹角 λ 便成为

$$\lambda=\theta+\theta_f+\theta_s \tag{6-24}$$

由 i_s 的幅值 $|i_s|$ 和相位角 λ 可以求出三相定子电流

$$\begin{aligned} i_A&=|i_s|\cos\lambda \\ i_B&=|i_s|\cos(\lambda-120°) \\ i_C&=|i_s|\cos(\lambda+120°) \end{aligned} \tag{6-25}$$

由以上推出的式(6-17)～式(6-22)、式(6-24)～式(6-25) 构成矢量运算器，来控制同步电动机的定子电流和励磁电流，即可实现同步电动机的矢量控制，其原理示于图 6-11 中，这也可以称为基于电流模型的同步电动机矢量控制系统。

根据机电能量转换原理，同步电动机的电磁转矩可以表达为

$$T_e=\frac{\pi}{2}n_p^2\Phi_R F_s\sin\theta_s \tag{6-26}$$

定子旋转磁动势幅值

$$F_s=\frac{3\sqrt{2}N_s k_{Ns}}{\pi n_p}i_s \tag{6-27}$$

由式(6-17) 及式(6-21) 可知

$$i_s\sin\theta_s=i_{st} \tag{6-28}$$

将定子旋转磁动势幅值表达式(6-27) 及式(6-29) 代入式(6-26)，整理后得

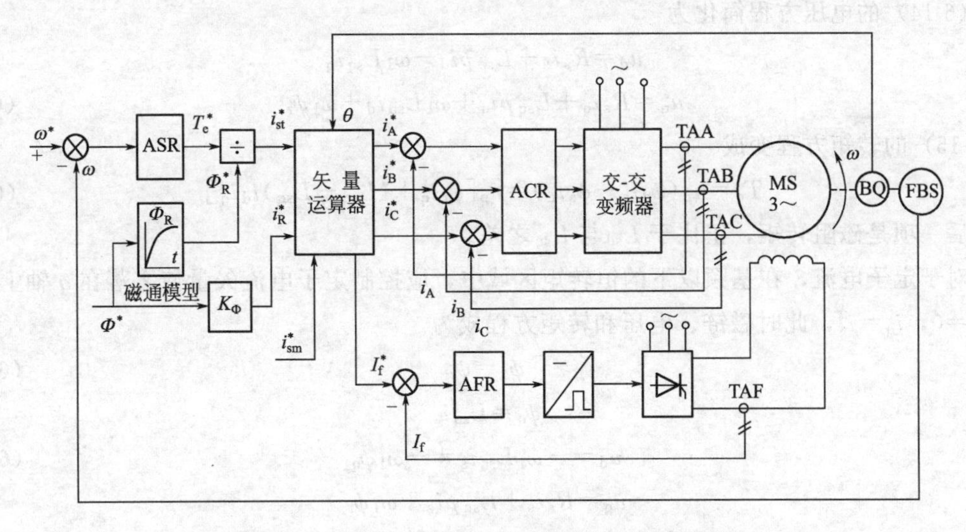

图 6-11　同步电动机基于电流模型的矢量控制系统

$$T_e = C_m \Phi_R i_{st} \tag{6-29}$$

式中取

$$C_m = \frac{3}{\sqrt{2}} n_p N_s k_{Ns}$$

式(6-29) 表明，经矢量分解后，同步电动机的转矩公式与直流电动机的基本一致，这就说明只要保证气隙磁通恒定，控制定子电流的转矩分量就可以很方便地控制其电磁转矩。

所以，图 6-11 所示的同步电动机矢量控制系统采用了和直流电动机调速系统相仿的双闭环控制结构。其中，转速调节器 ASR 的输出是转矩给定信号 T_e^*，按照式(6-29)，T_e^* 除以磁通模拟信号 Φ_R^* 后即得定子电流转矩分量的给定信号 i_{st}^*，Φ_R^* 是由磁通给定信号 Φ^* 经磁通滞后模型模拟其滞后效应后得到的。Φ^* 乘以系数 K_Φ 即得合成励磁电流的给定信号 i_R^*，另外，按功率因数的要求，得到定子电流励磁分量给定信号 i_{sm}^*。将 i_R^*、i_{st}^*、i_{sm}^* 和来自位置传感器 BQ 的旋转坐标相位角 θ 一起送入矢量运算器，按式(6-17)～式(6-22) 以及式(6-24)、式(6-25) 计算出定子三相电流的给定信号 i_A^*、i_B^*、i_C^* 和励磁电流给定信号 i_f^*。通过 ACR 和 AFR 实行电流闭环控制，可使实际电流 i_A、i_B、i_C 以及 I_f 跟随其给定值变化，获得良好的动态性能。当负载变化时，还能尽量保持同步电动机的气隙磁通、定子电动势及功率因数不变。

6.4.3　正弦波永磁同步电动机的自控变频调速系统

正弦波永磁同步电动机具有定子三相分布绕组和永磁转子，在磁路结构和绕组分布上保证定子绕组中的感应电动势具有正弦波形，外施的定子电压和电流也应为正弦波。用电动机轴上的位置传感器检测出磁极位置和转子相对于定子的位置，来控制变压变频器电流的频率和相位，使定子和转子磁动势保持确定的相位关系，产生恒定的电磁转矩。

正弦波永磁同步电动机一般没有阻尼绕组，转子磁通由永久磁钢决定，是恒定不变的，可采用按转子磁链定向控制，即将两相旋转坐标系的 d 轴定在转子磁链 ψ_r 方向上，无需再采用任何计算磁链的模型，那么同步电动机在 dq 坐标上的磁链方程可简化为

$$\begin{aligned} \psi_d &= L_{sd} i_d + \psi_r \\ \psi_q &= L_{sq} i_q \end{aligned} \tag{6-30}$$

而式(6-14) 的电压方程简化为

$$u_d = R_s i_d + L_{sd} p i_d - \omega_1 L_{sq} i_q$$

$$u_q = R_s i_q + L_{sq} p i_q + \omega_1 L_{sd} i_d + \omega_1 \psi_r \tag{6-31}$$

式(6-15) 的转矩方程变成

$$T_e = n_p(\psi_d i_q - \psi_q i_d) = n_p[\psi_r i_q + (L_{sd} - L_{sq}) i_d i_q] \tag{6-32}$$

式中后一项是磁阻转矩，正比于 L_{sd} 与 L_{sq} 之差。

对于定子电流，在基频以下的恒转矩区域中，应控制定子电流矢量使之落在 q 轴上，即令 $i_d=0$，$i_q=i_s$，此时磁链、电压和转矩方程成为

$$\psi_d = \psi_r \tag{6-33}$$

$$\psi_q = L_{sq} i_s$$

$$u_d = -\omega_1 L_{sq} i_s = -\omega_1 \psi_q \tag{6-34}$$

$$u_q = R_s i_s + L_{sq} p i_s + \omega_1 \psi_r$$

$$T_e = n_p \psi_r i_s \tag{6-35}$$

从式(6-35) 可以看出，由于 ψ_r 恒定，电磁转矩与定子电流的幅值成正比，控制定子电流幅值就能很好地控制转矩。图 6-12(a) 绘出了按转子磁链定向并使 $i_d=0$ 时 PMSM 的矢量图。这时只要能准确地检测出转子 d 轴的空间位置，控制逆变器使三相定子的合成电流（或磁动势）矢量位于 q 轴上（领先于 d 轴 90°）就可以了，比异步电动机矢量控制系统要简单得多。

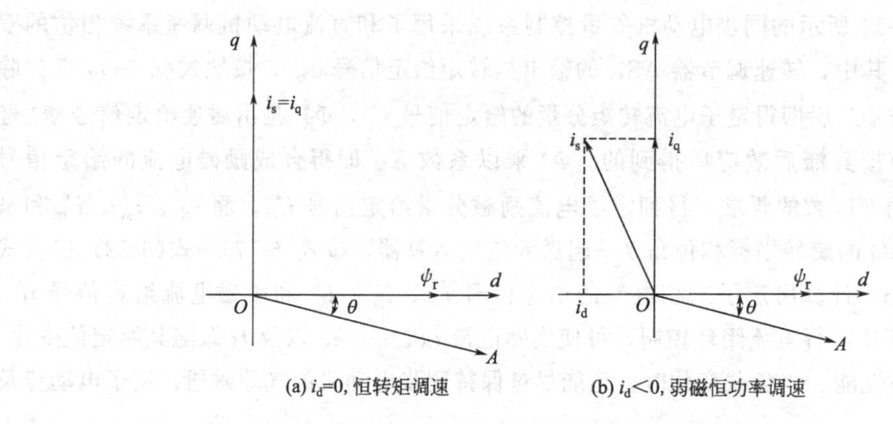

(a) $i_d=0$，恒转矩调速 (b) $i_d<0$，弱磁恒功率调速

图 6-12 按转子磁链定向的正弦波永磁同步电动机矢量图

从上述的推导过程可以得到图 6-13 所示的按转子磁链定向并使 $i_d=0$ 的 PMSM 自控变频调速系统原理图，和直流电动机调速系统一样，该系统的转速调节器 ASR 的输出是正比于电磁转矩的定子电流给定值。由图 6-12(a) 的矢量图还可知

$$i_A = i_s \cos(90° + \theta) = -i_s \sin\theta \tag{6-36}$$

与此相应

$$i_B = -i_s \sin(\theta - 120°) \tag{6-37}$$

$$i_C = -i_s \sin(\theta + 120°) \tag{6-38}$$

θ 角是旋转的 d 轴与静止的 A 轴之间的夹角，可以由转子位置检测器测出，经过查表法读取相应的正弦函数值后，与 i_s^* 信号相乘，即得三相电流给定信号 i_A^*、i_B^*、i_C^*。图 6-13 中的

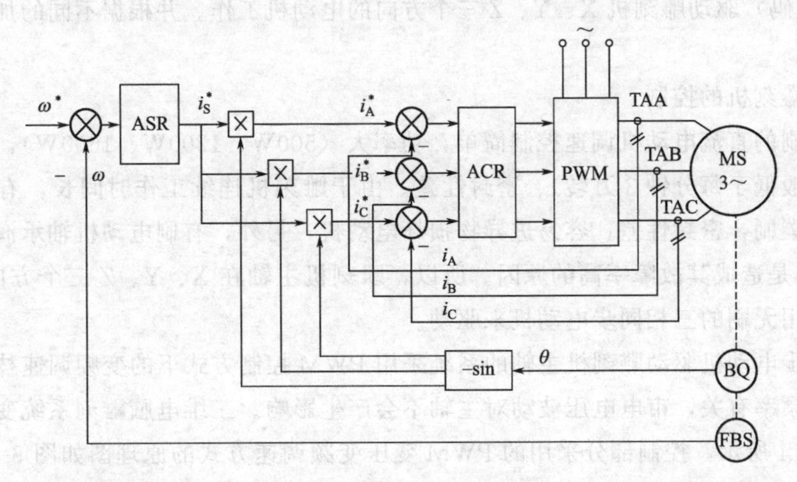

图 6-13　按转子磁链定向并使 $i_d=0$ 的 PMSM 自控变频调速系统

交流 PWM 变压变频器需用电流控制，可以用带电流内环控制的电压源型 PWM 变压变频器，也可以用带电流滞环跟踪控制的变压变频器。

如果需要基速以上的弱磁调速，最简单的办法是使定子电流的直轴分量 $i_d<0$，其励磁方向与 ψ_r 相反，起去磁作用，这时的矢量图如图 6-12(b) 所示。但是，由于稀土永磁材料的磁阻很大，若利用电枢反应实现弱磁，需要较大的定子电流直轴去磁分量，因此常规的正弦波永磁同步电动机在弱磁恒功率区间运行的效果很差，只有在短期运行时才可以接受。

总之，在图 6-13 所示的系统中，定子电流与转子永磁磁通互相独立，控制系统简单，转矩恒定性好，脉动小，可以获得很宽的调速范围，适用于要求高性能的数控机床、机器人等场合。但是缺点是：①当负载增加时，定子电流增大，使气隙磁链和定子反电动势都加大，迫使定子电压升高。为了保证足够的电源电压，电控装置须有足够的容量，而有效利用率却不大。②负载增加时，定子电压矢量和电流矢量的夹角也会增大，造成功率因数降低。③在常规情况下，弱磁恒功率的长期运行范围不大。

※6.5　同步电动机调速在三维电脑雕刻机中的应用

三维电脑雕刻机是机电一体化的三维数控系统，被广泛用于广告、印章、标牌、礼品及微机械等加工行业，可直接对有机玻璃、PVC、木材、大理石、铜、铝及钢等材料进行雕刻加工。整个系统由收发机、控制机、雕刻机三部分组成。计算机通过串口将设计元件传递给控制器，控制器解释接到的命令，控制雕刻机工作运行。

(1) 微机工作

微机通过运行雕刻软件，进行二维（平面）或三维（立体）雕刻的编辑和输出；还可以直接处理各种加工元件如 HPGL 格式的 2D 和 3D 文件、CAD 文件、G 代码及 M 代码文件，雕刻文件直接传给控制器，再由控制器实施雕刻操作。

(2) 控制器的工作

通过 RS-232 串口接收来自微机的设计文件，控制雕刻机工作。控制器首先确定雕刻的加工原点、加工深度及雕刻速度等参数，然后接受微机的设计文件，解释命令（HPGL、G

代码或 M 代码）驱动雕刻机 X、Y、Z 三个方向的电动机工作。并根据不同的加工材料可调整主轴转速。

(3) 对雕刻机的控制

虽然有刷的直流电动机调速控制简单，功率大（500W、1200W、1600W），风冷却，但转速低（一般低于每分钟 3 万转）、密封性差。由于雕刻机连续工作时间长，有刷电动机需要经常更换碳刷，密封性差，容易进异物损坏电动机，另外，有刷电动机轴承润滑困难（不易注油），也是造成其故障率高的原因。所以，雕刻机主轴在 X、Y、Z 三个方向精密运动，目前主要采用无刷的三相同步电动机来驱动。

无刷同步电动机驱动雕刻机主轴的系统采用 PWM 控制方式下的变频调速技术，主轴转速只与控制频率有关，市电电压波动对主轴不会产生影响。三维电脑雕刻系统变频调速的主电路如图 6-14 所示，控制部分采用的 PWM 变压变频调速方式的原理图如图 6-15 所示，其对应的波形如图 6-16 所示。

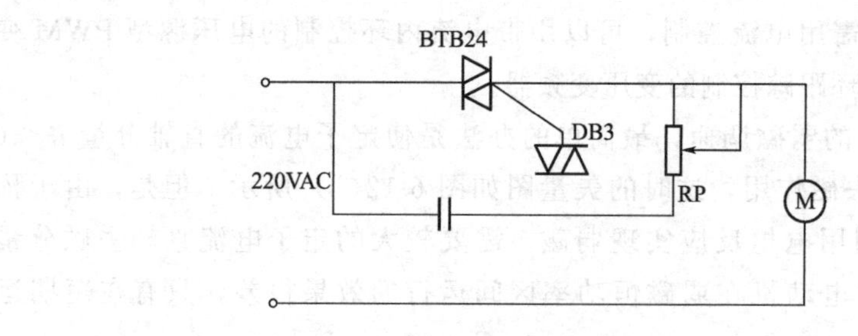

图 6-14 调速电路图

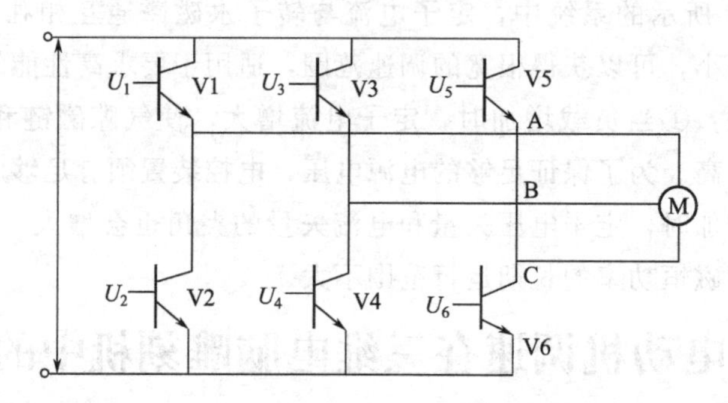

图 6-15 采用 PWM 变频、变压调速原理图

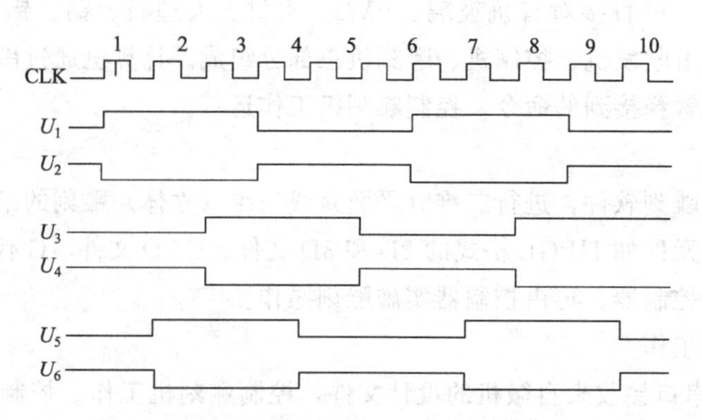

图 6-16 采用 PWM 变频、变压调速波形图

通过环型分配器产生时钟 6 分频，相位差为 120°的 U_1、U_6 信号，来控制图 6-15 中的 V1、V6 的导通和截止。在 6 个小时钟周期内，控制主轴旋转一周。设时钟频率为 F，则主轴速为 $101/F$ r/min，调整 F 即可控制主轴转速。由于主轴电动机属于感性负载，阻抗 $R=2\pi FL$ 与频率成正比，当主轴转速降低时，阻抗将减小，流经 V1～V6 的电流加大。所以，当转速低于 2000r/min 时，为了保证 V1～V6 工作在安全区域，本系统需要降低电平。这就是既调压又调频控制主轴旋转的设计原理。

练　习　题

6-1　同步电动机变压变频调速的特点是什么？基本类型有哪些？

6-2　从电压频率协调控制而言，同步电动机的调速与异步电动机的调速有何差异？

6-3　在动态过程中，同步电动机的电流角频率 ω_{is}、气隙磁链的角频率 ω_1 和转子旋转角速度 ω 是否相等，若不等，ω_{is} 和 ω_1 各为多大，为什么？达到稳态时，三者是否相等？为什么？

6-4　他控变频同步电动机调速系统有哪些类型？

6-5　同步电动机调速系统可分为他控式和自控式，分析并比较两种方法的基本特征，各自的优缺点。

6-6　同步电动机变频调速系统是如何组成的？为什么要用转子位置传感器？

6-7　分析与比较无刷直流电动机和有刷直流电动机与相应的调速系统的相同与不同之处。

6-8　在同步电动机的多变量动态数学模型中，磁链方程、电压矩阵方程、转矩方程中各项的物理意义是什么？

6-9　论述同步电动机按气隙磁链定向和按转子磁链定向矢量控制系统的工作原理，并与异步电动机矢量控制系统做比较。

6-10　梯形波永磁同步电动机自控变频调速系统和正弦波永磁同步电动机自控变频调速系统在组成原理上有什么区别？

第7章 课程设计

7.1 课程设计的目的与要求

7.1.1 课程设计的目的

电力拖动自动控制系统是一门实践性很强的课程，学习运动控制的理论知识后，必须通过动手解决某些具体而初级的工程问题，才能更清楚地掌握运动控制系统的本质。课程设计是针对学生对理论知识的掌握情况，在本课程学完后布置给学生实际的工作任务，包括计算、设计实验线路、调试设备、实验步骤、测量数据的记录与整理、实验现象的分析、实验结论的归纳总结，提出问题解决的方案。所以，课程设计的目的在于：培养学生理论联系实际、设计实验系统、解决工程问题的能力，提高实验数据分析和判断的能力、归纳总结实验结论的能力。在课程设计过程中会遇到许多在课堂教学没有讲授或难以讲授的具体问题，运用所学的理论知识去分析解决这些具体问题，用理论指导实践，用实践验证理论，可使理论得到深化，进而使理论和实践融为一体，达到更高的认识层次。因此，课程设计是学好本课程必不可少的重要环节。

7.1.2 课程设计的要求

本课程设计的综合性很强，涉及的知识面广，实验环节多，需多人协同工作。为了提高工作效率和设计效果，建议按以下方式进行。

（1）预习

在课程设计前做好准备工作，即预习，是保证课程设计顺利进行的必要步骤，也是培养学生独立工作能力、提高课程设计质量与效率的重要环节。

① 课程设计前应复习本课程的有关章节，熟悉有关理论知识。

② 认真阅读课程设计的任务书与指导书以及有关实验装置的介绍，了解课程设计的工作内容和要求，运用所学的理论知识进行准确、严谨而细致地计算与设计，包括理论计算与实验系统设计，还要明确课程设计过程中应注意的问题。有些内容可到实验室对照实物进行预习（如所用机组的铭牌、仪器设备的规格和量程等）。

③ 设计实验线路，明确接线方式，拟出实验步骤，列出实验时所需记录的数据表格。

④ 课程设计应分组进行，每组3～4人为宜，每人都必须预习，课程设计前可每人或每组写一份预习报告。各小组在课程设计前应认真讨论一次，确定组长，合理分工，预测课程设计结果及实验结果大致分布趋势，做到心中有数。

（2）进行课程设计

每个人在课程设计过程中必须严肃认真，集中精力。

① 预习检查，严格把关　课程设计开始前，由指导教师检查课程设计预习质量（包括对本次课程设计的理解及所写的预习报告），确实已做好课程设计前的准备工作后方能开始实验。未预习者不得进行，应在准备好以后另约时间进行。

② 分工配合，协调工作　课程设计以小组为单位进行，组长负责整个课程设计的组织安排，小组成员分工执行计算、设计、接线、操作、调节设备、测量并记录数据等工作。在课程设计过程中务求人人动手，个个主动，分工配合，协调操作，做到课程设计内容完整，数据记录正确。

③ 充分讨论，力求简明　应调动每个小组所有人的智慧与力量，经过充分讨论、论证，设计出合理的实验线路，力求简单明了。主回路与控制回路应有所区别，根据电流大小，主回路选用粗导线连接，控制回路选用细导线连接，导线的长短要合适，不宜过长或过短。

④ 确保安全，检查无误　为了确保安全，线路接好后应互相检查并请指导教师检查，确认无误后方可合闸通电。

⑤ 按照计划，操作测试　按设计好的实验步骤由简到繁逐步进行测试。实验中要严格遵守操作规程和注意事项，仔细观察实验中的现象，认真做好数据测试工作，并结合理论分析与预测趋势相比较，判断数据的合理性。

⑥ 认真负责，完成课程设计　课程设计结束后，应将设计计算数据与实验记录数据交指导教师检查，经指导教师认可后才允许拆线、整理所有连线及设备。

(3) 课程设计报告

报告是课程设计的总结及成果，通过书写课程设计报告，可以进一步培养学生的分析能力和总结能力，因此必须独立书写，每人一份。对设计计算数据、实验数据，以及整个课程设计中观察和发现的问题进行整理讨论，分析研究，得出结论，写出心得体会，以便积累一定的实际经验。

编写报告时应持严肃认真的科学态度，要求条理清晰，逻辑性强，简明扼要，字迹端正，图表整洁，分析认真，结论明确。

课程设计报告应包括以下几个方面的内容：

① 课程设计名称，专业，班级，组别，姓名，同组同学姓名，实验日期；

② 实验用机组，主要仪表、仪表设备的型号、规格；

③ 课程设计的目的要求；

④ 课程设计的计算与设计过程；

⑤ 实现系统的设计；

⑥ 调试步骤与调试结果；

⑦ 整理实验数据，注明实验条件；

⑧ 分析课程设计过程中遇到的问题，总结课程设计得出的结论；

⑨ 撰写课程设计心得体会。

7.2 双闭环直流调速系统设计与调试

7.2.1 双闭环直流调速系统设计任务书

(1) 题目

不可逆双闭环直流调速系统。

(2) 目的

① 理论联系实际，掌握根据工艺要求设计控制系统的方法；

② 加强操作技能训练，通过实验掌握各部件及全系统的调试方法；

③ 掌握参数变化对系统性能影响的规律，培养分析，解决问题的能力；

④ 学会数据的分析与处理，学会编写说明书及各类报告。

(3) 设计要求

① 静态：无静差，调速范围 $D=5$；

② 动态：电流超调量 $\sigma_i\%\leqslant5\%$；

转速超调量 $\sigma_n\%\leqslant10\%$；

过渡过程尽量短（调节时间 t_s 尽量小，应测算出）；

突然加（卸）载时的动态速降≤3%～5%，恢复时间尽量短（t_v 尽量小，应测算出）。

(4) 注意事项

① 认真查阅资料，按要求的内容执行进度；

② 严格考勤，有事应事先请假；

③ 每人独立设计，实验以小组为单位经讨论确定统一方案，并记录数据；

④ 实验时应严格按操作规程进行，接线后经教师检查方可合闸通电。

(5) 设计成果

①《不可逆双闭环直流调速系统》设计报告一份，报告应包括：a. 元器件明细表一份；b. 你所使用的参考书目录。

②《不可逆双闭环直流调速系统》实验报告一份。

③《不可逆双闭环直流调速系统》说明书一份。

④《不可逆双闭环直流调速系统》原理图一份。

(6) 成绩评定

① 实验部分：考勤占20%，质疑占10%，实验报告、调试质量占20%；

② 设计部分：考勤占10%，质疑占10%，设计报告、说明书、原理图占30%。

7.2.2 双闭环直流调速系统设计与调试指导书

(1) 题目

不可逆双闭环直流调速系统。

(2) 数据与参数

直流电动机的额定参数：P_N、U_N、$I_N=1.1\text{A}$、$n_N=1600\text{r/min}$

励磁电压： $U_N=$(额定值)V

励磁电流： $I_f=$(实测值)A

总电阻： $R=R_{rec}+R_s+R_a$（取各部分的实测值）

式中 R_{rec}——可控硅整流部分电阻；

R_s——电抗器电阻；

R_a——电枢电阻。

总电感： $L=L_s+L_a$

式中 L_s——实验台平波电抗器；

L_a——电枢电感。

电磁时间常数： $T_l=L/R$

机电时间常数： $L_m = \frac{GD^2 R}{375 C_e C_m}$

晶闸管整流装置放大系数（可测量）：$K_s = \Delta U_d / \Delta U_k$

晶闸管整流装置平均失控时间 T_s：根据整流电路类型查表选取。

限幅值（参考取值）：

速度调节器输出　$|U_{nmax}| \leqslant 7.5V(7 \sim 8V)$

电流调节器输出　$|U_{kmax}|$ 对应 $\alpha_{min} = 15° \sim 30°$ 的 U_k 值。

反馈系数（参考）：α 可测量；

β 可测量。

滤波时间常数（参考）：$T_{oi} = 2 \sim 5ms$；

$T_{on} = 8 \sim 20ms$。

晶闸管整流：采用三相桥式（在实验装置上选取）。

晶闸管保护：①学习过电压、过电流的保护方式；②了解实验装置上的保护方式；③确定自己的设计报告及系统图上的保护方式。

稳压电源：±15V。

交流互感器：电流反馈用。

（3）调试与实验

1）一般调试原则

① 先单元，后整机；

② 先开环，后闭环；（注意反馈极性）

③ 先内环，后外环；（电流环正常后再加转速环）

④ 先阻性负载，后电动机负载。

2）大致调试步骤

① 电源部分：根据负载及选定的整流电路计算出整流变压器二次测输出电压U2，测定相位；

② 整流及主电路部分：触发电路选定后应调整好初始相位、斜率、相位差等。主电路定型后接线：

③ 调节器：选定控制类型后应先调零、调限幅值。

④ 综合实验：

a. 电流环：

- 单独调试时注意反馈极性；
- 起始调整 β=0.07 左右；
- 根据动态设计的 K_i、τ_i，观察 $I_d = f(t)$ 曲线（可先不拍照）。
- 改变 LT 参数（K_i、τ_i），观察并记录参数变化对曲线的影响。

b. 转速环（在电流内环调整好的基础上组成双闭环）：

- 调整好反馈系数 α；
- 注意反馈极性；
- 根据动态设计的 K_n、τ_n，观察 $I_d = f(t)$ 曲线，$U_k = f(t)$ 曲线，$n = f(t)$ 曲线。
- 在上述曲线的最佳状态下进行拍照。

• 改变ST参数（K_n、τ_n），观察并记录参数变化对曲线的影响。

c. 在双环最佳参数下，观察并记录突加、突卸负载时的转速变化曲线。

d. 双闭环静特性曲线的测定（最少做二条）：

在双闭环系统稳定运行下，改变负载，记录数据（曲线），并验算静态精度。

（4）关于各类报告的说明

1）设计报告——基本方案的论证、比较、选择等。

① 主回路设计

a. 直流电动机调速方案的论证、比较、选择；

b. 供电方案的论证、比较、选择；

c. 电源方案（整流电路）的论证、比较、选择；

d. 可控硅的保护，（电源）交、直流侧的方案；

e. 参数计算（涉及电机、可控硅触发、整流电路、阻容保护等）。

② 控制回路的选择与计算

a. 论证开环与闭环，明确结论；

b. 论证单环与多环，明确结论；

c. 对双闭环中选用的主要部件的优、缺点的论述、比较及结论；

d. 转速环ST、电流环LT（工程设计法）的参数计算。

③ 辅助回路的设计与选定

a. 变压器；

b. 直流稳压源；

c. 操作部分。

④ 其他

a. 系统所用元、器件明细表（名称、符号、型号、规格、数量、用于何处等），请用一览表的形式归纳出来。

b. 列出设计中所查用或参考的书目。

2）实验报告及修正报告

① 有关参数的测量记录、表格、曲线、计算过程、照片等；

② 动、静态测试曲线，改变参数时曲线、性能的变化趋势、分析及结论；

③ 实验中出现的现象及分析；

④ 通过实验的心得、体会及总结；

⑤ 当实验得到较满意曲线时的参数与设计参数不符时，进行重算并分析。

3）系统说明书

① 系统原理简介；

② 系统的主要性能（动态、静态、运行、保护等）；

③ 系统的优、缺点，适用范围等。

4）系统原理图（要求用计算机绘制，B4或A3）

以上各类报告书均用统一稿纸书写，分类装订（纵向、上装订线）。

7.2.3 设计举例

本节以某晶闸管供电的双闭环直流调速系统为例，主要说明课程设计环节中计算与设计的详细过程。后续的实验与调试均以此为基础。该直流调速系统的整流装置采用三相桥式电路，基本数据如下。

① 直流电动机：额定电压 $U_N=220V$，额定电流 $I_{dN}=136A$，额定转速 $n_N=1460r/min$，电动机电势系数 $C_e=0.132V \cdot min/r$，允许过载倍数 $\lambda=1.5$；

② 晶闸管装置放大系数：$K_s=40$；

③ 电枢回路总电阻：$R=R_{rec}+R_s+R_a=0.5\Omega$；

④ 时间常数：$T_l=0.03s$，$T_m=0.18s$；

⑤ 电流反馈系数：$\beta=0.05V/A$；

⑥ 转速反馈系数：$\alpha=0.07V \cdot min/r$。

设计要求：

① 静态指标：无静差；

② 动态指标：电流超调量 $\sigma_i\%\leqslant 5\%$；空载启动到额定转速时的转速超调 $\sigma_n\%\leqslant 10\%$。

忽略主回路与辅助回路的计算，下面详细说明控制回路的设计。

(1) 电流环设计

1) 确定时间常数

① 整流装置滞后时间常数 T_s：按表1-1，三相桥式电路的平均失控时间 $T_s=0.0017s$。

② 电流滤波时间常数 T_{oi}：三相桥式电路每个波头的时间是3.3ms，为了基本滤平波头，应有 $(1\sim2)T_{oi}=3.3ms$，因此取 $T_{oi}=2ms=0.002s$。

③ 电流环小时间常数之和 $T_{\Sigma ii}$；按小时间常数近似处理，$T_{\Sigma ii}=T_s+T_{oi}=0.0037s$。

2) 选择电流调节器结构

根据设计要求 $\sigma_i\%\leqslant 5\%$，并保证稳态电流无差，可按典型Ⅰ型系统设计电流调节器。由于电流环控制对象是双惯性型的，因此可用PI型电流调节器，其传递函数见式(2-84)。

检查对电源电压的抗扰性能：$\dfrac{T_l}{T_{\Sigma i}}=\dfrac{0.03}{0.0037}=8.11$，参看表2-3的典型Ⅰ型系统动态抗扰性能，各项指标都是可以接受的。

3) 计算电流调节器参数

电流调节器超前时间常数：$\tau_i=T_l=0.03s$。

电流环开环增益：要求 $\sigma_i\%\leqslant 5\%$时，按表2-2，应取 $K_I T_{\Sigma i}=0.5$，因此

$$K_I=\frac{0.5}{T_{\Sigma i}}=\frac{0.5}{0.0037}=135.1s^{-1}$$

于是，ACR的比例系数为

$$K_i=\frac{K_I\tau_i R}{K_s\beta}=\frac{135.1\times0.03\times0.5}{40\times0.05}=1.013$$

4) 校验近似条件

① 电流环截止频率：$\omega_{ci}=K_I=135.1s^{-1}$

② 晶闸管整流装置传递函数的近似条件：

$$\frac{1}{3T_s}=\frac{1}{3\times0.0017}=196.1s^{-1}>\omega_{ci}$$

满足近似条件。

③ 忽略反电动势变化对电流环动态影响的条件：

$$3\sqrt{\frac{1}{T_m T_l}}=3\times\sqrt{\frac{1}{0.18\times0.03}}=40.82\mathrm{s}^{-1}<\omega_{ci}$$

满足近似条件。

④ 电流环小时间常数近似处理条件：

$$\frac{1}{3}\sqrt{\frac{1}{T_m T_l}}=\frac{1}{3}\times\sqrt{\frac{1}{0.18\times0.03}}=180.8\mathrm{s}^{-1}>\omega_{ci}$$

满足近似条件。

5）计算调节器电阻和电容

电流调节器原理如图 2-50 所示，按所用运算放大器取 $R_s=40\mathrm{k\Omega}$，各电阻和电容值计算如下：

$$R_i=K_i R_0=1.013\times40=40.52(\mathrm{k\Omega})\ (\text{取 }40\mathrm{k\Omega})$$

$$C_i=\frac{\tau_i}{R_i}=\frac{0.03}{40\times10^3}\mathrm{F}=075\times10^{-6}\mathrm{F}=0.75\mu\mathrm{F}(\text{取 }0.75\mu\mathrm{F})$$

$$C_{oi}=\frac{4T_{oi}}{R_0}=\frac{4\times0.002}{40\times10^3}\mathrm{F}=0.2\times10^{-6}\mathrm{F}=0.2\mu\mathrm{F}(\text{取 }0.2\mu\mathrm{F})$$

按照上述参数，电流环可以达到的动态跟随性能指标为 $\sigma_i=4.3\%<5\%$（见表 2-2），满足设计要求。

（2）转速环的设计

1）确定时间常数

① 电流环等效时间常数 $\frac{1}{K_I}$：已取 $K_I T_{\Sigma i}=0.5$，则

$$\frac{1}{K_I}=2T_{\Sigma i}=2\times0.0037=0.0074\mathrm{s}$$

② 转速滤波时间常数 T_{on}：根据所用测速发电机纹波情况，取 $T_{on}=0.01\mathrm{s}$。

③ 转速环小时间常数 $T_{\Sigma n}$：按小时间常数近似处理，取

$$T_{\Sigma n}=\frac{1}{K_I}+T_{on}=0.0074+0.01=0.0174\mathrm{s}$$

2）选择转速调节器结构

按照设计要求，选用 PI 调解器，其传递函数如式(2-97)。

3）计算转速调节器

按抗扰性能都较好的原则，取 $h=5$，则 ASR 的超前时间常数为

$$\tau_n=hT_{\Sigma n}=5\times0.0174=0.087\mathrm{s}$$

由式(2-99) 可求得转速环开环增益

$$K_N=\frac{h+1}{2h^2T_{\Sigma n}^2}=\frac{6}{2\times5^2\times0.0174^2}=396.4\mathrm{s}^{-2}$$

于是，由式(2-102)，ASR 的比例系数为

$$K_n=\frac{(h+1)\beta C_e T_m}{2h\alpha RT_{\Sigma n}}=\frac{6\times0.05\times0.132\times0.18}{2\times5\times0.007\times0.5\times0.0174}=11.7$$

4）校验近似条件

① 由式(2-105) 可知，转速环截止频率为

$$\omega_{cn}=\frac{K_N}{\omega_1}=K_N\tau_n=396.4\times0.087=34.5s^{-1}$$

② 电流环传递函数简化条件：

$$\frac{1}{3}\sqrt{\frac{K_I}{T_{\Sigma i}}}=\frac{1}{3}\times\sqrt{\frac{135.1}{0.0037}}=63.7s^{-1}>\omega_{cn}$$

满足简化条件。

③ 转速环小时间常数近似处理条件：

$$\frac{1}{3}\sqrt{\frac{K_I}{T_{on}}}=\frac{1}{3}\times\sqrt{\frac{135.1}{0.01}}=38.7s^{-1}>\omega_{cn}$$

满足简化条件。

5）计算调节器电阻和电容

转速调节器原理如图 2-52 所示，取 $R_0=40k\Omega$，则

$$R_n=K_nR_0=11.7\times40=468k\Omega(\text{取 }470k\Omega)$$

$$C_n=\frac{\tau_n}{R_n}=\frac{0.087}{470\times10^3}F=0.185\times10^{-6}F=0.185\mu F(\text{取 }0.2\mu F)$$

$$C_{on}=\frac{4T_{on}}{R_0}=\frac{4\times0.01}{40\times10^3}F=1\times10^{-6}F=1\mu F(\text{取 }1\mu F)$$

6）校核转速超调量

设理想空载启动时 $z=0$，由表 2-7 查得 $\Delta C_{max}/C_b=81.2\%$，代入式(2-112)，可得

$$\sigma_n\%=\left(\frac{\Delta C_{max}}{C_b}\%\right)\frac{\Delta n_b}{n^*}=2\left(\frac{\Delta C_{max}}{C_b}\%\right)(\lambda-z)\frac{\Delta n_N}{n^*}\times\frac{T_{\Sigma n}}{T_m}$$

$$=2\times81.2\%\times1.5\times\frac{\frac{136\times0.5}{0.132}}{1460}\times\frac{0.0174}{0.18}=8.31\%<10\%$$

能满足设计要求。

7.3　交流拖动电梯控制系统设计

交流拖动电梯控制系统分成变极（双速）拖动系统与变压变频调速拖动系统（简称VVVF 系统电梯）两种，前一种采用开环控制，其控制线路简单，价格便宜，但是存在着平层精度低、舒适感差等缺点；后一种通过适量变换控制和正弦波 PWM 控制，使电梯的各项性能指标达到或超过了晶闸管供电直流可逆调速系统的电梯，舒适感好、平层精度高、机房占地面积小、运行效率高、节省能源等，这种电梯的运行速度目前可达 12.5m/s，可满足一般高楼大厦的垂直运输要求。所以本次课程设计选择 VVVF 电梯控制系统作为设计内容。

7.3.1　交流拖动电梯控制系统设计任务书与指导书

(1) 题目

VVVF 调速技术在电梯拖动系统中的应用。

(2) 设计要求

① 舒适性和平层精度高。

② 频率响应快、自动化程度高。

③ 操作方便、节约能源、设备占地面积小。

(3) 设计成果

①《VVVF 调速技术在电梯拖动系统中的应用》设计报告一份，应包括：a. 元器件明细表一份；b. 你所使用的参考书目录。

②《VVVF 调速技术在电梯拖动系统中的应用》实验报告一份。

③《VVVF 调速技术在电梯拖动系统中的应用》说明书一份。

④《VVVF 调速技术在电梯拖动系统中的应用》原理图一份。

以上各报告的书写方法与前一节相同。

(4) 设计内容指导

1) 电气系统的设计

① 驱动部分；

② 控制部分；

③ 管理部分。

2) VVVF 电梯拖动系统的设计

① 整流回路；

② 充电回路；

③ 逆变回路；

④ 再生回路；

⑤ 基极驱动回路。

7.3.2 交流拖动电梯控制系统设计的实例

本节给出一种 VVVF 电梯拖动系统的设计实例，是参考上海三菱电梯的规格与型号。下面列出设计内容。

(1) 电气系统的设计

电气系统主要分为驱动、控制、管理及接口电路几大部分。

电气系统结构示意如图 7-1 所示，各部分的概况介绍如下。

1) 驱动部分

驱动部分采用 VVVF（变压变频）方式对牵引电动机进行速度控制，由 i8086 微处理器构成的 DR-CPU 实现了对驱动部分的控制，其驱动控制结构简图如图 7-2 所示。

速度图形采用理想速度图形，由 CC-CPU 给出，在运行过程中 CC-CPU 向 DR-CPU 传送。由于 CC-CPU 与 DR-CPU 的运算速度和运算精度有很大差别，为了使二者能正常而正确的传送信息和提高运算精度，在传送过程中利用下述方法。

① 在 CC-BUS（总线）和 DR-CPU（总线）之间用 8212 接口进行联结。8212 接口相当于一个信箱，CC-CPU 向 DR-CPU 传送的信息送入 8212 后，8212 即向 DR-CPU 发出可读信号。DR-CPU 接到可读信号后，便从 8212 中读取信息，信息取走后 DR-CPU 向 8212 发出取完信号。8212 即向 CC-CPU 发出可送下一个信息的信号，如此不断地进行信息传送。

② DR-CPU 接受到来自 CC-CPU 的数据信息后，先将其放大 $2^6=64$ 倍再进行 16 位运

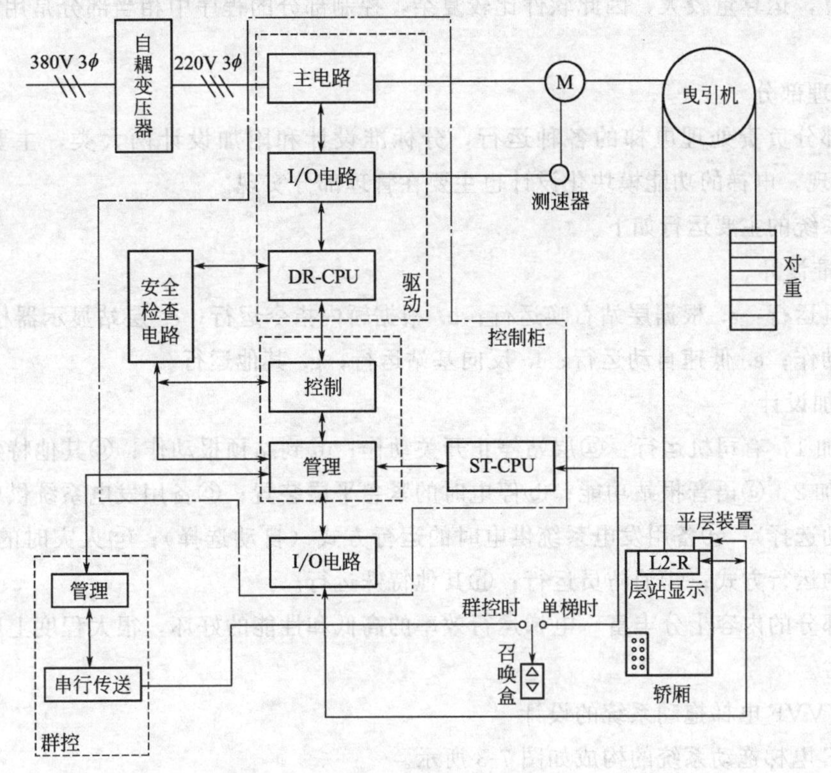

图 7-1　电气系统结构示意图

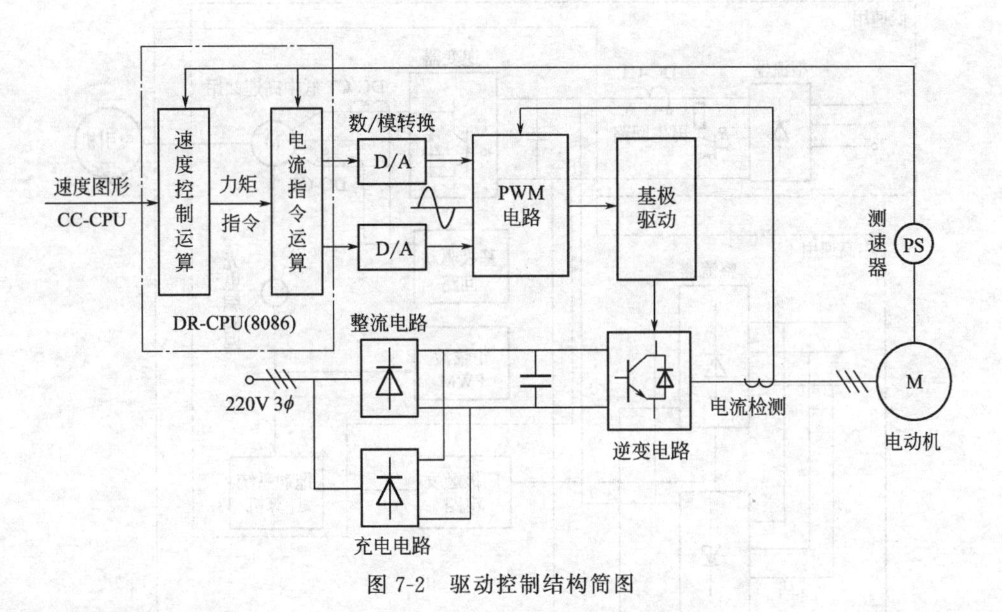

图 7-2　驱动控制结构简图

算，使运算精度得以提高。

2）控制部分

控制部分：CC-CPU 由 i8086 构成，控制部分的主要功能是对选层器、速度图形和安全检查电路三方面进行控制。选层器为数据运算式，主要处理层站数据、同步位置、前进位置、同步层和前进层的运算以及选层器的修正运算等。这部分运算是控制部分中较复杂又较重要的运算，运算量较大，因此软件比较复杂，控制部分的程序中相当部分是用以处理选层器运算的。

3）管理部分

管理部分负责处理电梯的各种运行，分标准设计和附加设计两大类，主要通过软件（S/W）实现，电梯的功能模块化设计也主要在管理部分实现。

电气系统的主要运行如下。

① 标准设计

无司机运行：a. 根据层站召唤运行；b. 根据轿内指令运行；c. 层站显示器检查；d. 选层器修正动作；e. 低速自动运行；f. 反向基站运行；g. 其他运行。

② 附加设计

a. 附加 1，有司机运行：ⓐ层站停止开关动作；ⓑ到站预报动作；ⓒ其他特殊运行。

b. 附加 2，ⓐ语音报站功能；ⓑ停电时的紧急平层装置；ⓒ备用发电系统供电时的运行方式（手动选择）；ⓓ备用发电系统供电时的运行方式（自动选择）；ⓔ火灾时的运行方式；ⓕ地震时的运行方式；ⓖ消防员运行；ⓗ其他特殊运行。

管理部分的内容十分丰富，电梯运行效率的高低和性能的好坏，很大程度上取决于管理程序的优劣。

（2）VVVF 电梯拖动系统的设计

VVVF 电梯拖动系统的构成如图 7-3 所示。

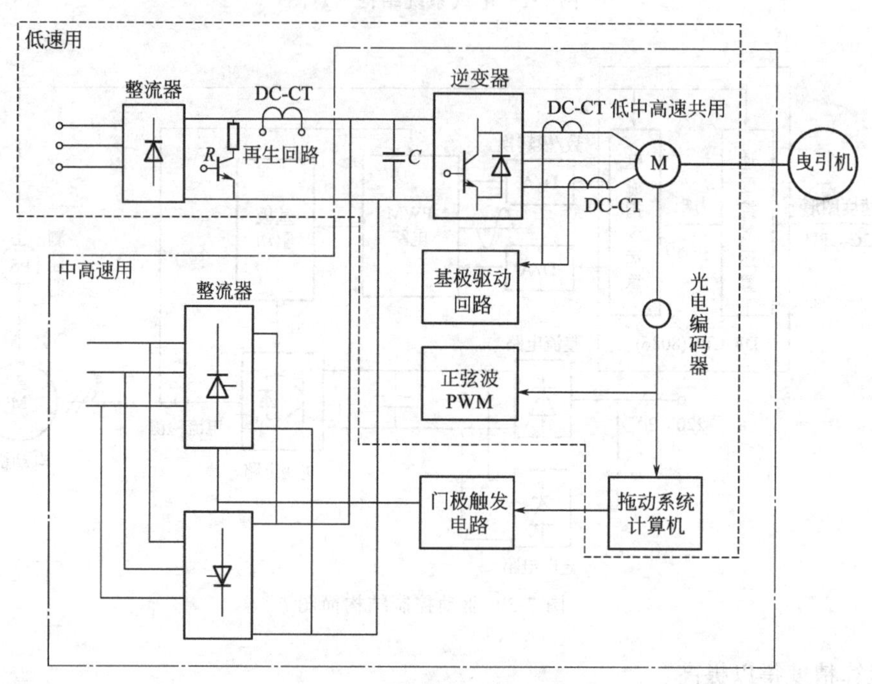

图 7-3　拖动控制系统框图

1）整流回路

本次设计的是低速电梯（0.45m/s≤v≤1.75m/s），整流部分采用由三个二极管模块组成的三相桥式全波整流电路，晶闸管的导通角开放大小由正弦波 PAW（Puls Amplitude

Modulation）控制，输出可调直流电压，事实上电梯在加速、恒速运行时，晶闸管的输出电压基本上是恒定的，仅在减速时，晶闸管模块作为通路将来自电动机侧的再生能量反馈到电网，此时，其输出电压是连续变化的。

2）充电回路

充电回路如图 7-4(a) 所示。充电回路的主要作用是当开关 S 接通时，预先对大容量电解电容器进行充电，以便当主回路整流器开始工作时，不致形成一个很大的冲击电流，而使二极管模块（或晶闸管模块）损坏。充电回路中的变压器（与基极驱动回路共用同一只）采用升压变压器，匝数比为 1∶1.1。当电源电压输入为 U 的主电源合闸后，则充电回路的整流器输出 $U_D=\sqrt{2}\times1.1U$。当大容量电解电容 C 充电到 $U_{DC}=\sqrt{2}U$ 时（约 2s），给控制微处理器发出充电结束信号，然后由控制微处理器发出电梯可以启动的信号。如果此时电梯不要求启动，则电容 C 继续充电至 $U_{DC}=\sqrt{2}\times1.1U$。当电梯启动时，主回路整流器开始工作，其输出电压为 $U_z=\sqrt{2}U$，而电容 C 的电压从 $U_{DC}=\sqrt{2}\times1.1U$ 经电阻 R_2 放电到 $U_{DC}=\sqrt{2}U$。所以主回路电流不能流向充电回路。充电过程的波形如图 7-4(b) 所示。

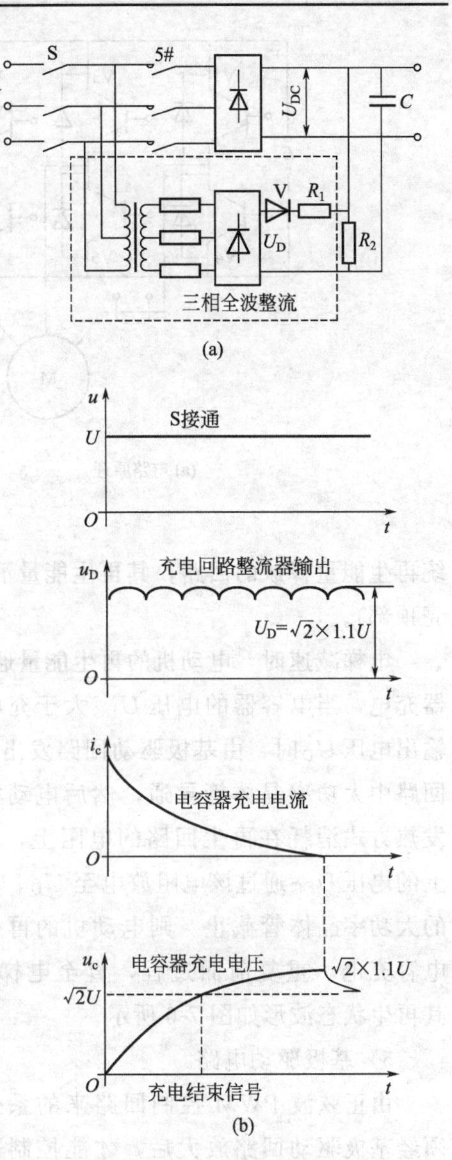

图 7-4　充电回路及波形

3）逆变回路

逆变回路如图 7-5 所示，逆变器采用六只大功率晶体管（GTR）模块，每个模块有一只 GTR 和一只续流二极管。因为大功率晶体管被导通时，相当于起一个开关的作用，所以可以将图 7-5(a) 简化成图 7-5(b)。

当来自正弦波 PWM 控制回路的三相矩形系列脉冲经基极驱动回路放大后，按相序分别触发大功率晶体管基极，使其导通。由于三相系列脉冲每相相位差 120°，所以逆变器中大功率晶体管 V1、V3、V5 分别以 120°角滞后导通。而同一相上、下的大功率晶体管 V1 和 V4、V3 和 V6 以及 V5 和 V2 之间分别在各自的 180°角区间内导通。如 V1 在 A 相的正半周导通，V4 在 A 相的负半周导通。这样在每相之间输出电压为一个交变电压，线电压也为一个交变电压。

4）再生回路

再生回路仅用于采用二极管模块整流器。当电梯运行由恒速状态变为减速状态直至平层停车的这段时间，VVVF 系统处于再生控制工作状态。再生回路就是提供 VVVF 系

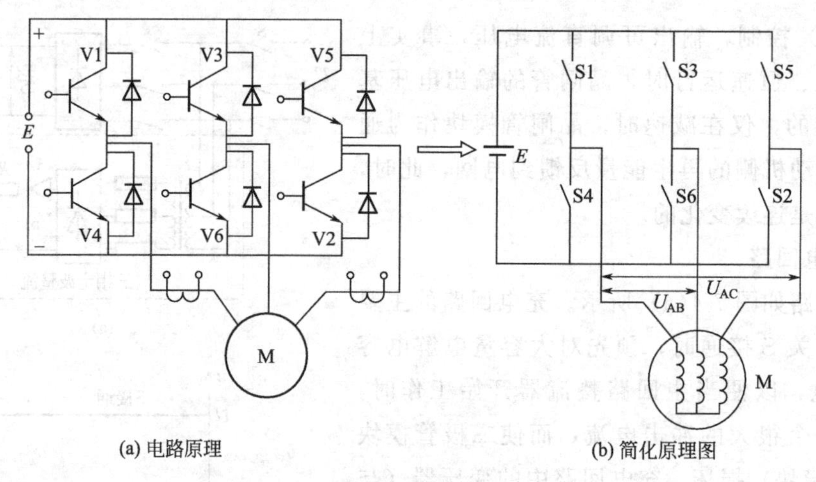

图 7-5　逆变电路

统再生能量释放的回路，其再生能量消耗在再生回路的电阻上（再生电阻装在控制柜箱体外壳顶部）。

电梯减速时，电动机的再生能量通过逆变器的二极管整流后向直流侧的大容量电解电容器充电，当电容器的电压 U_{DC} 大于充电回路中整流器输出电压 U_D 时，由基极驱动回路发出信号，驱动再生回路中大功率晶体管导通，然后电动机的再生能量以发热方式消耗在再生回路的电阻上，同时，大电容 C 上的电压 U_{DC} 通过该电阻放电至 U_D，此时再生回路中的大功率晶体管截止。则电动机的再生能量重新向大电容充电，重复前面过程，直至电梯完全停止为止。其再生状态波形如图 7-6 所示。

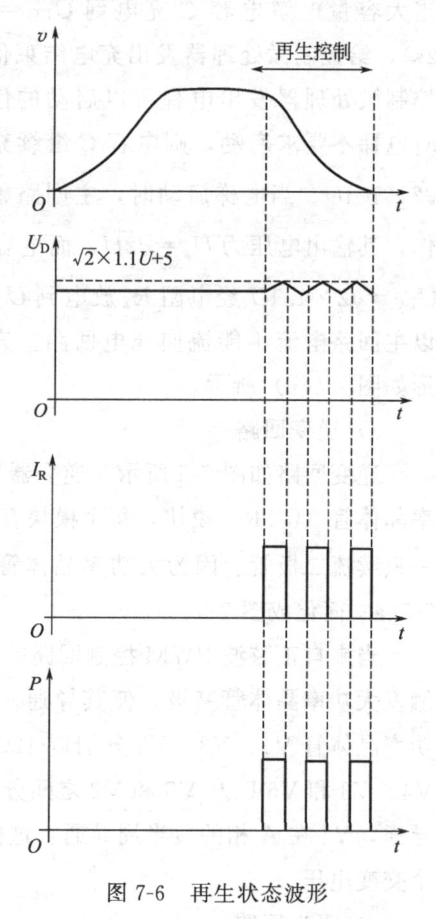

图 7-6　再生状态波形

5）基极驱动电路

由正弦波 PWM 控制回路来的系列脉冲信号，必须经基极驱动回路放大后，才能控制逆变器中大功率晶体管的基极，使其导通。

在电梯减速时，VVVF 系统的再生能量必须经过再生回路释放。因此 VVVF 系统在减速再生控制时，主回路大电容的电压 U_{DC} 和充电回路输出的电压 U_D 在基极驱动回路比较后，经信号放大后驱动再生回路中大功率晶体管的导通。

基极驱动回路除以上两个功能外，还包含了主回路部分安全检测的功能，如检测主回路直流侧的过电压，检测主回路直流侧的欠电压，基极驱动回路的逆变器大功率晶体管输出的欠电压，主回路直流侧充电电压的欠电压，检测主回路大容量电容器充电电压是否已达到 $U_{DC}=\sqrt{2}\times1.1U+5(V)$，若达到则向控制微处理器发出充电结束信号等。

附 录

附录 1 几种传递函数的近似处理条件

【附 1.1】 直流调速系统中电力电子变换器传递函数的近似处理条件

1.1.3 和 1.2.5 中指出，无论是晶闸管触发和整流装置，还是 PWM 控制与变化器，其传递函数都可以用一个滞后环节来描述，即

$$W_s(s)=K_s e^{-T_s s}$$

按台劳级数展开，得

$$W_s(s)=K_s e^{-T_s s}=\frac{K_s}{e^{T_s s}}=\frac{K_s}{1+T_s s+\frac{1}{2!}T_s^2 s^2+\frac{1}{3!}T_s^3 s^3+\cdots}$$

将传递函数中的 s 换成 $j\omega$，便得到相应的频率特性，于是

$$W_s(j\omega)=\frac{K_s}{\left(1-+\frac{1}{2}T_s^2\omega^2+\frac{1}{24}T_s^4\omega^4-\cdots\right)+j\left(T_s\omega-\frac{1}{6}T_s^3\omega^3+\cdots\right)}$$

显然，当$\frac{1}{2}T_s^2\omega^2\ll 1$，和$\frac{1}{6}T_s^3\omega^3\ll T_s\omega$ 时，

$$W_s(j\omega)\approx\frac{K_s}{1+jT_s\omega}$$

在上述两个不等式中，后者以及频率特性分母中后面各项显然都包含在第一个不等式中。因此，可将直流调速系统中电力电子变换器近似成一阶惯性环节，即

$$W_s(s)\approx\frac{K_s}{T_s s+1}$$

近似条件是

$$\frac{1}{2}T_s^2\omega^2\ll 1$$

在工程计算中，允许有 10%以内的误差，因此上面的近似条件可以写成

$$\frac{1}{2}T_s^2\omega^2\ll\frac{1}{10}$$

或

$$\omega\leqslant\frac{1}{\sqrt{5}T_s}=\frac{1}{2.24T_s}$$

这说明闭环控制系统的频带宽 ω_b 应小于$\frac{1}{2.24T_s}$。

在设计时通常绘出的是闭环系统的开环频率特性，而开环频率特性的截止频率 ω_c 一般略低于闭环频率特性的带宽 ω_b，作为近似条件，可以粗略地取

$$\omega_c \leqslant \frac{1}{3T_s} \tag{附 1-1}$$

这就是将直流调速系统中电力电子变换器看成一阶惯性环节的工程近似条件。

【附 1.2】 三个小惯性环节的近似处理

2.3.3 节中给出了三个小惯性环节的工程近似表达式

$$\frac{1}{(T_2 s+1)(T_3 s+1)(T_4 s+1)} \approx \frac{1}{(T_2+T_3+T_4)s+1}$$

等号左边传递函数对应的频率特性为 4

$$\frac{1}{(j\omega T_2+1)(j\omega T_3+1)(j\omega T_4+1)} \approx \frac{1}{[1-(T_2T_3+T_3T_4+T_4T_2)\omega^2]+j\omega[T_2+T_3+T_4-T_2T_3T_4\omega^2]}$$

如果
$$(T_2T_3+T_3T_4+T_4T_2)\omega^2 \ll 1$$

且
$$T_2T_3T_4\omega^2 \ll (T_2+T_3+T_4)$$

则三个小惯性环节的频率特性

$$\frac{1}{(j\omega T_2+1)(j\omega T_3+1)(j\omega T_4+1)} \approx \frac{1}{j\omega(T_2+T_3+T_4)+1}$$

即得 2.3.3 节中的传递函数近似表达式。

上述两个近似条件可改写为

$$\omega^2 \ll \frac{1}{T_2T_3+T_3T_4+T_4T_2}$$

和
$$\omega^2 \ll \frac{T_2+T_3+T_4}{T_2T_3T_4} = \frac{1}{T_2T_4} + \frac{1}{T_3T_4} + \frac{1}{T_2T_3}$$

由于 T_2、T_3、T_4 都是正值，必有

$$T_2T_3+T_3T_4+T_4T_2 > T_2T_3$$

因而
$$\frac{1}{T_2T_3+T_3T_4+T_4T_2} < \frac{1}{T_2T_3}$$

同理
$$\frac{1}{T_2T_3+T_3T_4+T_4T_2} < \frac{1}{T_3T_4}，且 \frac{1}{T_2T_3+T_3T_4+T_4T_2} < \frac{1}{T_4T_2}$$

因而
$$\frac{1}{T_2T_3+T_3T_4+T_4T_2} < \frac{1}{T_3T_4} + \frac{1}{T_4T_2} + \frac{1}{T_2T_3}$$

因此只要 $\omega^2 \ll \frac{1}{T_2T_3+T_3T_4+T_4T_2}$，上述的第二个近似条件必然成立。与式(附 1-1) 一样，工程近似表达式成立的条件是

$$\omega_c \leqslant \frac{1}{3}\sqrt{\frac{1}{T_2T_3+T_3T_4+T_4T_2}}$$

附录 2 典型Ⅱ型系统的闭环幅频特性峰值最小（M_{rmin}）准则式(2-65)、式(2-66)、式(2-68) 的证明

典型Ⅱ型系统的开环传递函数是

$$W(s) = \frac{K(\tau s+1)}{s^2(Ts+1)} = \frac{K(hTs+1)}{s^2(Ts+1)}$$

相应的闭环传递函数是

$$W_{cl}(s)=\frac{W(s)}{1+W(s)}=\frac{K(hTs+1)}{Ts^3+s^2+KhTs+K}$$

闭环频率特性：

$$W_{cl}(j\omega)=\frac{K(1+jhT\omega)}{(K-\omega^2)+j(KhT-T\omega^2)\omega}$$

考虑到开环增益 K 是可变参数，则闭环频率特性的幅值是

$$M(\omega,K)=\frac{K\sqrt{1+h^2T^2\omega^2}}{\sqrt{(K-\omega^2)^2+(Kh-\omega^2)^2T^2\omega^2}}$$

$$=\frac{K\sqrt{1+h^2T^2\omega^2}}{\sqrt{T^2\omega^6+(1-2KhT^2)\omega^4+(K^2h^2T^2-2K)\omega^2+K^2}} \quad (附\ 2\text{-}1)$$

取$\partial M/\partial\omega=0$，化简后，得 K 为一定值时 M 的峰值 M_r的条件

$$g(\omega)=2h^2T^4\omega^6+(3T^2+h^2T^2-2Kh^3T^4)\omega^4+2(1-2KhT^2)\omega^2-2K=0 \quad (附\ 2\text{-}2)$$

由式(附 2-1)，当 $\omega=0$ 时，$M=1$；当 $\omega=\infty$时。再分析式(附 2-2) 的系数，可以知道，它只有一个正实根，因为

$$3T^2+h^2T^2-2Kh^3T^4=h^2T^2\left(\frac{3}{h^2}+1-2KhT^2\right)$$

如果 $1-2KhT^2>0$，自然$\frac{3}{h^2}+1-2KhT^2>0$，则 $g(\omega)=0$ 各项依次排列时，其系数的符号之改变一次。如果 $1-2KhT^2<0$，则不论$\frac{3}{h^2}+1-2KhT^2$的符号如何，$g(\omega)=0$ 各项系数的符号也都只改变一次。由此可以推断，$g(\omega)=0$ 只有一个正实根。

这样，当 K 为一定值时，$M(\omega)$ 在 $0<\omega<\infty$区间是只有一个极值的函数。计算表明，这个极值就是最大值 M_r，如附图 2-1 所示。图中 ω_r是 $g(\omega)=0$ 的唯一实数解。

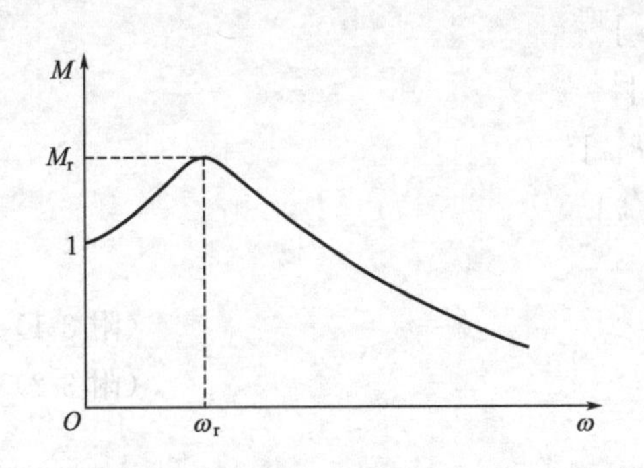

附图 2-1　典型Ⅱ型系统的 $M(\omega)$

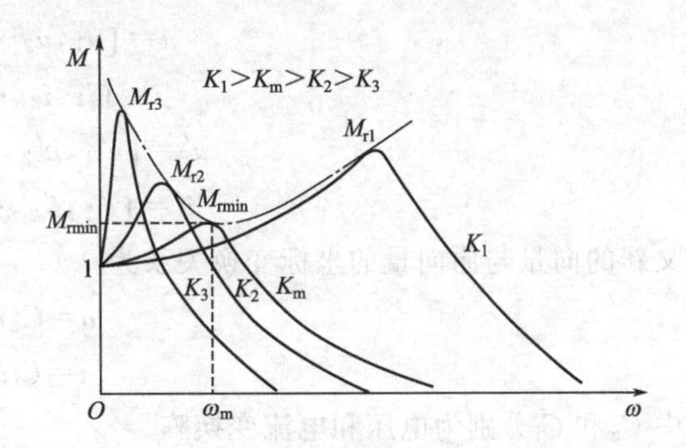

附图 2-2　典型Ⅱ型系统不同 K 值时的 $M(\omega)$ 和 M_{rmin}

取 K 为不同的数值时，M_r与 ω_r 的数值也不一样，但 $M(\omega)$ 的基本形状不变，如附图 2-2 所示。其中 $K=K_m$、$\omega=\omega_m$相当于 M_{rmin}点，此点在 $2M=f(\omega,K)$ 曲面上是一个鞍点，它存在的必要条件是

$$\left.\frac{\partial M}{\partial\omega}\right|_{\omega_m,K_m}=0,\ \left.\frac{\partial M}{\partial K}\right|_{\omega_m,K_m}=0$$

取$\frac{\partial M}{\partial\omega}=0$，就是式(附 2-2)；$\frac{\partial M}{\partial K}=0$，则得

$$K=\frac{1+T^2\omega^2}{1+hT^2\omega^2}\omega^2 \tag{附 2-3}$$

将式(附 2-2)、式(附 2-3) 联立求解，得

$$\omega_m=\frac{1}{\sqrt{h}T} \tag{附 2-4}$$

$$K_m=\frac{h+1}{2h^2T^2} \tag{附 2-5}$$

由于式(附 2-4) 和式(附 2-5) 是 ω_m、K_m的唯一解，它们必然就是所求的鞍点。

将式(附 2-4)、式(附 2-5) 代入式(附 2-1)，得

$$M_{rmin}=\frac{h+1}{h-1} \tag{附 2-6}$$

从而证明了式(2-68)。

又由于 $K=\omega_1\omega_c=\frac{\omega_c}{\tau}=\frac{\omega_c}{hT}$，代入式(附 2-5)，得

$$\omega_c=\frac{h+1}{2hT}$$

因而

$$\frac{\omega_2}{\omega_c}=\frac{2h}{h+1} \tag{附 2-7}$$

这就是式(2-65)，式(2-66) 则通过将 $\omega_2=h\omega_1$代入此式推导出来。

附录 3 在功率不变条件下的坐标变换

【附 3.1】 功率不变时坐标变换阵的性质

设在某坐标系下各绕组的电压和电流向量分别为 $\boldsymbol{u}$ 和 $\boldsymbol{i}$，在新的坐标系下，电压和电流向量变成 $\boldsymbol{u}'$和 $\boldsymbol{i}'$，其中

$$u=[u_1,u_2\cdots,u_n]^T$$

$$i=[i_1,i_2,\cdots i_n]^T$$

$$u'=[u'_1,u'_2,\cdots,u'_n]^T$$

$$i'=[i'_1,i'_2,\cdots,i'_n]^T$$

定义新的向量与原向量的坐标变换关系为

$$u=C_u u' \tag{附 3-1}$$

和

$$i=C_i i' \tag{附 3-2}$$

其中 C_u和 C_i分别为电压和电流变换阵。

当变换前后功率不变时，应有

$$p=u_1i_1+u_2i_2+\cdots+u_ni_n=i^Tu=u'_1i'_1+u'_2i'_2+\cdots+u'_ni'_n=i'^Tu' \tag{附 3-3}$$

将式(附 3-1)、式(附 3-2) 代入式(附 3-3)，则

$$i^Tu=(C_ii')C_uu'=i'^TC_i^TC_uu'=i'^Tu' \tag{附 3-4}$$

因此

$$C_i^TC_u=E \tag{附 3-5}$$

其中 E 为单位矩阵。式(附 3-5) 就是在功率不变条件下坐标变换的关系。

在一般情况下，为了使变换阵简单好记，电压和电流变换阵都取为同一矩阵，即令

$$C_u=C_i=C \tag{附 3-6}$$

则式(附 3-5) 变成

$$C^{\mathrm{T}}C=E$$

$$C^{\mathrm{T}}=C^{-1} \tag{附 3-7}$$

因此可得如下的结论：当电压和电流选取相同的变换阵时，在变换前后功率不变的条件下，变换阵的转置与其逆矩阵相等，这样的坐标变换属于正交变换。

【附 3.2】 功率不变条件下的 3/2 变换及匝数比

在 5.1.3 节中已知三相到两相坐标系的变换阵为

$$C_{3/2}=\sqrt{\frac{2}{3}}\begin{bmatrix}1 & -\frac{1}{2} & -\frac{1}{2}\\ 0 & \frac{\sqrt{3}}{2} & -\frac{\sqrt{3}}{2}\end{bmatrix}$$

为了便于求反变换，最好将变换阵增广成可逆方阵，其物理意义是，在两相系统上认为地增加一项零轴磁动势 $N_2 i_0$，并定义为

$$N_2 i_0=KN_3(i_A+i_B+i_C)$$

式(5-28) 所表示的三相电流/两相电流变换式为

$$\begin{bmatrix}i_\alpha\\ i_\beta\end{bmatrix}=\sqrt{\frac{2}{3}}\begin{bmatrix}1 & -\frac{1}{2} & -\frac{1}{2}\\ 0 & \frac{\sqrt{3}}{2} & -\frac{\sqrt{3}}{2}\end{bmatrix}\begin{bmatrix}i_A\\ i_B\\ i_C\end{bmatrix}$$

把零轴电流也增广到变换式中，即得

$$\begin{bmatrix}i_\alpha\\ i_\beta\\ i_0\end{bmatrix}=\frac{N_3}{N_2}\begin{bmatrix}1 & -\frac{1}{2} & -\frac{1}{2}\\ 0 & \frac{\sqrt{3}}{2} & -\frac{\sqrt{3}}{2}\\ K & K & K\end{bmatrix}\begin{bmatrix}i_A\\ i_B\\ i_C\end{bmatrix}=C_{3/2}\begin{bmatrix}i_A\\ i_B\\ i_C\end{bmatrix} \tag{附 3-8}$$

式中

$$C_{3/2}=\frac{N_3}{N_2}\begin{bmatrix}1 & -\frac{1}{2} & -\frac{1}{2}\\ 0 & \frac{\sqrt{3}}{2} & -\frac{\sqrt{3}}{2}\\ K & K & K\end{bmatrix} \tag{附 3-9}$$

这是增广后三相坐标系变换到两相坐标系的变换方阵。

满足功率不变条件时，应有

$$C_{3/2}^{-1}=\begin{bmatrix}1 & 0 & K\\ -\frac{1}{2} & \frac{\sqrt{3}}{2} & K\\ -\frac{1}{2} & -\frac{\sqrt{3}}{2} & K\end{bmatrix} \tag{附 3-10}$$

显然，式(附 3-9) 和式(附 3-10) 两矩阵之积应为单位阵

$$C_{3/2}C_{3/2}^{-1}=\left(\frac{N_3}{N_2}\right)^2\begin{bmatrix}1 & 0 & K\\ -\frac{1}{2} & \frac{\sqrt{3}}{2} & K\\ -\frac{1}{2} & -\frac{\sqrt{3}}{2} & K\end{bmatrix}\begin{bmatrix}1 & 0 & K\\ -\frac{1}{2} & \frac{\sqrt{3}}{2} & K\\ -\frac{1}{2} & -\frac{\sqrt{3}}{2} & K\end{bmatrix}$$

$$=\left(\frac{N_3}{N_2}\right)^2\begin{bmatrix}\frac{3}{2} & 0 & 0\\ 0 & \frac{3}{2} & 0\\ 0 & 0 & 3K^2\end{bmatrix}=\frac{3}{2}\left(\frac{N_3}{N_2}\right)^2\begin{bmatrix}1 & 0 & 0\\ 0 & 1 & 0\\ 0 & 0 & 2K^2\end{bmatrix}=E$$

因此

$$\frac{3}{2}\left(\frac{N_3}{N_2}\right)^2=1$$

则

$$\frac{N_3}{N_2}=\sqrt{\frac{2}{3}} \tag{附 3-11}$$

这表明，要保持坐标变换前后的功率不变，而又要维持合成磁链相同，变换后的两相绕组每相匝数应为原三相绕组每相匝数的$\sqrt{\frac{3}{2}}$倍。与此同时

$$2K^2=1 \text{ 或 } K=\frac{1}{\sqrt{2}} \tag{附 3-12}$$

将式(附 3-11) 和式(附 3-12) 代入式(附 3-9)，即得三相/两相变换方阵

$$C_{3/2}=\sqrt{\frac{2}{3}}\begin{bmatrix}1 & -\frac{1}{2} & -\frac{1}{2}\\ 0 & \frac{\sqrt{3}}{2} & -\frac{\sqrt{3}}{2}\\ \frac{1}{\sqrt{2}} & \frac{1}{\sqrt{2}} & \frac{1}{\sqrt{2}}\end{bmatrix} \tag{附 3-13}$$

反之，如果要从两相坐标系变换到三相坐标系（简称 2/3 变换），可求其反变换，由式(附 3-10) 可得

$$C_{2/3}=C_{3/2}^{-1}=\sqrt{\frac{2}{3}}\begin{bmatrix}1 & 0 & \frac{1}{\sqrt{2}}\\ -\frac{1}{2} & \frac{\sqrt{3}}{2} & \frac{1}{2}\\ -\frac{1}{2} & -\frac{\sqrt{3}}{2} & \frac{1}{\sqrt{2}}\end{bmatrix} \tag{附 3-14}$$

附录 4 由三相静止坐标系到两相任意旋转坐标系上的变换（3s/2r 变换）

【附 4.1】 3s/2r 旋转变换阵

如果要从三相静止坐标系 ABC 变换到任意转速的两相旋转坐标系 $dq0$，其中“0”是为了凑成方阵而假想的零轴（前述 MT 坐标系是以同步转速 ω_1 旋转的特例），可以利用 5.1.3 节中已经导出的变换阵，先将三相静止的 ABC 坐标系变换到两相静止的 $\alpha\beta0$ 坐标系（取 α

轴与 A 轴一致），然后再从 $\alpha\beta0$ 坐标系变换到 $dq0$ 坐标系。由式(附 3-13) 可知

$$\begin{bmatrix} i_\alpha \\ i_\beta \\ i_0 \end{bmatrix} = C_{3/2}\begin{bmatrix} i_A \\ i_B \\ i_C \end{bmatrix} = \sqrt{\frac{2}{3}}\begin{bmatrix} 1 & -\frac{1}{2} & -\frac{1}{2} \\ 0 & \frac{\sqrt{3}}{2} & -\frac{\sqrt{3}}{2} \\ \frac{1}{\sqrt{2}} & \frac{1}{\sqrt{2}} & \frac{1}{\sqrt{2}} \end{bmatrix}\begin{bmatrix} i_A \\ i_B \\ i_C \end{bmatrix}$$

将式(5-35) 中电流的下角标 m 和 t 换成 d 和 q，0 轴仍为假想轴，并令 d 轴和 A 轴（即 α 轴）的夹角为 θ，可得

$$i_d = i_\alpha\cos\theta + i_\beta\sin\theta$$

$$i_q = -i_\alpha\sin\theta + i_\beta\cos\theta$$

且

$$i_0 = i_0$$

写成矩阵形式

$$\begin{bmatrix} i_d \\ i_q \\ i_0 \end{bmatrix} = \begin{bmatrix} \cos\theta & \sin\theta & 0 \\ -\sin\theta & \cos\theta & 0 \\ 0 & 0 & 1 \end{bmatrix}\begin{bmatrix} i_\alpha \\ i_\beta \\ i_0 \end{bmatrix} = C'_{2s/sr}\begin{bmatrix} i_\alpha \\ i_\beta \\ i_0 \end{bmatrix}$$

合并以上两个矩阵方程式，可得从三相静止 ABC 坐标系到两相旋转 $dq0$ 坐标系的变换式 $C_{3s/2r}$ 为

$$C_{3s/2r} = C'_{2s/2r}C_{3/2} = \sqrt{\frac{2}{3}}\begin{bmatrix} \cos\theta & \sin\theta & 0 \\ -\sin\theta & \cos\theta & 0 \\ 0 & 0 & 1 \end{bmatrix}\begin{bmatrix} 1 & -\frac{1}{2} & -\frac{1}{2} \\ 0 & \frac{\sqrt{3}}{2} & -\frac{\sqrt{3}}{2} \\ \frac{1}{\sqrt{2}} & \frac{1}{\sqrt{2}} & \frac{1}{\sqrt{2}} \end{bmatrix}$$

$$= \sqrt{\frac{2}{3}}\begin{bmatrix} \cos\theta & \frac{\sqrt{3}}{2}\sin\theta - \frac{1}{2}\cos\theta & -\frac{\sqrt{3}}{2}\sin\theta - \frac{1}{2}\cos\theta \\ -\sin\theta & \frac{1}{2}\sin\theta + \frac{\sqrt{3}}{2}\cos\theta & \frac{1}{2}\sin\theta - \frac{\sqrt{3}}{2}\cos\theta \\ \frac{1}{\sqrt{2}} & \frac{1}{\sqrt{2}} & \frac{1}{\sqrt{2}} \end{bmatrix} \quad \text{(附 4-1)}$$

$$= \sqrt{\frac{2}{3}}\begin{bmatrix} \cos\theta & \cos(\theta - 120^\circ) & \cos(\theta + 120^\circ) \\ -\sin\theta & -\sin(\theta - 120^\circ) & -\sin(\theta + 120^\circ) \\ \frac{1}{\sqrt{2}} & \frac{1}{\sqrt{2}} & \frac{1}{\sqrt{2}} \end{bmatrix}$$

其反变换式为

$$C_{3s/2r} = C_{3s/2r}^{-1} = C_{3s/2r}^{T} = \sqrt{\frac{2}{3}}\begin{bmatrix} \cos\theta & -\sin\theta & \frac{1}{\sqrt{2}} \\ \cos(\theta - 120^\circ) & -\sin(\theta - 120^\circ) & \frac{1}{\sqrt{2}} \\ \cos(\theta + 120^\circ) & -\sin(\theta + 120^\circ) & \frac{1}{\sqrt{2}} \end{bmatrix} \quad \text{(附 4-2)}$$

式(附 4-1) 和式(附 4-2) 同样适用于电压变换和磁链变换。

【附 4.2】 电压方程的变换

在进行数学模型由三相静止到两相旋转的坐标变换时，应把定子和转子的电压、电流、磁链都变换到 $dq0$ 坐标系上，定子各量均用下角标 s 表示，转子各量均用下角标 r 表示。

利用式(附 4-2) 变换阵求得定子电压的变换关系为

$$\begin{bmatrix} u_A \\ u_B \\ u_C \end{bmatrix} = \sqrt{\frac{2}{3}} \begin{bmatrix} \cos\theta & -\sin\theta & \frac{1}{\sqrt{2}} \\ \cos(\theta-120°) & -\sin(\theta-120°) & \frac{1}{\sqrt{2}} \\ \cos(\theta+120°) & -\sin(\theta+120°) & \frac{1}{\sqrt{2}} \end{bmatrix} \begin{bmatrix} u_{sd} \\ u_{sq} \\ u_{s0} \end{bmatrix}$$

先讨论 A 相，

$$u_A = \sqrt{\frac{2}{3}}\left(u_{sd}\cos\theta - u_{sq}\sin\theta + \frac{1}{\sqrt{2}}u_{s0}\right)$$

同理，

$$i_A = \sqrt{\frac{2}{3}}\left(i_{sd}\cos\theta - i_{sq}\sin\theta + \frac{1}{\sqrt{2}}i_{s0}\right)$$

$$\psi_A = \sqrt{\frac{2}{3}}\left(\psi_{sd}\cos\theta - \psi_{sq}\sin\theta + \frac{1}{\sqrt{2}}\psi_{s0}\right)$$

在 ABC 坐标系上，A 相电压方程为

$$u_A = i_A R_s + p\psi_A$$

将 U_A、i_A、ψ_A 三个变换式代入并整理后得

$$(u_{sd} - R_s i_{sd} - p\psi_{sd} + \psi_{sq} p\theta)\cos\theta - (u_{sq} - R_s i_{sq} - p\psi_{sd} - \psi_{sd} p\theta)\sin\theta + \frac{1}{\sqrt{2}}(u_{s0} - R_s i_{s0} - p\psi_{s0}) = 0$$

令 $p\theta = \omega_{dqs}$ 为 $dq0$ 旋转坐标系相对于定子的角速度。由于 θ 为任意值，因此下列三式必须分别成立

$$\left.\begin{aligned} u_{sd} &= R_s i_{sd} + p\psi_{sd} - \omega_{dqs}\psi_{sq} \\ u_{sq} &= R_s i_{sq} + p\psi_{sq} + \omega_{dqs}\psi_{sd} \\ u_{s0} &= R_s i_{s0} + p\psi_{s0} \end{aligned}\right\} \quad (附\ 4\text{-}3)$$

同理，变换后的转子电压方程为

$$\left.\begin{aligned} u_{rd} &= R_r i_{rd} + p\psi_{rd} - \omega_{dqr}\psi_{rq} \\ u_{rq} &= R_r i_{rq} + p\psi_{rq} + \omega_{dqr}\psi_{rd} \\ u_{r0} &= R_r i_{r0} + p\psi_{r0} \end{aligned}\right\} \quad (附\ 4\text{-}4)$$

式中，ω_{dqr} 为 $dq0$ 旋转坐标系相对于转子的角速度。

利用 B 相和 C 相电压方程求出的结果与式(附 4-3) 和式(附 4-4) 相同。

【附 4.3】 磁链方程的变换

利用式(附 4-1) 的变换阵将定子三相磁链 ψ_A、ψ_B、ψ_C 和转子三相磁链 ψ_a、ψ_b、ψ_c 变换到 $dq0$ 坐标系上去。定子磁链变换阵就是 $C_{3s/2r}$，其中令 d 轴与 A 轴的夹角为 θ_s。转子磁链变换是从旋转的三相坐标系变换到不同转速的旋转两相坐标系，变换阵可写成 $C_{3r/2r}$，按两坐标系

的相对转速考虑，$C_{3r/2r}$在形式上与$C_{3s/2r}$应相同，只是θ改为d轴与转子α轴的夹角θ_r。于是

$$C_{3s/2r}=\sqrt{\frac{2}{3}}\begin{bmatrix}\cos\theta_s & \cos(\theta_s-120^\circ) & \cos(\theta_s-120^\circ)\\ -\sin\theta_s & -\sin(\theta_s-120^\circ) & -\sin(\theta_s+120^\circ)\\ \frac{1}{\sqrt{2}} & \frac{1}{\sqrt{2}} & \frac{1}{\sqrt{2}}\end{bmatrix} \qquad (附 4\text{-}5)$$

$$C_{3s/2r}=\sqrt{\frac{2}{3}}\begin{bmatrix}\cos\theta_r & \cos(\theta_r-120^\circ) & \cos(\theta_r-120^\circ)\\ -\sin\theta_r & -\sin(\theta_r-120^\circ) & -\sin(\theta_r+120^\circ)\\ \frac{1}{\sqrt{2}} & \frac{1}{\sqrt{2}} & \frac{1}{\sqrt{2}}\end{bmatrix} \qquad (附 4\text{-}6)$$

则磁链变换式为

$$\begin{bmatrix}\psi_{sd}\\ \psi_{sq}\\ \psi_{s0}\\ \psi_{rd}\\ \psi_{rq}\\ \psi_{r0}\end{bmatrix}=\left[\begin{array}{c|c}C_{3s/2r} & 0\\ \hline 0 & C_{3r/2r}\end{array}\right]\begin{bmatrix}\psi_A\\ \psi_B\\ \psi_C\\ \psi_a\\ \psi_b\\ \psi_c\end{bmatrix}$$

利用式(5-14) 的磁链方程将定子和转子三相磁链写成电感矩阵与三相定、转子电流向量的乘积，再利用$C_{3s/2r}$和$C_{3r/2r}$的反变换阵把电流向量变换到$dq0$坐标系上，则上式变成

$$\begin{bmatrix}\psi_{sd}\\ \psi_{sq}\\ \psi_{s0}\\ \psi_{rd}\\ \psi_{rq}\\ \psi_{r0}\end{bmatrix}=\left[\begin{array}{c|c}C_{3s/2r} & 0\\ \hline 0 & C_{3r/2r}\end{array}\right]\left[\begin{array}{c|c}L_{ss} & L_{sr}\\ \hline L_{rs} & L_{rr}\end{array}\right]\left[\begin{array}{c|c}C_{3s/2r}^{-1} & 0\\ \hline 0 & C_{3s/2r}^{-1}\end{array}\right]\begin{bmatrix}i_{sd}\\ i_{sq}\\ i_{s0}\\ i_{rd}\\ i_{rq}\\ i_{r0}\end{bmatrix}$$

将分块矩阵中各元素写出并进行运算，其中

$$C_{3s/2r}L_{ss}C_{3s/2r}^{-1}=\frac{2}{3}\begin{bmatrix}\cos\theta_s & \cos(\theta_s-120^\circ) & \cos(\theta_s+120^\circ)\\ -\sin\theta_s & -\sin(\theta_s-120^\circ) & -\sin(\theta_s+120^\circ)\\ \frac{1}{\sqrt{2}} & \frac{1}{\sqrt{2}} & \frac{1}{\sqrt{2}}\end{bmatrix}\begin{bmatrix}L_{ms}+L_{ls} & -\frac{1}{2}L_{ms} & -\frac{1}{2}L_{ms}\\ -\frac{1}{2}L_{ms} & L_{ms}+L_{ls} & -\frac{1}{2}L_{ms}\\ -\frac{1}{2}L_{ms} & -\frac{1}{2}L_{ms} & L_{ms}+L_{ls}\end{bmatrix}$$

$$X\begin{bmatrix}\cos\theta_s & -\sin\theta_s & \frac{1}{\sqrt{2}}\\ \cos(\theta_s-120^\circ) & -\sin(\theta_s-120^\circ) & \frac{1}{\sqrt{2}}\\ \cos(\theta_s+120^\circ) & -\sin(\theta_s+120^\circ) & \frac{1}{\sqrt{2}}\end{bmatrix}=\begin{bmatrix}\frac{3}{2}L_{ms}+L_{ls} & 0 & 0\\ 0 & \frac{3}{2}L_{ms}+L_{ls} & 0\\ 0 & 0 & \frac{3}{2}L_{ms}+L_{ls}\end{bmatrix}$$

在运算过程中考虑到$\cos\theta_s+\cos(\theta_s-120^\circ)+\cos(\theta_s-120^\circ)=0$，$\sin\theta_s+\sin(\theta_s-120^\circ)+\sin(\theta_s+120^\circ)=0$等等。同理，有

$$C_{3s/2r}L_{rr}C_{3r/2r}^{-1}=\begin{bmatrix}\frac{3}{2}L_{ms}+L_{ls} & 0 & 0\\ 0 & \frac{3}{2}L_{ms}+L_{ls} & 0\\ 0 & 0 & \frac{3}{2}L_{ms}+L_{ls}\end{bmatrix}$$

同理，有

$$C_{3s/2r}L_{sr}C_{3r/2r}^{-1}=\begin{bmatrix}\frac{3}{2}L_{ms} & 0 & 0\\ 0 & \frac{3}{2}L_{ms} & 0\\ 0 & 0 & \frac{3}{2}L_{ms}\end{bmatrix}$$

$$C_{3r/2r}L_{rs}C_{3s/2r}^{-1}=\begin{bmatrix}\frac{3}{2}L_{ms} & 0 & 0\\ 0 & \frac{3}{2}L_{ms} & 0\\ 0 & 0 & \frac{3}{2}L_{ms}\end{bmatrix}$$

最后，在 $dq0$ 坐标系上的磁链方程是

$$\begin{bmatrix}\psi_{sd}\\ \psi_{sq}\\ \psi_{s0}\\ \psi_{rd}\\ \psi_{rq}\\ \psi_{r0}\end{bmatrix}=\begin{bmatrix}L_s & 0 & 0 & L_m & 0 & 0\\ 0 & L_s & 0 & 0 & L_m & 0\\ 0 & 0 & L_{ls} & 0 & 0 & 0\\ L_m & 0 & 0 & L_r & 0 & 0\\ 0 & L_m & 0 & 0 & L_r & 0\\ 0 & 0 & 0 & 0 & 0 & L_{lr}\end{bmatrix}\begin{bmatrix}i_{sd}\\ i_{sq}\\ i_{s0}\\ i_{rd}\\ i_{rq}\\ i_{r0}\end{bmatrix} \tag{附 4-7}$$

式中 $L_s=\frac{3}{2}L_{ms}+L_{ls}=L_m+L_{ls}$——$dq$ 坐标系定子等效两相绕组的自感；

$L_r=\frac{3}{2}L_{ms}+L_{lr}=L_m+L_{lr}$——$dq$ 坐标系转子等效两相绕组的自感；

$L_m=\frac{3}{2}L_{ms}$——dq 坐标系定子与转子同轴等效绕组间的互感。

应该注意的是，互感 L_m 是原三相绕组中任意两相间最大互感 L_{ms} 的 3/2 倍。

由式(附 4-7) 中的第 3、6 两行可知，磁链的零轴分量是

$$\psi_{s0}=L_{ls}i_{s0}$$

$$\psi_{r0}=L_{lr}i_{r0}$$

它们是各自独立的，对 dq 轴磁链毫无影响，以后在数学模型中可不必再考虑。因此，式(附 4-7) 可简化成

$$\begin{bmatrix}\psi_{sd}\\ \psi_{sq}\\ \psi_{rd}\\ \psi_{rq}\end{bmatrix}=\begin{bmatrix}L_s & 0 & L_m & 0\\ 0 & L_s & 0 & L_m\\ L_m & 0 & L_r & 0\\ 0 & L_m & 0 & L_r\end{bmatrix}\begin{bmatrix}i_{sd}\\ i_{sq}\\ i_{rd}\\ i_{rq}\end{bmatrix} \tag{附 4-8}$$

这就是变换到 dq 轴上的磁链方程

【附 4.4】 转矩方程的变换

由式(5-23) 已知，在 ABC 三相坐标系上的转矩方程为

$$T_e = n_p L_{ms}[(i_A i_a + i_B i_b + i_C i_c)\sin\theta + (i_A i_b + i_B i_c + i_C i_a)\sin(\theta + 120°) + (i_A i_c + i_B i_a + i_C i_b)\sin(\theta - 120°)]$$

利用反变换矩阵 $C_{3s/2r}^{-1}$ 和 $C_{3r/2r}^{-1}$ 可把 ABC 坐标系上的定、转子电流变换到 $dq0$ 坐标系

$$\begin{bmatrix} i_A \\ i_B \\ i_C \end{bmatrix} = \sqrt{\frac{2}{3}} \begin{bmatrix} \cos\theta_s & -\sin\theta_s & \frac{1}{\sqrt{2}} \\ \cos(\theta_s - 120°) & -\sin(\theta_s - 120°) & \frac{1}{\sqrt{2}} \\ \cos(\theta_s + 120°) & -\sin(\theta_s + 120°) & \frac{1}{\sqrt{2}} \end{bmatrix} \begin{bmatrix} i_{sd} \\ i_{sq} \\ i_{s0} \end{bmatrix}$$

$$\begin{bmatrix} i_a \\ i_b \\ i_c \end{bmatrix} = \sqrt{\frac{2}{3}} \begin{bmatrix} \cos\theta_s & -\sin\theta_s & \frac{1}{\sqrt{2}} \\ \cos(\theta_s - 120°) & -\sin(\theta_s - 120°) & \frac{1}{\sqrt{2}} \\ \cos(\theta_s + 120°) & -\sin(\theta_s + 120°) & \frac{1}{\sqrt{2}} \end{bmatrix} \begin{bmatrix} i_{rd} \\ i_{rq} \\ i_{r0} \end{bmatrix}$$

代入上面的转矩方程，并注意到转子和定子的相对位置

$$\theta = \theta_s - \theta_r$$

经过化简，最后可以得到很简单的 $dq0$ 坐标系上的转矩方程

$$T_e = n_p L_m (i_{sq} i_{rd} - i_{sd} i_{rq}) \qquad (附\ 4\text{-}9)$$

在化简过程中，零轴分量电流完全抵消了，在两相旋转坐标系转矩方程中不再出现。因此，以后可以把 $dq0$ 旋转坐标简称为 dq 坐标。

部分习题参考答案

1-9 （1）$\alpha=0°$时的空载转速 $n_{01}=2119\text{r/min}$，$\alpha=30°$时的空载转速 $n_{02}=1824\text{r/min}$；（2）$\alpha=31.1°$，$\cos\varphi=0.82$，$s=0.0395$。

1-10 当 $\alpha=60°$时，电流断续时的理想空载转速 n_0 是电流连续时的 2.4 倍。

2-15 静差率是 10.2r/min，闭环的开环放大倍数是 5。

2-16 调速范围 $D=11$，允许静差率 $s=10\%$。

2-17 调速范围是 $D=4$。

2-18 （1）开环放大倍数应为 9。

（2）调速范围 $D=100$

2-19 （1）$\Delta n=25.64\text{r/min}$；（2）调速范围 $D=4.44$；（3）$s=4.8\%$；（4）静态速降 $\Delta n_N=5.3\text{r/min}$。

2-20 系统的开环增益 K 由 27.8 增加到 59.8。

2-21 （1）$\Delta n_{op}=246.9\text{r/min}$，$\Delta n_{cl}=8.33\text{r/min}$；

（2）转速反馈系数 $\alpha=0.00961\text{V}\cdot\text{min/r}$（近似计算 $\alpha\approx\frac{U_{nm}^*}{n_N}=0.01\text{V}\cdot\text{min/r}$）；

（3）放大器所需的放大倍数 $K_p=11.64$。

2-23 （1）$\beta=0.2\text{V/A}$，$\alpha=0.008\text{V}\cdot\text{min/r}$；

（2）$U_{d0}=60\text{V}$，$U_i^*=8V$，$U_i=-8V$，$U_c=15\text{V}$。

2-24 （1）U_c 略有增加；

（2）U_c 值由 n 和 I_{dL} 决定。

2-25 选择 PI 调解器，取 $h=7$，$\tau_1=0.14s$，$K_{pi}=2.86$。

2-26 （1）$K=6.9$；

（2）$t_s=0.6\text{s}$，$t_r=0.33\text{s}$；

（3）$K=10$，$\sigma=16.3\%$。

2-28 选择$\frac{K_i}{s}$进行串联校正，并选择 $KT=0.5$，$\tau=T=0.01s$，$K_i=5$。

2-29 若校正为典型Ⅰ型系统，应选择 PI 调解器：$\tau_1=0.25s$，$K_{pi}=1.4$ 此时跟随性能指标为：$\sigma=4.3\%$，$t_s=0.03\text{s}$。若校正为典型Ⅱ型系统，选择 PI 调解器：取 $h=5$，$\tau_1=0.025\text{s}$，$K_{pi}=1.67$，此时，跟随性能指标为：$\sigma=36.7\%$，$t_s=0.045\text{s}$。

2-30 （1）$\beta=0.00877\text{V/A}$，$\alpha=0.0267\text{V}\cdot\text{min/r}$；转速调节器：$h=5$，$\tau_n=0.1367\text{s}$，$K_n=10.5$，$R_n=420\text{k}\Omega$，$C_n=0.33\mu\text{F}$，$C_{0n}=2\mu\text{F}$；

（2）$\omega_{ci}=136.2\text{s}^{-1}$，$\omega_{cn}=22\text{s}^{-1}$

2-31 （1）$\beta=0.33\text{V/A}$，$\alpha=0.01\text{V}\cdot\text{min/r}$；在 $U_n^*=5\text{V}$，$I_{dL}=20\text{A}$ 稳定运行时 $n=500\text{r/min}$，$U_c=3.47\text{V}$；

（2）$n=0$，$U_n=0$，$U_i=-10\text{V}$，$U_c=2\text{V}$，$I_{dL}=30\text{A}$；

（3）$W_n(s)=\frac{K_N(\tau_n s+1)}{s^2(T_{\Sigma n}s+1)}$，$\tau_n=0.25\text{s}$，$T_{\Sigma n}=0.05\text{s}$，$K_n=48\text{s}^{-2}$；

（4）恢复时间 $t_v=0.44\text{s}$，最大动态降落 $\Delta n_{max}=507.5\text{r/min}$

参 考 文 献

[1] 陈伯时主编．自动控制系统．北京：机械工业出版社，1992.

[2] 陈伯时主编．电力拖动自动控制系统．第二版．北京：机械工业出版社，1992.

[3] 陈伯时主编．电力拖动自动控制系统．第三版．北京：机械工业出版社，2006.

[4] 阮毅，陈维钧主编．运动控制系统．北京：清华大学出版社，2006.

[5] 王兆安，黄俊主编．电力电子技术．第四版．北京：机械工业出版社，2000.

[6] 李宁，陈桂编著．运动控制系统．北京：高等教育出版社，2004.

[7] 张东立主编．直流拖动控制系统．北京：机械工业出版社，1999.

[8] 杨耕，罗应立等编著．电机与运动控制系统．北京：清华大学出版社，2006.

[9] 冯兆纯主编．电机与控制．北京：机械工业出版社，1980.

[10] 贺志修主编．自动控制实用教程．北京：电子工业出版社，1995.

[11] 秦继荣，沈安俊编著．现代直流伺服控制技术．北京：机械工业出版社，1993.

[12] 吴麒．自动控制原理．北京：清华大学出版社，1992.

[13] 唐永哲．电力传动自动控制系统．西安：西安电子科技大学出版社，1998.

[14] 张世铭，王振和主编．电力拖动直流调速系统．武汉：华中理工大学出版社，1995.

[15] 黄俊主编．半导体变流技术．北京：机械工业出版社，1980.

[16] 倪志远主编．直流调速系统．北京：机械工业出版社，1996.

[17] 杨兴瑶主编．电动机调速的原理及系统．北京：水利电力出版社，1995.

[18] 王鉴光主编．电机控制系统．北京：机械工业出版社，1994.

[19] 李发海，王岩编著．电机与拖动基础．北京：清华大学出版社，1994.

[20] 李永东主编．交流电机数字控制系统．电气自动化新技术丛书．北京：机械工业出版社，2002.

[21] 张崇巍，张兴编著．PWM 整流器及其控制．北京：机械工业出版社，2005.

[22] 冯垛生，邓则名主编．电力拖动自动控制系统．广州：广东高等教育出版社，1998.

[23] 陈国呈编著．PWM 变频调速及软开关电力变换技术．北京：机械工业出版社，2001.

[24] 陈伯时，陈敏逊编著．交流调速系统．电气自动化新技术丛书．北京：机械工业出版社，1998.

[25] 郭庆鼎，王成元编著．异步电动机的矢量变换控制原理及应用．沈阳：辽宁民族出版社，1988.

[26] 李夙编．异步电动机直接转矩控制．电气自动化新技术丛书．北京：机械工业出版社，1994.

[27] 刘竞成主编．交流调速系统．上海：上海交通大学出版社，1984.

[28] P Vas. Sensor-less Vector and Direct Torque Control. Oxford University Press，1998.

[29] 张少军，杜金城编著．交流调速原理及应用．北京：中国电力出版社，2003.

[30] 张连科主编．电力拖动自动控制系统．北京：冶金工业出版社，1989.

[31] 童福尧编著．电力拖动自动控制系统习题集．北京：机械工业出版社，1993.

[32] 杨旭东等编．实用电子电路精选．北京：化学工业出版社，1999.

[33] 马立华，陈伯时．电流滞环跟踪控制分析．电气自动化，1995（1）.

[34] 李志民，张遇杰编著．同步电动机调速系统．电气自动化新技术丛书．北京：机械工业出版社，1994.

[35] 唐永哲编．电力传动自动控制系统．西安：西安电子科技大学出版社，1998.

[36] 许大中编著．交流电机调速理论．杭州：浙江大学出版社，1991.

[37] Yamamura S. AC Motor for High-performance Application（Analysis and Control）. New York：Newyork Marcel Dekker，1986.

[38] 陈伯时，谢鸿鸣．交流传动的控制策略．电工技术学报，2000 (5).
[39] 李友善主编．自动控制原理．北京：国防工业出版社，1981.
[40] 何希才，薛永毅编．电动机控制与维修技术．北京：人民邮电出版社，1988.
[41] 黄俊，秦祖荫编．电力电子自关断器件及电路．北京：机械工业出版社，1991.
[42] 张忠民著．可控硅直流传动系统及其检修100例．北京：水利电力出版社，1987.
[43] 秦继荣，沈安俊编著．现代直流伺服控制技术．北京：机械工业出版社，1993.
[44] 李仁定主编．电机的微机控制．北京：机械工业出版社，1999.
[45] 周德泽编著．电气传动控制系统设计．北京：机械工业出版社，1985.
[46] 陈坚编著．交流电机数学模型及调速系统．北京：国防工业出版社，1989.
[47] 阮毅，张晓华．异步电动机磁场定向模型及其控制策略．电气传动，2002 (3).
[48] 夏雷，周国兴，吴启迪．直接转矩控制的ISR方法．电力电子技术，1998 (4).
[49] 王文郁，石玉，李秉象编．晶闸管变流技术应用图集．北京：机械工业出版社，1992.
[50] 阮毅等．感应电动机按定子磁场定向控制，电工技术学报，2003 (2).

化学工业出版社电气类图书推荐

书号	书　名	开本	装订	定价/元
06669	电气图形符号文字符号便查手册	大32	平装	45
07881	低压电气控制电路图册	大32	平装	29
03742	三相交流电动机绕组布线接线图册	大32	平装	35
05678	电机绕组接线图册	横16	平装	59
05718	电机绕组布线接线彩色图册	大32	平装	49
08597	中小型电机绕组修理技术数据	大32	平装	26
13422	电机绕组图的绘制与识读	16	平装	38
15058	看图学电动机维修	大32	平装	28
12806	工厂电气控制电路实例详解（第二版）	16	平装	38
04212	低压电动机控制电路解析	16	平装	38
04759	工厂常见高压控制电路解析	16	平装	42
08051	零起点看图学——电机使用与维护	大32	平装	26
08644	零起点看图学——三相异步电动机维修	大32	平装	30
08981	零起点看图学——电气安全	大32	平装	18
09551	零起点看图学——变压器的使用与维修	大32	平装	25
08060	零起点看图学——低压电器的选用与维修	大32	平装	25
09150	电力系统继电保护整定计算原理与算例	B5	平装	29
09682	发电厂及变电站的二次回路与故障分析	B5	平装	29
05400	电力系统远动原理及应用	B5	平装	29
04516	电气作业安全操作指导	大32	平装	24
06194	电气设备的选择与计算	16	平装	29
08596	实用小型发电设备的使用与维修	大32	平装	29
11271	住宅装修电气安装要诀	大32	平装	29
11575	智能建筑综合布线设计及应用	16	平装	39
11934	全程图解电工操作技能	16	平装	39
12034	实用电工电子控制电路图集	16	精装	148
12759	电力电缆头制作与故障测寻（第二版）	大32	平装	29.8
13862	电力电缆选型与敷设（第二版）	大32	平装	29
12759	电机绕组接线图册（第二版）	横16	平装	68
09381	电焊机维修技术	16	平装	38
13555	电机检修速查手册（第二版）	B5	平装	88
13183	电工口诀——详解版	16	平装	48
12880	电工口诀——插图版	大32	平装	18
14478	电子制作技巧与实例精选	16	平装	29.8
14807	农村电工速查速算手册	大32	平装	49

以上图书由**化学工业出版社　电气出版分社**出版。如要以上图书的内容简介和详细目录，或者更多的专业图书信息，请登录 www.cip.com.cn。

地址：北京市东城区青年湖南街13号（100011）

购书咨询：010-64518888

如要出版新著，请与编辑联系。

编辑电话：010-64519265

投稿邮箱：gmr9825@163.com